油田企业模块化、实战型技能培训系列教材

往复天然气压缩机组技术培训教程

丛书主编　陈东升
本书主编　朱文琪

中国石化出版社

图书在版编目(CIP)数据

往复天然气压缩机组技术培训教程/陈东升，朱文琪主编．—北京：中国石化出版社，2023．9
油田企业模块化、实战型技能培训系列教材
ISBN 978-7-5114-7196-3

Ⅰ．①往… Ⅱ．①陈… ②朱… Ⅲ．①天然气-往复式压缩机-机组-技术培训-教材 Ⅳ．①TE964

中国国家版本馆 CIP 数据核字(2023)第 142950 号

中国石化出版社出版发行
地址：北京市东城区安定门外大街 58 号
邮编：100011　电话：(010)57512500
发行部电话：(010)57512575
http://www.sinopec-press.com
E-mail：press@sinopec.com
北京科信印刷有限公司印刷
全国各地新华书店经销
*
787 毫米×1092 毫米 16 开本 11.75 印张 288 千字
2023 年 9 月第 1 版　2023 年 9 月第 1 次印刷
定价：78.00 元

油田企业模块化、实战型技能培训系列教材
编委会

《往复天然气压缩机组技术培训教程》编委会

主　　任　王少一
副 主 任　朱机灵
委　　员　陈文琳　牛　萌　孟凡忠

编写组

主　　编　朱文琪
副 主 编　吕少军　张　淼　朱加强
编写人员　李文星　孟宪辉　赵俊刚　乔松涛　张　超
　　　　　孙东阳　王军华　郭　阳　李　哲　杨玉梅
　　　　　张可红　史卫华　刘晶晶　高　阳　于露露
　　　　　张晓蕾

审核组

主　　审　屈丹龙　王令群
副 主 审　康宝惠　徐　兴　刘德生
审核人员　魏忠昕　段卫峰　付　镇　胡志园　梁成宁
　　　　　邝斌全

序　言

为贯彻落实中原石油勘探局有限公司、中原油田分公司（以下简称中原油田）人才强企战略，通过开展专项技能培训和考核，全面提升技能操作人员工作水平，促进一线生产提质增效，由中原油田人力资源部牵头，按照相关岗位学习地图，分工种编写了系列教材——《油田企业模块化、实战型技能培训系列教材》，本书是其中一本。

本书具有鲜明的实战化特点，所有内容模块都围绕生产实际业务或操作项目设置，既能成为提升实际工作能力的培训教材，也可以作为指导岗位操作的工具书。其内容具备系统性，既包括施工前准备、执行操作流程、操作要点与质量标准，也包括安全注意事项及事故应急处理等内容，体现了“以操作技能为核心”的特点。所有编写人员均来自基层单位，有基层技能操作专家，也有技术骨干等，真正体现出“写我所干，干我所写”的理念。

本书可供相关工种员工的日常学习，以及基层单位组织集中培训、岗位练兵等使用，每本教材后都附有本工种学习地图，使本工种各技能等级员工都能找到自己的努力方向和学习内容，为广大员工开展个性化岗位学习、提高学习效率点亮一盏指路明灯。

同时，本书也向广大读者传达一种“学、做翻转”的人才培训思路：打破参加培训就是到课堂学习知识的传统思维方式，把“学习知识、了解流程、掌握标准”的活动放在工作岗位，通过对教材内容的学与练，提升职业技能水平；只有遇到岗位学习或工作中难以解决的问题时，才考虑参加集中培训，通过对具体问题解决过程的体验、学习与感悟，提升学习者解决实际问题的能力。

当然，本书的编写也是实战型培训教材开发的初步实践，尽管广大编者尽其所能投入编写，也难免存在不妥之处。期望广大读者、培训教师、技术专家及培训工作者多提宝贵意见，以促进教材质量不断提高。

《油田企业模块化、实战型技能培训系列教材》编写委员会

前 言

根据中国石化发展战略要求，为加强培训资源建设、推进全员培训的深入开展，中原油田组织梳理了近些年培训教材开发成果，调研了企业培训教材需求，开展了员工培训课程体系研究。教材围绕中国石化发展战略、队伍建设和员工成长的需要，以提高全体员工履行岗位职责的能力为重点，把全体员工在实践中创造的好经验、好做法作为重要内容，具有较强的实践性、针对性。在培训教材开发和编写的过程中，上下协同、团结合作，各级领导给予了高度重视和支持，许多管理专家、技术骨干、技能操作能手为培训教材编写贡献了智慧、付出了辛勤的劳动。

为了进一步提升压缩机组的管理操作水平，使员工素质过硬、技术过硬，更适应当前对于技术工作的提升要求，进一步做好“精”功，使安全管理、设备管理成为亮点。在油田人力资源部和各二级单位部门领导的关心支持下，组织有关技术人员精心编写了该教材。该教材内容丰富，针对现场设备工艺的结构、原理、性能、用途做了重点阐述，适用于不同层次的技术人员学习。

《往复天然气压缩机组技术培训教程》主编是朱文琪，并编写绪论，第一章由张淼、李文星、赵俊刚、张可红编写，第二章由李文星、赵俊刚、史卫华编写，第三章由孟宪辉、张超、刘晶晶编写，第四章由张超、孙东阳、于露露编写，第五章由王军华、郭阳、高阳编写，第六章由赵俊刚、李文星、张晓蕾编写，第七章由李哲、杨玉梅编写，第八章由张淼、史卫华编写。全书由张淼、刘晶晶进行统稿，并邀请中国石化油田事业部地面工程和信息管理室（设备管理室）屈丹龙、中原油田基建设备部王令群进行了终稿的审定。

本书在编写过程中，得到了贺尔碧格（上海）有限公司、上海交通大学和西南石油大学的大力帮助和支持，在此一并感谢！由于本教材涵盖的内容较多，不同企业之间也存在着差别，编写难度较大，加之编写时间紧迫，编写人员学识和水平有限，教材不足之处在所难免，敬请各使用单位及个人对教材提出宝贵意见和建议，以便修订教材时补充更正。

目　录

绪　论

自然界中一切物质都具有能量，能量既不能被创造，也不能被消灭，而只能从一种形式转换为另一种形式，在转换过程中，能量的总量恒定不变，因此能量的利用过程实质就是能量的传递和转换过程。能量的转换是需要设备或者系统来实现的，压缩机就是将机械能转换为气体压力能的设备。压缩机是用于气体压缩和输送的机械，被广泛应用于石油开采、石油化工、管道输送、制冷和车辆工程等领域。

压缩机是一种提高气体压力或输送气体的机械，应用极为广泛。作为一种通用机械，压缩机在国民经济的发展和社会生活水平的提高中具有举足轻重的地位。医疗、纺织、食品、农业、交通运输、冶金、石化和国防等领域，都普遍利用压缩气体作为动力，而要利用压缩气体，则离不开压缩机包括由它们组成的气体动力系统。如果把奔流着千百种液体和气体物质的各类大小流体动力系统视为国民经济工程和社会生活的血管，那么压缩机就是促使它们永不疲倦流动的心脏设备。

压缩机作为流体机械，其作用及用途不能一概而论，而是伴随机体的用途发挥着不同的作用。在应用领域，压缩机主要分为动力用压缩机和化工工艺用压缩机两种类型。其中动力用压缩机是利用压缩空气作为动力风源：如机械、矿山、建筑等工业中使用压缩空气驱动工具；如控制仪表及自动化装置的仪表风；纺织工业中用压缩空气吹送纬纱；食品、制药行业用压缩空气来搅拌浆液；交通运输业用压缩空气来制动车辆等。化工工艺用压缩机的主要用途有：①在化学工业中，将气体压缩至高压，有利于化学反应。如化肥生产中的合成氨是由氮气和氢气在合成塔中高压下合成而得，这里就要用到氮氢气压缩机和循环压缩机。如尿素是由二氧化碳和氨合成，这里就要用到二氧化碳压缩机。②炼油成套生产中常用的压缩机主要有催化裂化装置富气压缩机，聚乙烯装置和聚丙烯装置中的循环气压缩机、回收气压缩机和尾气压缩机，PTA 装置和丙烯腈装置中的工艺空气压缩机、氢气压缩机等；空分空压装置中的压缩机主要有空气压缩机、氧气压缩机、氮气压缩机等。③制冷和气体分离用压缩机。生活中常见的冰箱、空调、冷库常使用氨、氟里昂等制冷工质压缩机等，而常用的空分设备是将空气分离成氧和氮，需要用到空压机和氧压机。④气体输送和充瓶用压缩机。在石油、化工生产中常利用管道输送气体，则需用压缩机增压远程输送气体。如“西气东送”需用到压缩机增压。当需利用有限的容积装入较多的气体时，需利用压缩机将气体压力提高后注入瓶中。如氧气装瓶、二氧化碳装瓶、液化气装瓶等，CNG 加气站压缩机也属于此类。

压缩机及基于它们而工作的数以百计的各种流体动力系统，关系着各类液、气态物质，甚至也有固态物质的社会存在方式和价值，关系着国计民生和科学技术的发展进步。压缩机几乎无处不在、无时不在地服务于国民经济各个领域中，所以，提高压缩机运转的经济性和可靠性，使压缩机更好地服务于国民经济的各行各业，使我国的压缩机工业全面跻身于世界先进水平的行列，这是从事这个行业的全体人员的重要任务。

在油气田生产中，压缩机主要应用于气举采油、天然气管道集输、气体贮藏、注气、增压和工艺气处理等方面。根据油气生产需求对压缩机的性能要求，结合各种用途、各类压缩机的特点，油气田常用压缩机主要分往复式压缩机、离心式压缩机和螺杆式压缩机。

往复式压缩机属容积型压缩机，是指靠一个或几个做往复运动的活塞来改变压缩腔内部容积，将气体体积压缩提高气体压力，压比高、适用压力范围广、运行效率高、适应性较强，同一台压缩机可以适用于较宽的流量范围，而且流量调节比较方便。

离心式压缩机属于速度型透平式压缩机的一种，基本工作原理是利用高速旋转的叶轮使叶轮出口的气流达到很高流速，然后在扩压室内将高速气体的动能转化为压力能，从而使压缩机出口的气体达到较高的压力。大部分为单级压缩，少数为二级或多级压缩，排量大、压比低，主要用于干线输气管道这种大排量的场合。

螺杆式压缩机属于容积型回转式压缩机，分为单螺杆压缩机和双螺杆压缩机，也称螺旋式压缩机，包括螺杆空气压缩机和螺杆工艺压缩机(氯乙烯压缩机等)，一般为箱式撬装结构。最典型也是最广泛应用的是空气压缩机，在各行业均有运用。主要用于空气动力领域和自控仪器的仪表风供给，用于驱动各种风动工具、各类气动仪器、阀门的开闭等。螺杆工艺压缩机主要用于压力要求不高、排量不大的工艺流程气体的压缩，在油气生产行业应用较少。

第一章　往复式压缩机基础知识

第一节　往复式压缩机的分类及型号编制

一、往复式压缩机的分类

往复式压缩机的分类方法很多，名称也各不相同，通常有如下几种分类方法：

(一)按压缩机气缸中心线位置分类

(1)立式压缩机。气缸中心线与地面垂直，如图1-1-1(a)所示。

(2)卧式压缩机。气缸中心线与地面平行，如图1-1-1(b)所示。

(3)对置式压缩机。气缸中心线与地面平行，且气缸中心线布置在机身两侧，如图1-1-1(g)~(i)所示；在对置式中，如果相对列活塞相向运动，又称为对称平衡式，如图1-1-1(g)、图1-1-1(h)所示。

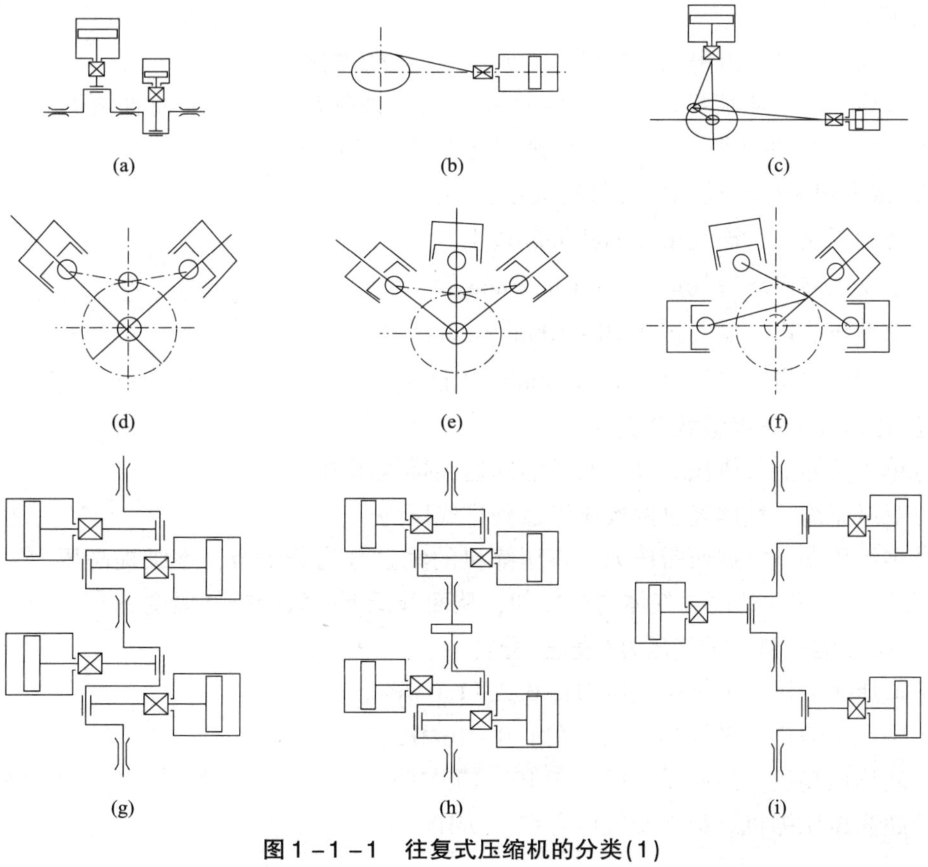

图1-1-1　往复式压缩机的分类(1)

(4)角式压缩机。气缸中心线互成一定角度，按照气缸排列所呈的形状，又分为L形、V形、W形、星形和X形。如图1-1-1(c)~(f)所示。

(二)按活塞在气缸内所实现的气体循环分类

(1)单作用压缩机。活塞内仅一端进行压缩循环，如图1-1-2(a)所示。

(2)双作用压缩机。活塞内两端都进行同一级次的压缩循环，如图1-1-2(b)所示。

(3)级差式压缩机。气缸内一端或两端进行两个或两个以上不同级次的压缩循环，如图1-1-2(c)、图1-1-2(d)所示。

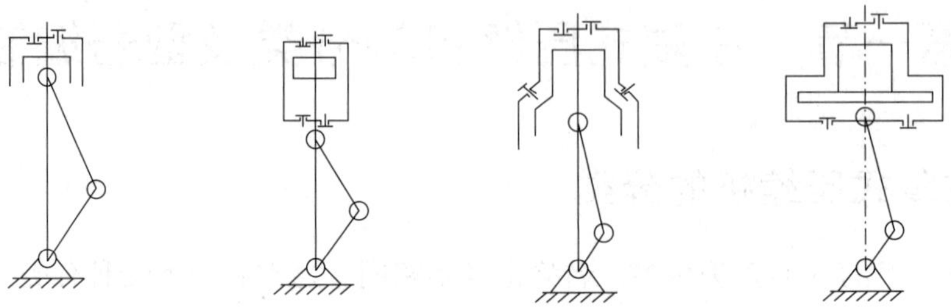

(a) (b) (c) (d)

图1-1-2 往复式压缩机的分类(2)

(三)按气缸的排列方法分类

(1)串联式压缩机。几个气缸依次排列于同一根轴上的多段压缩机，又称单列压缩机。

(2)并列式压缩机。几个气缸平行排列于数根轴上的多级压缩机，又称双列压缩机或多列压缩机。

(3)复式压缩机。由串联和并联式共同组成多段压缩机。

(4)对称平衡式压缩机。气缸横卧排列在曲轴轴颈互成180°的曲轴两侧，布置成H形，其惯性力基本能平衡(大型压缩机都朝这方向发展)。

(四)按压缩机排气量(容积流量)大小分类

(1)微型压缩机。输气量在1m^3/min以下。

(2)小型压缩机。输气量在1~10m^3/min。

(3)中型压缩机。输气量在10~100m^3/min。

(4)大型压缩机。输气量在100m^3/min以上。

(五)按压缩机压缩级数分类

(1)单级压缩。气体仅经过一次压缩即达到排气压力。

(2)双级压缩。气体经过两次压缩达到排气压力。

(3)多级压缩。根据所需压力，将压缩机的气缸分为若干级，逐级提高压力，并在每级压缩之后对压缩后的高温气体进行冷却，从而降低下一级的排气温度。

(六)按压缩机最终排气压力(表压)分类

(1)低压压缩组。最终排气压力在0.2~1.0MPa。

(2)中压压缩机。最终排气压力在1.0~10MPa。

(3)高压压缩机。最终排气压力在10~100MPa。

(4)超高压压缩机。最终排气压力在100MPa以上。

(七)按压缩机的转速分类

(1)低转速压缩机。转速在200r/min以下。

(2)中转速压缩机。转速在200～450r/min。

(3)高转速压缩机。转速在450～1000r/min。

(八)按动力传动种类分类

(1)电驱压缩机。以电动机为动力。

(2)气驱压缩机。以内燃机或汽轮机为动力。

(九)按冷却方式分类

(1)水冷式压缩机。利用冷却水的循环流动带走压缩过程中的热量。

(2)风冷式压缩机。利用风力通过散热片带走压缩过程中的热量。

(十)按动力机与压缩机之传动方法分类

(1)装置刚体联轴节直接传动压缩机。

(2)装置挠性联轴节直接传动压缩机。

(3)减速齿轮传动压缩机。

(4)皮带(平皮带或三角皮带)传动压缩机。

二、往复式压缩机的型号编制

往复式压缩机的型号表示了压缩机的结构特点、流量、压力等参数以及结构上的差异。依据JB2589—2015规定，采用如下方法表示：

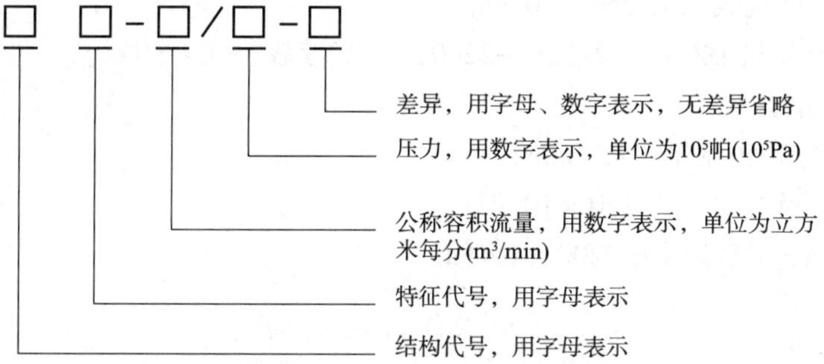

其中，特征代号和结构代号的含义见表1－1－1、表1－1－2。

表1－1－1　往复式压缩机特征代号

特征代号	表示	特征代号	表示
W	无油润滑	F	风冷
D	低噪声罩式	Y	移动式
S	水冷	C	车载
B	直联便携式	WJ	无基础

表1－1－2　往复式压缩机结构代号

机型代号	结构代号的含义	机型代号	结构代号的含义
Z	立式(气缸中心线与水平面垂直)	X	星形
P	卧式(气缸中心线与水平面平行，气缸位于曲轴同侧)	M	M形

续表

机型代号	结构代号的含义	机型代号	结构代号的含义
V	V 形	H	H 形
W	W 形	D	两列对称型
L	L 形	DZ	对置型
S	扇形	ZH	自由活塞型
ZT	整体摩托型	MG	迷宫型

例如：(1)天然气压缩机 MW—9/(1.5—250)—X，各字母数字代表的意义：

M——结构代号，表示对称平衡型，卧式，电机位于曲轴一侧；

W——特征代号，表示无油润滑或少油润滑；

9——公称容积流量，m^3/min；

1.5——额定吸气表压力 1.5×10^5Pa；

250——额定排气表压力 250×10^5Pa；

X——厂家为区别其他型号而设定的差异代号。

(2)天然气压缩机 DF—5.5/3—250，各字母数字代表的意义：

D——两列对称平衡型压缩机；

F——冷却方式为风冷；

5.5——公称容积流量，m^3/min；

3——额定吸气表压力 3×10^5Pa；

250——额定排气表压力 250×10^5Pa。

(3)天然气压缩机 DZ—12.2/250—2200，各字母数字代表的意义：

DZ——对置型；

12.2——公称容积流量，m^3/min；

250——额定吸气表压力 250×10^5Pa；

2200——额定排气表压力 2200×10^5Pa。

第二节　往复式压缩机的结构

一、往复式压缩机的基本结构(图 1－2－1、图 1－2－2)

以图 1－2－2 为例，介绍往复式压缩机的组成。

(一)机身

结构：机身为对称平衡型，上部为开口匣式结构，用加强筋连接，机身下部为油池和预置的钢管主油道。

材料：合金铸铁。

作用：①安装气缸和运动机构；②承受机器本身全部或部分的重量和各运动件的作用力并将其传给基础；③储存润滑油。

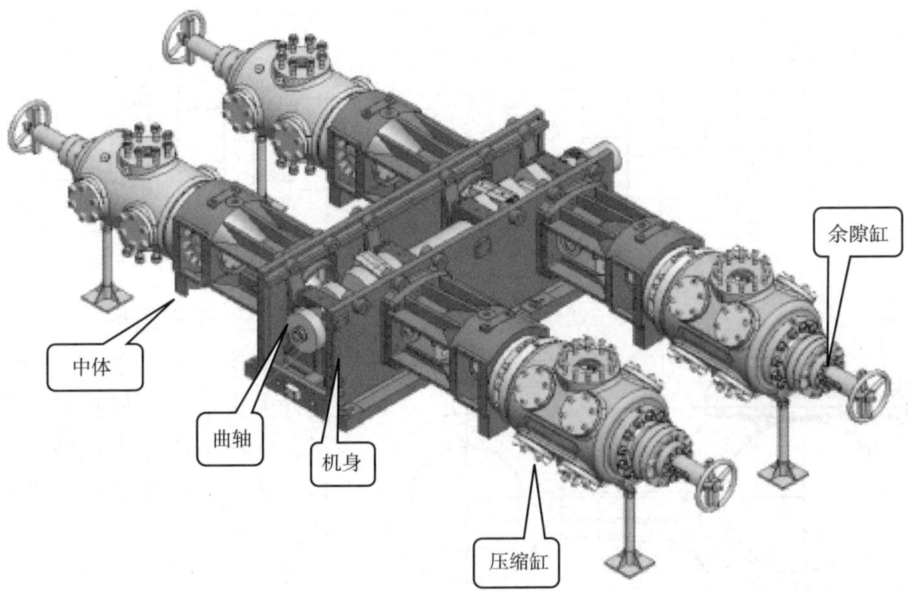

图 1-2-1　往复式压缩机主机外部结构

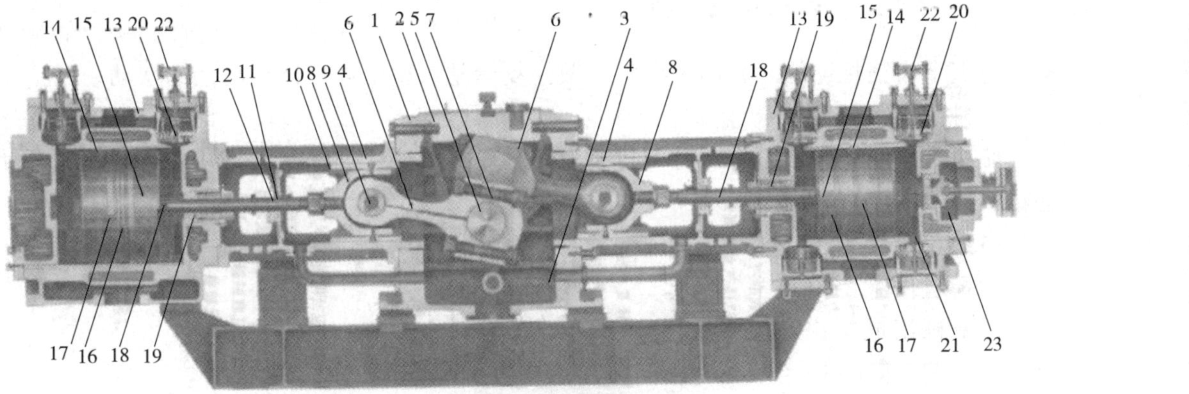

图 1-2-2　往复式压缩机的内部结构

1—曲轴箱；2—撑杆；3—润滑油；4—十字头滑道；5—曲轴；6—连杆；7—连杆螺栓；8—十字头；9—十字头销子；10—十字头滑履；11—刮油环；12—密封环；13—气缸；14—缸套；15—活塞；16—活塞环；17—导向环；18—活塞杆；19—活塞杆填料；20—进气阀；21—排气阀；22—进气阀卸荷器；23—余隙缸

(二) 曲轴

结构：由主轴颈、曲柄销、曲柄臂三部分组成。曲轴为整体式，坯料使用 42CrMo 合金钢或 38CrMoAlA 高级氮化钢锻制而成。轴的外伸端装有飞轮，通过联轴器与电机直联。曲轴上设有通油孔，使压力润滑油能顺利到达各个摩擦部位。曲轴与机身由机身上的后轴承定位。为防止机内的润滑油外溅，曲轴靠飞轮的一端装有甩油环，另一端装有超越离合器，用来带动主油泵工作(图 1-2-3)。

材料：合金钢(42CrMo)或高级氮化钢(38CrMoAlA)。

作用：接受驱动机以扭矩形式输入的动力，并把它转化成活塞的往复作用力，压缩气体而做功。

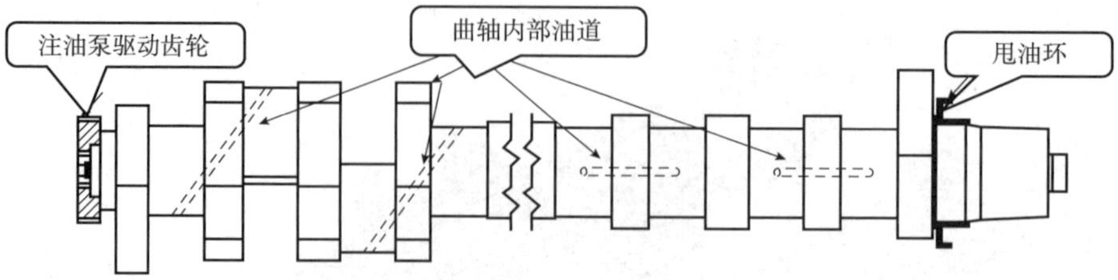

图1-2-3　曲轴

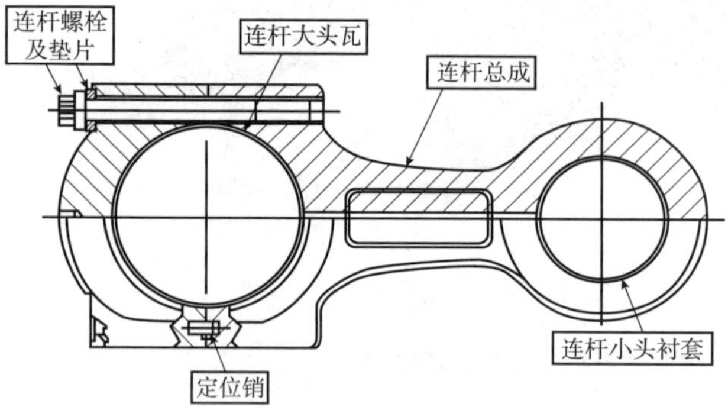

图1-2-4　连杆

(三)连杆组件

结构：连杆组件由连杆本体、连杆大头盖、连杆螺栓、连杆大头瓦、连杆小头瓦等组成(图1-2-4)。连杆本体及连杆大头盖均用铬钼合金钢锻制而成。连杆本体内设有贯穿连杆本体的油孔。从曲轴送来的压力润滑油用于润滑十字头滑履和连杆的大小瓦。连杆与曲轴相连的部分称为连杆大头，做旋转运动，与十字头销相连的部分称为小头，做往复运动。整个连杆体做复杂的摆动。

材料：铬钼合金钢。

作用：连杆将曲轴的旋转运动转换为活塞往复直线运动，又将作用在活塞上的推力传递给曲轴。

(四)活塞组件

活塞组件主要由活塞、活塞环和活塞杆组成，在气缸中做往复运动压缩气体(图1-2-5)。

活塞：中高压压缩机及双作用气缸中一般采用盘形活塞，由HT200、Q235等材料制成，与气缸构成压缩工作容积，是压缩机中重要的工作部件。

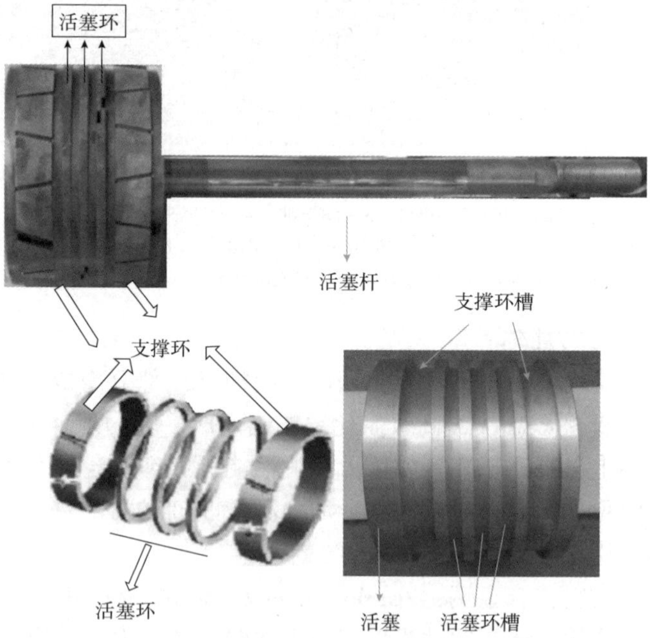

图1-2-5　活塞组件

活塞环：大多数由填充聚四氟乙烯、环氧树脂制成，是用来密封气缸工作面与活塞之间间隙的密封零件，防止气体从压缩容积的一侧漏向另一侧，同时起布油和散热作用。每个活塞需装配的活塞环数量与气体压力成正比，也就是说气缸的压缩压力越高活塞环装配的数量越多。同时，对于较大、重的活塞还配有支撑环，用来支撑活塞，防止活塞因自重下沉而导致活塞环偏磨。

活塞杆：由 20 钢、45 钢、38CrMoAlA 合金钢等优质碳素钢或合金钢制成，用于连接活塞和十字头，传递作用于活塞上的力并带动活塞运动。为防止压缩气体沿活塞杆方向泄漏，在活塞杆与气缸间还装有盘根填料装置。

（五）中体（中间接筒）

结构：中体为铸铁制成的筒状部件，材料一般为合金铸铁。它是机身和气缸间的连接桥梁。在与机身和气缸连接的法兰面上采用密封圈密封，并通过螺栓把它们连接在一起。接筒中间隔板装有填料，防止填料函漏出的工艺气体进入机身内污染润滑油或对机件造成腐蚀。中间接筒与机身连接侧设有刮油环的隔板，用以把机身滑道与接筒分开，阻止机身中的润滑油通过活塞杆进入气缸，刮油环刮下的油流回油池。

中间接筒分开的两室上部和底部分别接有填料冷却系统、润滑系统、氮气密封及漏气、排凝回收专用管线，两侧的窗口用金属或承压透明盖板密封，用于检修和维护。

材料：一般优选优质合金铸铁。

作用：是连接机身和气缸的隔离体，是传动机构的定位导向部分。

（六）十字头组件

结构：十字头组件由十字头体、十字头销、防松脱装置等组成，常用球墨铸铁制造，滑履外圆铸有巴氏合金。十字头销、十字头摩擦表面上一般设有油孔和油槽，用以润滑滑道工作面。滑道上镶有巴氏合金的整体结构（图 1－2－6）。

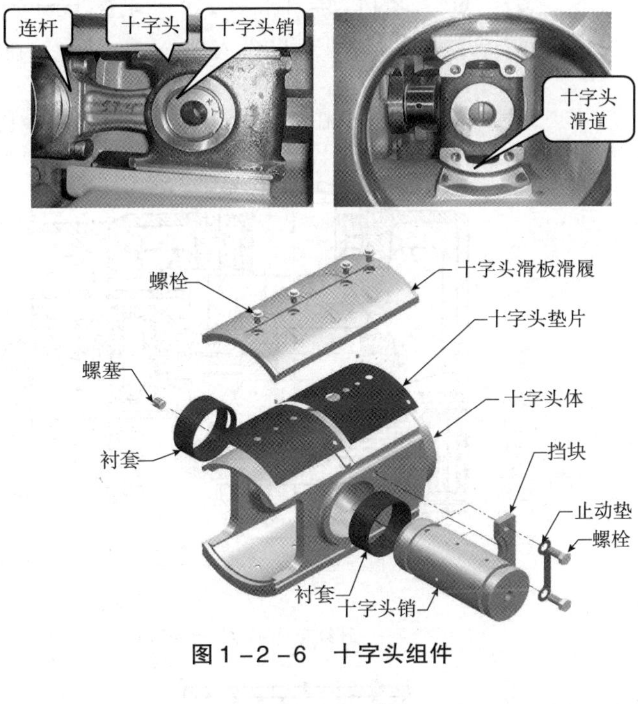

图 1－2－6　十字头组件

十字头与活塞杆的连接方式有螺纹连接、销子连接、键连接、液压连接器连接等，油田用压缩机一般采用螺纹连接（图 1－2－7）。调整好止点间隙后，应拧紧活塞杆螺母，活塞杆螺母拧紧后应用防松脱装置防松。十字头两侧的圆孔内压有衬套，衬套与十字头为过盈配合。十字头销常用 20Cr 钢制造，表面经渗碳淬火处理，有很好的耐磨性。十字头销两侧压盖采用高强度合金螺栓穿板紧固，达到拧紧要求后，应将其螺母端部锁紧。

材料：常用球墨铸铁。

作用：是连接活塞杆与连杆，并承受侧向力的零件，且具有导向作用。

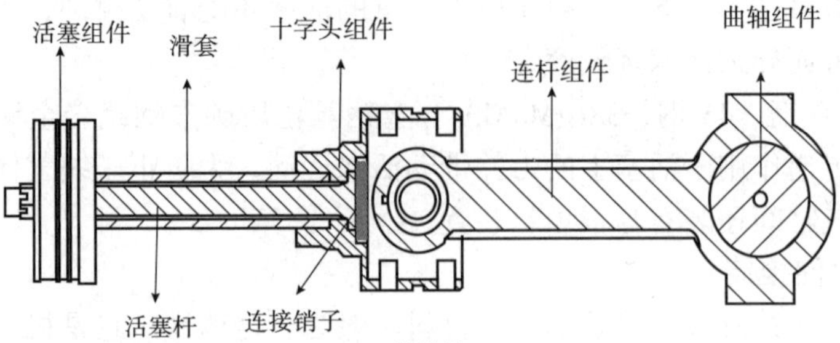

(a)销连接

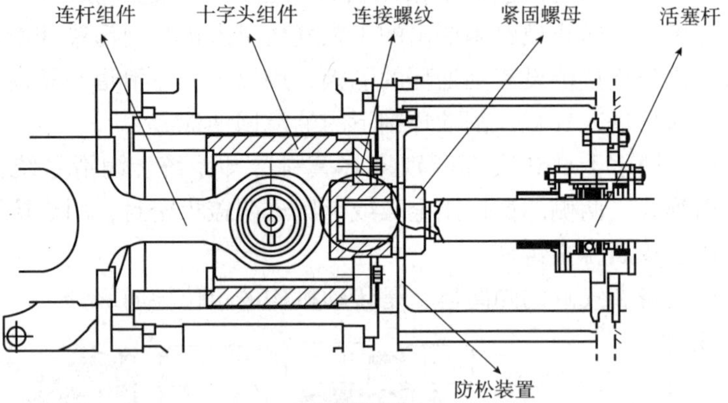

(b)螺纹连接

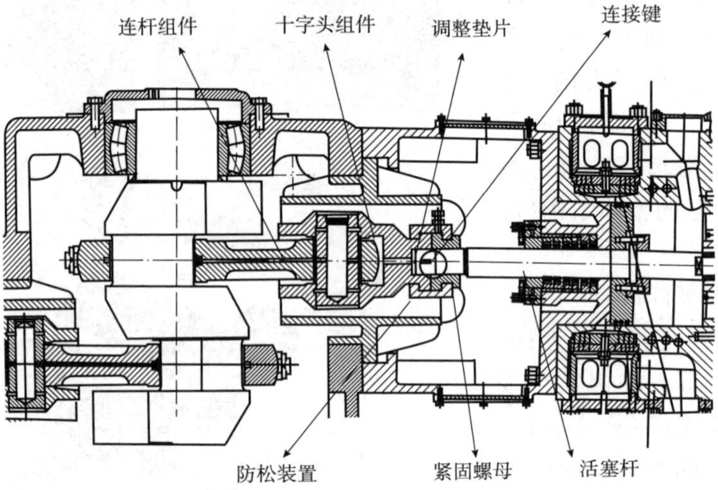

(c)键连接

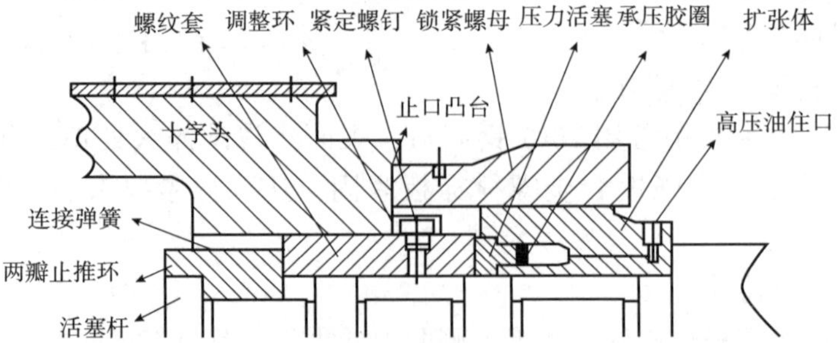

(d)液压连接器连接

图1-2-7　十字头与活塞杆的连接方式

（七）压缩缸

结构：靠近曲轴端装有密封填料，阻止气体泄漏。另一端为缸盖或装有余隙缸，通过对余隙调节可以实现排气量的调节。压缩缸的上面有进气阀，进气阀上安装有卸荷执行器，气缸下面有排气阀，缸孔内是活塞，活塞在气缸内的往复直线运动与气阀的开闭运动相配合实现膨胀、吸气、压缩、排气过程（图1－2－8）。

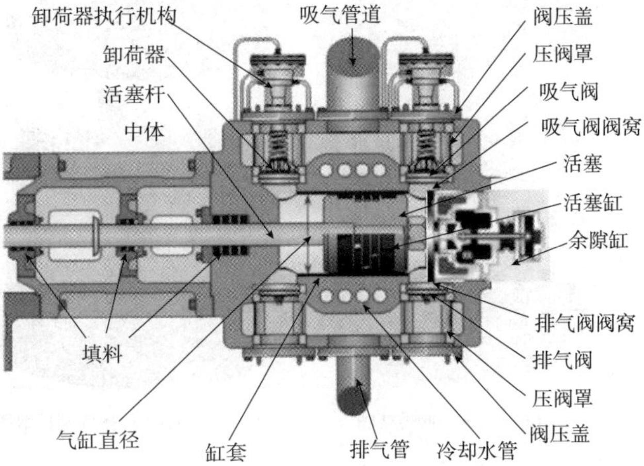

图1－2－8　气缸组件

材料：中低压压缩缸常用铸钢，中高压以上压缩缸常用锻钢。

作用：实现气体的增压。

（八）气阀

往复式压缩机所用气阀按启闭元件形状分为环状阀、网状阀、条状阀、碟状阀、菌状阀、舌簧阀；按气阀职能分为进气阀和排气阀；按气阀内气体流动方向分为直流阀和回流阀；按进、排气阀整体结构分为组合阀、阀组、开式气阀与闭式气阀、气垫阀。

结构：气阀由阀座、阀片、升程限制器、弹簧、缓冲片、导向环及螺栓等组成。油田压缩机使用最多气阀一般是开式和闭式进排气阀两种结构形式，有的压缩机也用到菌状阀和组合阀。气阀在气缸上为径向布置，气缸均采用上进下排结构。进气阀、排气阀的阀片依据阀前后的气体压差与弹簧力的综合作用，自动实现打开与关闭。进气阀、排气阀可以是环状阀，也可以是网状阀。气阀的开闭运动与活塞的往复直线运动相配合，实现膨胀、吸气、压缩、排气过程（图1－2－9）。

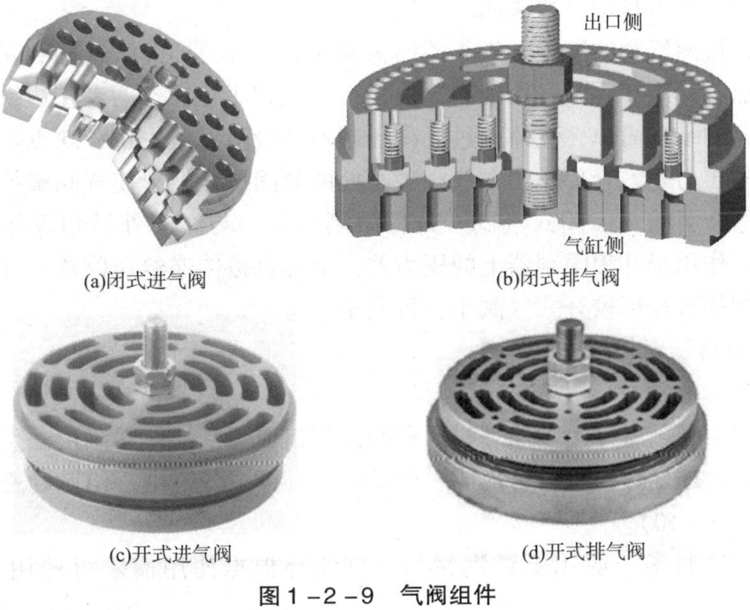

(a)闭式进气阀　(b)闭式排气阀

(c)开式进气阀　(d)开式排气阀

图1－2－9　气阀组件

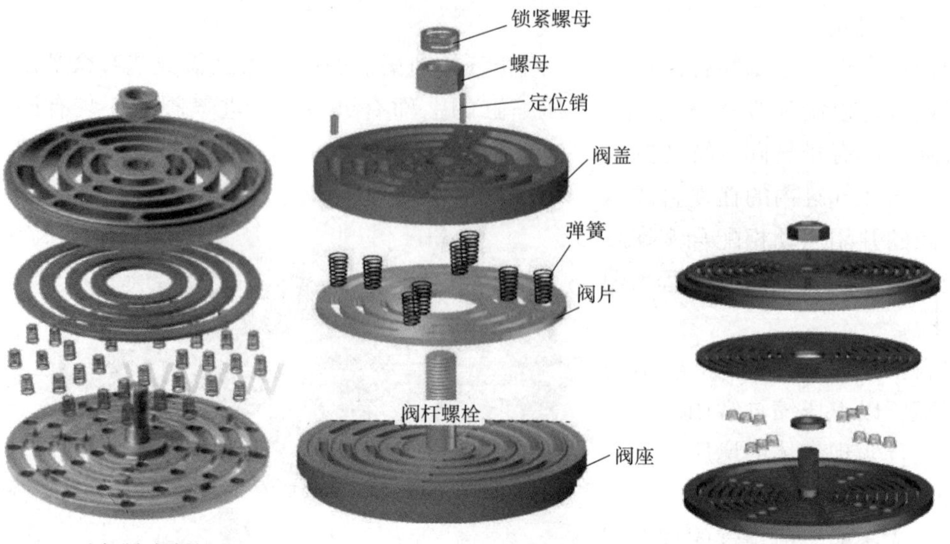

(e)开式进气阀拆解图　　(f)开式排气阀拆解图　　(g)闭式进气阀拆解图

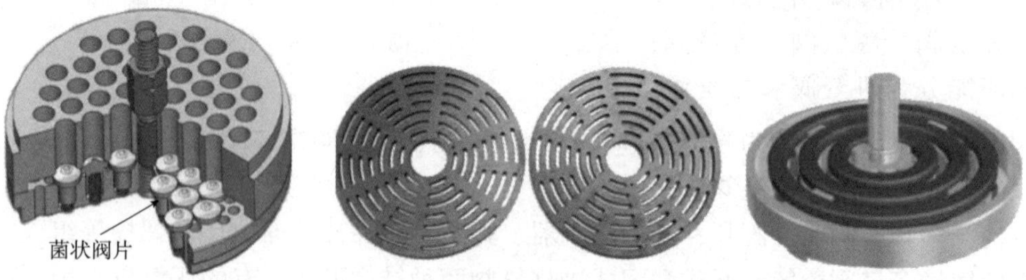

(h)菌状闭式进气阀　　(i)网状阀片　　(j)环状阀片

图1-2-9　气阀组件(续)

材料：阀座、阀盖常用不锈钢(3Cr13)，阀片采用金属或非金属材料。

作用：是压缩机完成每个工作循环的重要部件，在正向压力差下自动开启，当压力差消失时借助阀簧的推力自动复位关闭。

前面讲过，按照气阀的职能，气阀的结构形式有两种，即开式气阀和闭式气阀。两种气阀各有优缺点：开式气阀其升程限制器外径小于气阀座外径，两者在边缘处不接触，优点是升程限制器的结构简单，气体流过升程限制器外缘阻力损失小，缺点是阀片开启时阀片两侧所承受的压力差，全部作用在气阀中心处的紧固螺栓上，使气阀螺栓在压缩机工作时易受变载荷而疲劳破坏。闭式气阀，升程限制器外径与阀座外径相等并且外缘相互压紧，结构复杂，作用于升程限制器上的压力差，全部直接传递给压阀罩，气阀紧固螺栓不受此力，因此螺栓直径可较开式气阀小，且安全。

(九)刮油填料及密封填料函组件

1. 刮油填料函组件

结构：刮油填料函组件由刮油填料盒和刮油环组成。刮油填料函由法兰盘和若干个刮油环杯槽组成，由连接螺栓将两者连成一个整体。杯槽里分别由一组脉动密封环与两组刮油环组成(图1-2-10)。

材料：刮油填料函一般用不锈钢材料，刮油环根据使用需求可选用金属或非金属材料。

作用：刮掉进入十字头滑道的活塞杆携带的润滑油，防止润滑油被带入气缸或密封填料内。

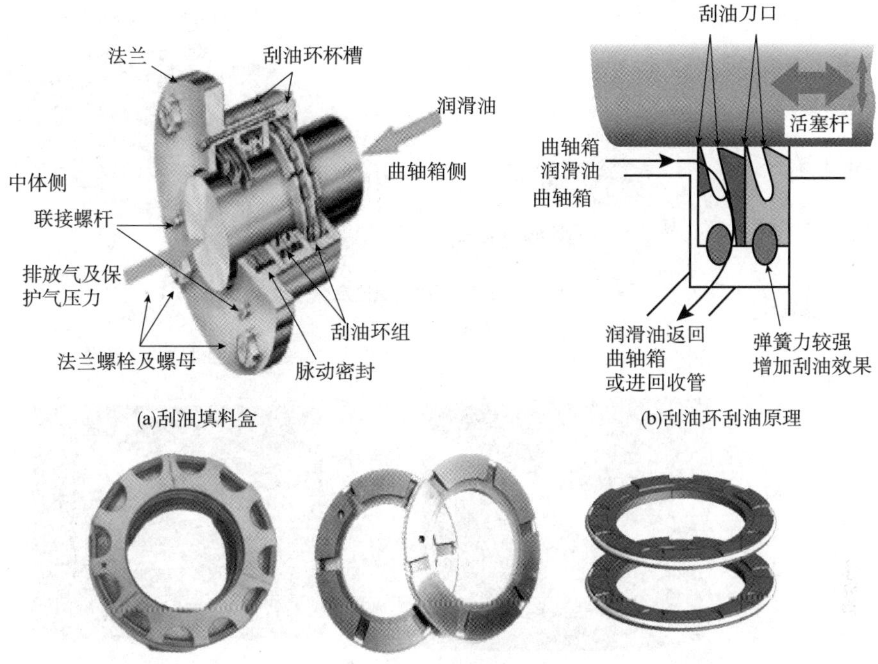

(a)刮油填料盒　(b)刮油环刮油原理

(c)铜质刮油环　(d)铝质刮油环　(e)非金属刮油环

图 1－2－10　刮油填料盒组件

金属刮油环主要有铝质和铜质两种，经过试验，铝制刮油环的效果没有铜质刮油环好，原因主要与材质的密度有关，铝制刮油环材质相对比较疏松，分子间的间隙更大，加工后得到的表面粗糙度更大，使得刮油环与活塞杆产生微小的缝隙，造成漏油。分瓣式刮油环工作原理类似于填料环，通过逐级降压的方式，将润滑油分流。金属刮油环导热性能好于非金属刮油环，热膨胀系数小，由于其结构特殊，所以磨损时可以提供径向补偿，使用时间更长。而非金属刮油环挠性好，能够更好地贴合活塞杆，受热后膨胀能够使贴合面变得更紧密，结构简单，维修更换方便。尤其是运行初期非金属刮油环对活塞杆进行预膜处理，大大减少了活塞杆的磨损。

2. 密封填料盒组件

结构：密封填料盒又称为密封填料函。密封填料盒组件分为中间填料盒组件和主密封填料盒组件，主密封填料盒主要由节流套、若干个填料杯槽以及压盖等组成，中间填料盒由三个填料杯槽和压盖组成，每个填料杯槽内装一组填料，每组填料包括径向环、切向环、阻流环，靠近填料盒最外侧(低压侧)杯槽内装有一组气密封环。气流方向从气缸轴侧内进入，第一档是节流套，内装二组节流环，经节流后的气体压力已得到衰减，然后再通过各组填料密封外侧与气缸的填料腔连接，依靠压差压紧每一组填料。压缩机每级填料根据不同的压差设置填料组数保证密封性能(图 1－2－11)。

材料：填料盒常用不锈钢材料，密封环常用非金属材料。

作用：往复式压缩机填料密封环可防止气缸中的高压气体沿着活塞杆方向泄漏，它是压缩机中最重要的零部件之一，也是压缩机最主要的内泄漏途径之一。通常情况下，我们常说的填料密封环是一种动密封环，即只有在压缩机工作时才起密封作用(一般的压力工况)，而压缩机停机时或者其他特殊情况下，它并不能起密封作用。

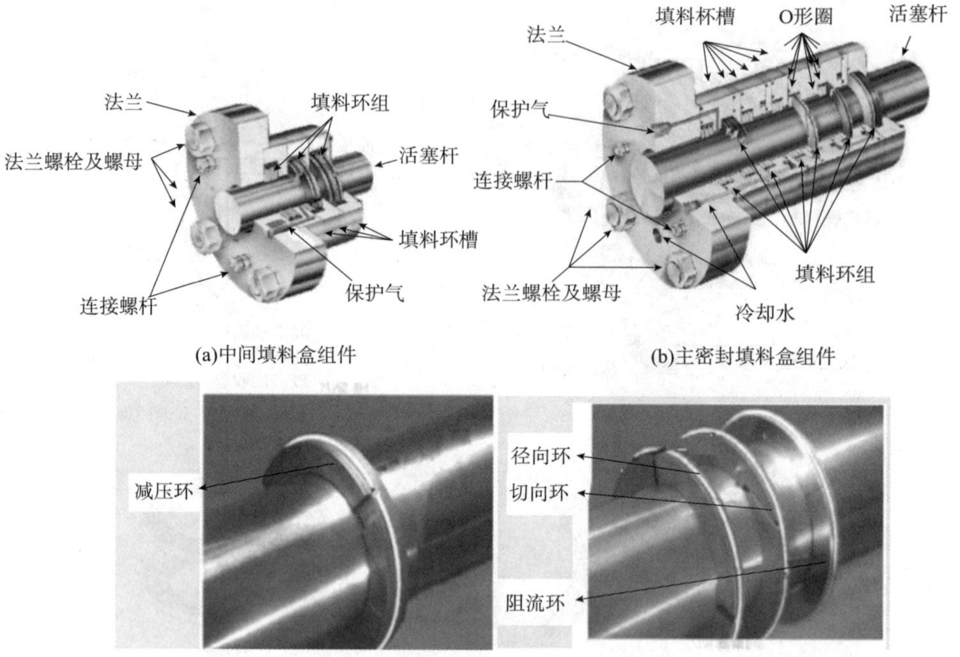

(c)填料组件

图1-2-11　密封填料函组件

第三节　往复式压缩机工作原理

一、往复式压缩机的工作循环

(一)往复式压缩机的理论压缩循环

往复式压缩机的主要工作机构包括气缸、活塞、进气阀与排气阀(均为自动开启和关闭的单向阀)。

往复式压缩机的工作循环是指活塞在气缸内往复运动一次必须经过膨胀、吸气、压缩、排气四个过程。

理论压缩循环为压缩机的理想工作情况：

(1)循环过程中气体无泄漏；

(2)气体在流动过程中没有压力损失；

(3)排气过程终了时，气缸内的气体被全部排尽；

(4)吸排气过程中气体的温度保持不变。

气体压缩过程的热力指数不变，即过程指数是一个常数。在这个理论循环全过程中，认为气体的状态没有发生变化，只是气体的流动过程，不属于热力过程。只有压缩过程中气体状态才发生变化，属于热力过程。

往复式压缩机的理论循环压容图，又称理论示功图，如图1－3－1所示。示功图上4—1—2—3—4所包围的面积称为理论指示功，是指在一理论循环过程中活塞对气体所做的功，其值为吸入、压缩和排出过程功的总和。规定活塞对气体做功为正，气体对活塞做功为负，则理论循环总功为：

$$W = W_{吸} + W_{压} + W_{排}$$

其中：

$$W_{吸} = -P_1V_1$$

$$W_{压} = \int_2^1 P\mathrm{d}V = -\int_1^2 P\mathrm{d}V$$

$$W_{排} = P_2V_2$$

$$W = -P_1V_1 - \int_1^2 P\mathrm{d}V + P_2V_2 = \int_1^2 V\mathrm{d}P$$

而$\int_1^2 V\mathrm{d}P$得积分，正好就是图1－3－1(d)中1—2—3—4—1所包围的面积。

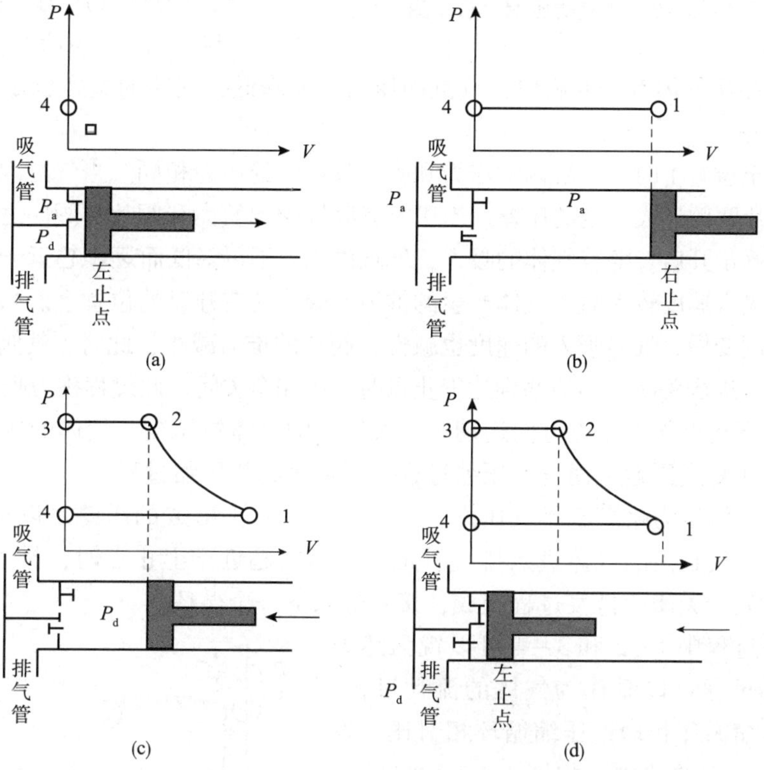

图1－3－1　往复式压缩机理论示功图

不同的压缩过程所构成的循环，其理论循环功也不同。常见的压缩过程有等温压缩、绝热压缩和多变压缩过程。这里就不再赘述。

(二)往复式压缩机的实际压缩循环

1. 实际示功图的分析

理论压缩循环对压缩机的工作情况作了一系列的简化和假设，而往复式压缩机的实际循环却是一个复杂的循环过程，一般采用示功仪测量气缸内气体体积和压力的变化曲

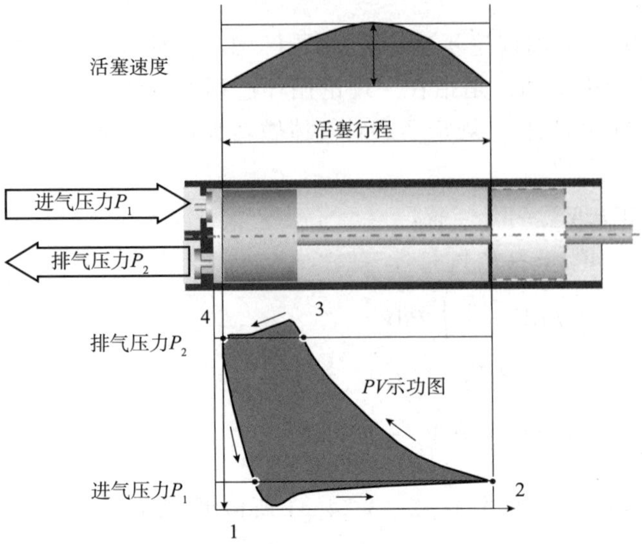

图 1－3－2　往复式压缩机示功图

线——示功图(图 1－3－2)加以分析。

压缩机的工作过程可由以下四步简单表述:

4 ——→1: 膨胀过程

1 ——→2: 吸气过程

2 ——→3: 压缩过程

3 ——→4: 排气过程

活塞位置处于上止点(示功图上位置 4)时，不允许活塞与气缸盖发生碰撞，实际上活塞与气缸盖间保留着一个安装间隙。当排气过程结束后，气缸内的气体压力为排气压力，此时，排气阀已经关阀。当活塞向下止点运动时，气缸内的高压气体首先要膨胀，气缸内压力逐渐降低，气体的温度也逐渐降低，此过程称为膨胀过程。

当活塞移至位置 1 时，气缸内的压力和吸气管道内的压力相同。当气缸内压力继续降低时，吸气阀阀片两侧形成一定的压差。当压差克服气阀弹簧力和阀片与阀座之间的黏滞吸附力时，吸气阀逐步开启。随着气体的吸入，气缸内压力不再降低而逐步趋近于吸气管道内的压力。当气体吸入速度较大时，气体产生的推力使阀片处在开启的位置上。当活塞接近下止点时，活塞速度变慢，气体吸入的速度也减慢，阀片的推力减小，此时，气阀的弹簧力作用在阀片上使阀片逐步关闭，当活塞到达下止点时气阀完全关闭。此过程称为吸气过程。

当活塞从下止点往上止点方向运动时，气缸内的气体被压缩，气体的压力增加，温度也升高。对于往复式压缩机而言，压缩过程可近似为绝热压缩过程。

当气缸内气体压力略高于排气压力，在排气阀阀片上形成的压差足以克服弹簧力时，排气阀被打开，气缸内的气体进入排气管道。当活塞趋近于上止点时，排气阀逐步关闭，到达上止点时完全关闭。排气过程完成，接着进入下一个循环。

整个循环过程中 1—2 和 3—4 可以视为热力学过程，其他过程可以看作为气体的流动过程。如果将实际压缩循环和理论压缩循环相对比，发现两者存在着一定的差别。如图 1－3－3 所示，4—5—1—2—3—4(实线)为实际压缩循环过程，4′—1′—2′—3′—4′(虚线)为理论压缩循环过程。(图 1－3－3)

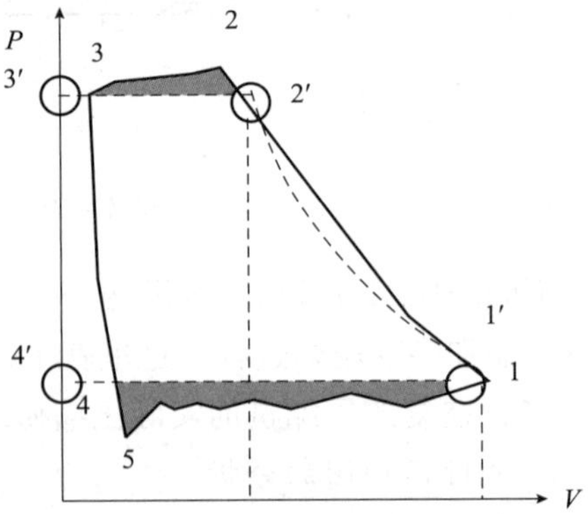

图 1－3－3　往复式压缩机的压缩循环过程

(1)余隙与膨胀。

往复式压缩机的余隙容积包括：活塞在上下止点(或称内外止点、左右止点)活塞端面与气缸盖之间的间隙，以及气缸内壁与活塞端面至第一道活塞环间的环形间隙，气缸容积至气阀阀片间的整个通道容积等。这些间隙的存在使得缸内气体无法排净。吸气之前，余隙容积内的高压气体先要进行膨胀，实际上等于减少了吸气量，降低了气缸利用率。因此，要求余隙容积尽量小一些，但又不能太小，否则由于热膨胀和受力拉伸作用，活塞和活塞杆将发生撞缸事故。

(2)气阀阻力损失。

由于气流通道和启闭存在一定阻力，所以气流通过时，必然产生阻力损失。因此气缸内的压力比入口管道内的气体压力要低，进气阀从开始开启到全开还要克服较大的局部阻力，图 1-3-3 中点 4 为进气阀开始开启，点 5 对应进气阀全开。同理，气缸内实际排气压力应高于排气管道内的气体压力，排气阀在点 2 处增加了局部阻力。示功图上吸气线和排气线出现波浪形，是由于气流速度随活塞速度以及阀片的惯性振动而变化，导致阻力损失不稳定而产生的。

(3)热交换的影响。

实际循环过程中热量交换对气体的影响是相当复杂的，压缩机工作一段时间后，气缸各部位的温度逐渐趋于稳定，它高于气体的吸入温度，低于排气温度。气体在每一个循环过程中热量交换的情况也是不断变化的。压缩开始时气体的温度低于气缸的温度，于是气体吸收了一部分热量，此时的压缩过程为 $m' > k$ 的多变压缩过程(m 为多变压缩指数，k 为绝热指数)。随着压缩过程的进行，气体温度不断提高，气体与气缸的温差逐渐缩小，到某一瞬间，温差等于零时，压缩过程也演变成绝热过程，$m' = k$。继续压缩，当气温高于气缸壁温度时，气体通过气缸壁向外散热，气体进行 $m' < k$ 的多变压缩。膨胀过程，开始时气体温度比气缸温度高，一边对外放热，一边膨胀降温，$m' > k$。中间某瞬间，$m' = k$，随后 $m' < k$。热交换的影响反映在示功图上，可以看到多变指数不是一个常数(图 1-3-4 所示)。

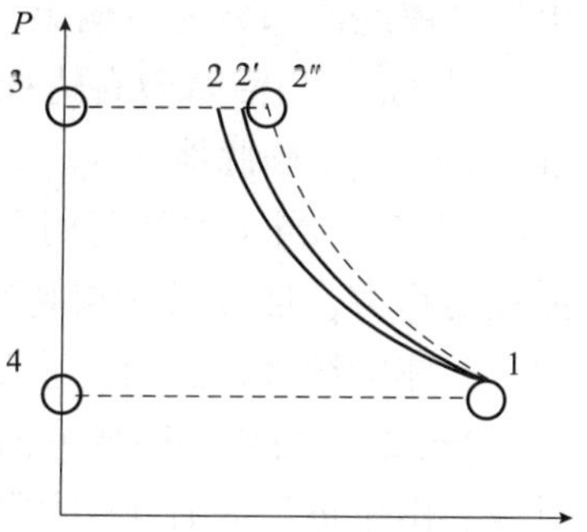

图 1-3-4 热交换的影响在示功图上的反映

4—1—2—3—4 过程为等温理论循环，4—1—2″—3—4—1 为绝热理论循环，4—1—2′—3—4 过程为介于两者之间的压缩过程。

2. 实际气体对压缩过程的影响

实际气体对循环的影响主要是对循环功的影响，可分成两部分考虑：①理想气体所消耗的功；②受气体分子影响的体积，包括分子间的吸引力和分子体积的影响。气体分子本身的体积和分子间的吸引力在循环中所消耗的功的计算较为复杂，这里不再赘述。

二、往复式压缩机的工作原理

根据压缩机曲轴旋转一周密闭空间内的气体压缩的次数，将往复式压缩机分为单作用压缩机和双作用压缩机。压缩机气缸只有一端有进排气阀，当活塞运行到一侧止点间隙的时候，进气结束；活塞再运行到另一侧止点间隙时，排气结束。这种每个气缸在曲柄旋转一周中只有一个压缩行程的压缩机叫单作用压缩机。压缩机如果气缸两端都有进排气阀，活塞运行到一侧止点后往回运行时，在对一侧气体进行压缩排气的同时，另一侧的余隙压缩气体则膨胀，在气体膨胀到压力低于进气压力时，又进行吸气，活塞在气缸内循环运行一次，能完成两次膨胀、吸气、压缩和排气过程。这样的压缩机叫双作用压缩机。

1. 单作用往复式压缩机工作原理(图1-3-5)

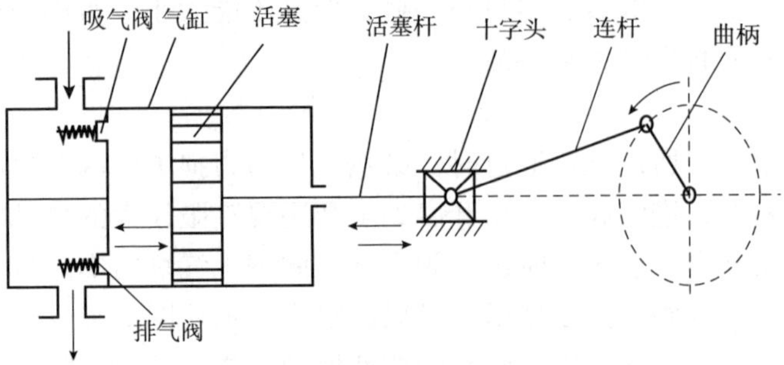

图1-3-5　单作用往复式压缩机工作原理

通过曲轴、连杆及十字头将回转运动变为活塞在气缸内的往复直线运动，并由此使工作容积作周期性变化，周而复始地完成膨胀、吸气、压缩、排气四个循环。

对于气缸盖侧工作容积，活塞由外止点向曲轴方向移动时，进气阀开启，排气阀关闭，气体通过进气阀进入气缸；活塞由内止点向外止点移动时，进气阀和排气阀均关闭，随着气缸内的气体被压缩，压力逐渐升高，当压力超过排气阀外的气体压力时，排气阀开启，高压气体排出气缸；活塞移至外止点时，排气结束。气缸轴侧工作容积与盖侧工作过程相反。对于多级压缩机，上一级排出的气体经冷却分离后被送到下一级，再进行压缩，最后一级排出的气体经冷却分离后输出，向储气库提供压缩气体。

(1)膨胀：当活塞向右边移动时，活塞左端气缸的容积增大，压力下降，原先残留在气缸中的余气不断膨胀。

(2)吸气：当压力降到稍小于进气管中的气体压力时，进气管中的气体克服进气阀阀片弹簧的弹力，推开吸气阀阀片，气体通过阀片与阀座之间气道进入气缸。随着活塞向右移动，气体继续进入缸内，直到活塞移至右边的末端(又称右死点)为止。

(3)压缩：当活塞调转方向向左移动时，缸的容积逐渐缩小，这样便开始了压缩气体的过程。由于进气阀有止逆作用，故缸内气体不能倒回进气管中，而排气管中气体压力又高于气缸内部的气体压力，缸内的气体也无法从排气阀跑到缸外。排气管中的气体因排气阀有止逆作用，也不能流入缸内。因此缸内的气体在气缸、活塞(活塞环)、进排气阀组成的密闭空间内数量保持一定，只因活塞继续向左移动，缩小了缸内的容气空间(容积)，使气体的压力不断升高。

(4)排气：随着活塞左移，压缩气体的压力升高到稍大于排气管中的气体压力时，缸内气体便顶开排气阀的阀片弹簧进入排气管中，并不断排出，直到活塞移至左边的末端(又称左死点)为止。然后，活塞又开始向左移动，重复上述动作。活塞在缸内不断地往复运动，使气缸往复循环地吸入和排出气体。活塞的每一次往复成为一个工作循环，活塞每来或回一次所经过的距离叫作冲程。

2. 双作用往复式压缩机工作原理(图1-3-6)

(1)左膨胀右压缩[图1-3-6(a)]：当活塞向右边移动时，活塞左端气缸的容积增大，压力下降，原先残留在气缸中的余气不断膨胀。而封闭在活塞右端腔体内的气体，由于进气阀逆止作用无法进入进气管，又由于排气管中的压力高于右腔气体的压力，封闭的气体也无法进入排气管。此时右腔密闭的气体开始被压缩。

(2)左吸气右排气：随着活塞的右移，当活塞左端的密闭空间内的气体压力降到稍小于进气管中的气体压力时，进气管中的气体克服进气阀阀片弹簧的弹力，推开进气阀阀片，气体通过阀片与阀座之间气道进入气缸左腔，吸气开始。随着活塞向右移动，气体继续进入气缸左腔内，直到活塞到达右死点，吸气结束。与此同时，活塞右端密闭空间内的气体受到压缩，当压力稍高于排气管道内的气体压力时，右腔内的气体开始排出。直到活塞移至右死点，右腔的排气结束。

(3)左压缩右膨胀[图1-3-6(b)]：当活塞调转方向向左移动时，气缸左腔的容积逐渐缩小，这样左腔便开始了压缩气体的过程。由于进气阀的止逆作用，故左腔缸内气体不能倒回进气管中，而排气管中气体压力又高于气缸内部的气体压力，缸内的气体也无法从排气阀跑到缸外。排气管中的气体因排气阀有止逆作用，也不能流入缸内。因此缸内的气体在气缸、活塞(活塞环)、进排气阀组成的密闭空间内数量保持一定，只因活塞继续向左移动，缩小了左腔缸内的容气空间(容积)，左腔内的气体开始被压缩，使左腔缸内气体的压力不断升高。与此同时，当活塞向左边移动时，活塞右端气缸腔内的容积增大，压力下降，原先残留在气缸中的余气不断膨胀。

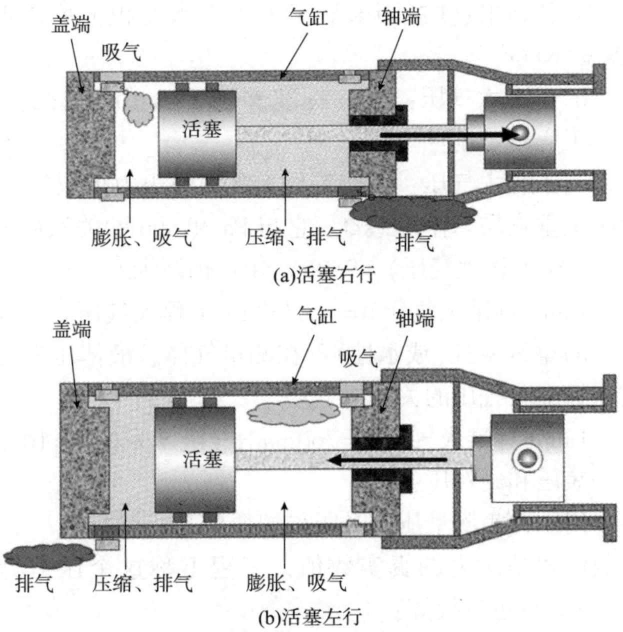

图1-3-6　双作用往复式压缩机工作原理

(4)左排气右吸气：随着活塞左移，气缸左腔内的压缩气体的压力升高到稍大于排气管中的气体压力时，缸内气体便克服排气阀的阀片弹簧弹力，打开排气阀，通过阀片与阀座之间的气道，进入排气管中，并不断排出，直到活塞移至左边的末端(又称左死点)为止，气缸左腔排气结束。与此同时，当活塞右端的密闭空间内的气体压力降到稍小于进气管中的气体压力时，进气管中的气体克服进气阀阀片弹簧的弹力，推开吸气阀阀片，气体通过阀片与阀座之间气道进入气缸右腔，吸气开始。

活塞在缸内不断地往复运动，使气缸往复循环地吸入和排出气体。活塞的每一次往复运动就成为往复式压缩机的一个工作循环。

第四节　往复式压缩机常用术语及性能参数

本节主要介绍压缩机组常用的一些专业术语，各项性能参数，以及各种参数的意义。

一、气体压力

气体压力就是气体分子对容器壁面撞击，使壁面受到连续均匀的平均力。通俗地说，压力就是垂直均匀作用在物体上的力。它的数学表达式为：

$$P = F/A \tag{1-4-1}$$

式中，P 为压力；A 为作用面积；F 为面积 A 上所受的力。

压力单位的表示方法如下：

国际单位制：

a)帕斯卡：1 帕斯卡等于 1 平方米面积上均匀垂直作用 1 牛顿的力，符号为 Pa。即 $1Pa = 1N/m^2$。

b)标准大气压：latm(标准大气压) = 101325Pa(帕斯卡)

工程单位制：

a)工程大气压：目前工程上常用的压力单位为工程大气压，符号为 at。1at 等于 $1cm^2$ 面积上垂直均匀作用 1kgf。它与 Pa 和 atm 的关系如下：

1at(工程大气压) = 98066.5Pa(帕斯卡)

1atm(标准大气压) = 1.0332at(工程大气压)

b)毫米汞柱(或水柱)：在测量气体、液体压力时，也常用毫米汞柱(或水柱)为单位。它与标准大气压的关系如下：

1atm(标准大气压) = 760mmHg(毫米汞柱) = 10.332mH_2O(米水柱)

表压和绝对压：

用压力表测量压力时所得的数值是相对数值，工程上称它为表压。把大气压计算在内的数值才是压力的真实数值，工程上称这个压力为绝对压力。表压和绝对压力可按式(1-4-2)进行换算：

$$\text{绝对压力} = \text{表压} + \text{大气压或表压} = \text{绝对压力} - \text{大气压} \tag{1-4-2}$$

二、温度

温度是物体分子热运动强弱的程度，或者说温度是表明物体冷热程度的度量。在工程中，温度有如下几种表示方法：

(1)摄氏温度。它是用摄氏温度计测量的温度，用℃表示。例如用这种温度计测得的温度为 50 度，就写成 50℃。目前在我国以及世界许多国家都习惯于采用摄氏温度。

当温度低于 0℃时，要在温度数字的前面标记负号“－”，如测得的温度为零下 10℃，就写成－10℃。零度以上的温度为正值，习惯上前面不加“＋”号。

(2)绝对温度。这是热力学上采用的一种温度表示方法。根据分子运动的规律，人们认识到，温度升高，气体分子运动的速度加快，反之，温度降低，气体分子运动的速度减慢。如果温度降低到零下 273 摄氏度，即－273℃时，分子运动完全停止(实际上这一温度并不存在)，热力学上把这一温度定为“绝对零度”。以绝对零度为起点，每个间隔和摄氏温度的间隔相同的温标，称为绝对温标，用绝对温标表示的温度就叫绝对温度，它的单位是开尔文，符号为 K。

摄氏温度换算为绝对温度很简单，只需将摄氏温度数值加上 273 就得到绝对温度。例如零摄氏度换算为绝对温度就是：0 + 273 = 273 记作 273K；100℃换算为绝对温度就是：100 + 273 = 373K。

(3)华氏温度：它是用华氏温度计测得的温度，用℉表示。例如用这种温度测得的温度为 50 度，就写成 50℉。华氏温度在英、美等国家采用较多。通常(指在标准大气压下)

水的冰点为零摄氏度，相当于 32 华氏度，水的沸点为 100 摄氏度，相当于 212 华氏度。这两种温度的换算如下：

华氏换算为摄氏　　$℃ = 5/9(℉ - 32)$　　(1-4-3)

摄氏换算为华氏　　$℉ = 9/5℃ + 32$　　(1-4-4)

三、比容

比容是单位质量气体所占有的体积，用 v 表示，常用单位为 m^3/kg。它等于物体的体积 V 除以它的质量 m，用数学式来表示就是：$v = V/m$。比容的倒数叫作密度，用 ρ 来表示，$\rho = m/V$。

四、压缩机排气量

气体经压缩机压缩后排出的总容积，换算到进气状态下的容积值称为压缩机的排气量。

五、容积流量

压缩机的容积流量，通常指单位时间内压缩机最后一级排出的气体，换算到第一级进口状态的压力和温度时的气体容积值，单位为 m^3/h 或 m^3/min。

容积流量随压缩机的进口状态而变，不反映压缩机所排气体的物质数量。将容积流量折算到标准状态（$P_0 = 0.1013MPa$，$T_0 = 0℃$）下的干气容积值，此值称供气量或标准容积流量。

六、压力比

也称总压力比，是指末级排气接管处的压力与第一级进气接管处的压力之比。

七、压缩机的吸气压力

指第一级吸入管道处的压力。

八、压缩机的排气压力

指最终排出压缩机的气体压力，排气压力应在末级排气接管处测量。一台压缩机的排气压力并非固定不变，铭牌上标注的压力为额定压力，实际上压缩机可以在额定压力的任意压力下工作，并且只要强度、排气温度和压缩机所提供的轴功率等允许，也可以在超过额定压力 10% 条件下工作。

九、压缩机的排气温度

指压缩机末级排出气体的温度，它应在末级气体出气管处测得。多级压缩机末级之前各级的排气温度称为该级的排气温度，在相应级的排气管处测得，排气温度需要加以限制。

十、外(内)止点

活塞运动过程中最远离(靠近)机身的位置。

十一、循环

压缩机曲轴旋转一周，在气缸容积中所进行的各过程的总和。

十二、反向角

活塞杆由受拉伸力(或压缩力)转为受压缩力(或拉伸力)曲轴转过的最小角度。

压缩机设计中，反向角不能小于30°。

十三、容积效率

压缩机实际的容积流量与第一级气缸的理论容积流量之比，称为压缩机的容积效率。

十四、压缩机的余隙容积

由于压缩机结构、制造、装配、运转等方面的需要，气缸中某些部位留有一定的空间或间隙，将这部分空间或间隙称为余隙容积(又称有害容积或存气)。

压缩机在以下几个部位存在着余隙容积：

(1)活塞运动排气行程终了时，其端面与气缸端面之间的间隙。

(2)气缸镜面与活塞外圆(从端面到第一道活塞环)之间的间隙。

(3)由气阀至气缸容积的通道所形成的容积。

气阀本身所具有的容积，如阀座的通道、弹簧孔等(通道容积所占比例最大，环形间隙其值甚微)压缩机的余隙容积，有的是结构上的需要，有的是难以避免的。如活塞运动到排气终了位置时，其端面与气缸端面之间的间隙，主要是考虑到以下几个因素：

(1)活塞周期运动时，由于摩擦和压缩气体时产生热量，使活塞受热膨胀，产生径向和轴向的伸长，为了避免活塞与气缸端面发生碰撞事故及活塞与缸壁卡死，故用余隙容积来消除。

(2)对压缩含有水滴的气体，压缩时水滴可能集结。对于这种情况，余隙容积可防止由于水不可压缩性而产生的水击现象。

(3)制造精度及零部件组装与要求总是有偏差的，运动部件在运动过程中可能出现松动，使结合面间隙增大，部件总尺寸增长。

十五、功率和效率

指示功：压缩机用于压缩气体所消耗的功，即有用功；

摩擦功：压缩机用于克服机械摩擦所耗的功，即无用功；

轴功：指示功与摩擦功之和，即主轴需要的总功；

功率：单位时间所耗的功；

比功率：排气压力相同的机器，单位容积流量所消耗的功。

十六、曲轴转速

指活塞式压缩机的曲轴转速，即主轴转速，无变速器连接即电机转速，它是表征压缩机的主要结构参数。往复式压缩机的转速为125～514r/min，活塞速度大都为3.5～4.25m/s，气体通过气阀的速度为22.5～40m/s。

十七、活塞力

活塞力为曲轴处于任意的转角时，气体力和往复惯性力的合力，它作用于活塞杆或活塞销上，活塞力已成为压缩机的系列化、规格化的一个主要参数，单位是t，我国推荐的系列为1t、2t、3.5t、5.5t、8t、12t、16t、22t、32t、45t(1t=9.807kN)。

十八、活塞行程

活塞压缩机的运转中，活塞从一端止点到另一端止点所走的距离，称为一个行程，单位为m。

十九、热效率

热效率分等温热效率、绝热效率和等温绝热效率。

等温热效率又分为等温指示效率和等温轴效率。等温指示效率是压缩机理论等温循环指示功与实际循环指示功之比；等温轴效率是指等温指示功与轴功之比，等温轴效率也称全等温效率。

绝热效率也可分为绝热指示效率和绝热轴效率，一般绝热效率指绝热轴效率，它是压缩机的理论绝热循环功与轴功的比值。

等温绝热效率是将压缩机理论循环的等温指示功与绝热循环功相比，其比值称为等温绝热效率。

二十、其他参数

级：气体在压缩机中进行连续压缩，通过工作腔的压缩的次数。

段：气体经压缩后每进入冷却器冷却一次为一段。

列：一个连杆的中心线对应的活塞组即为一列。

第二章　往复式压缩机工艺系统

本章介绍的往复式压缩机工艺系统包含工艺气系统、润滑系统、冷却系统、气量调节系统和控制系统。

第一节　工艺气系统

工艺气系统的作用是将气体输送至压缩机，经压缩后，再输送至使用场所。主要包括压缩机进气、排气管路、旁通管路、放空管路、缓冲罐、分离器、安全阀、截止控制阀、过滤装置以及支承等零部件，用以实现压缩气体的安全输送和机组的启动、停机、加载、卸载、空负荷及带负荷运行(图2-1-1)。

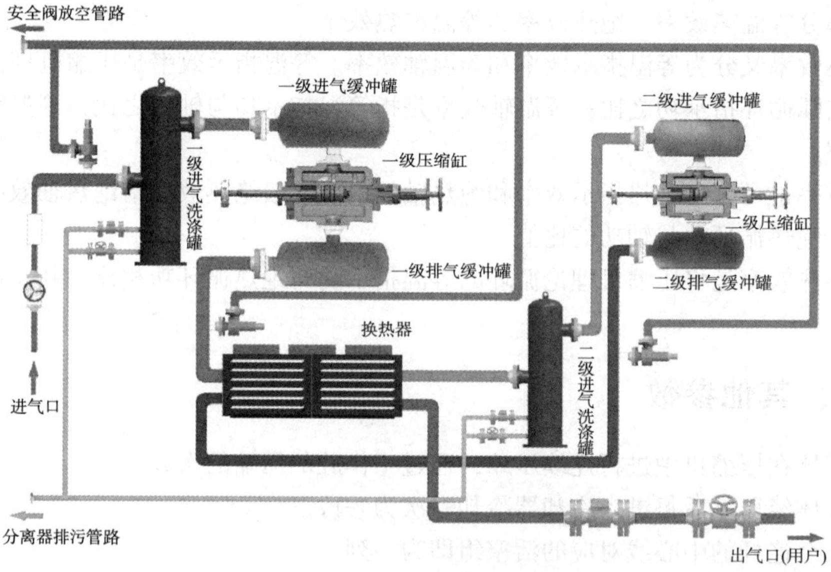

图2-1-1　工艺气系统流程图

一、缓冲罐

往复式压缩机气缸间歇性地吸气与排气，造成管道内的气体流速和压力的变化，形成气流压力脉动。而压缩机间歇性地吸排气造成管道中气体流动的非均匀变化是产生气流压力脉动的主要原因。压缩机管路的绝大多数振动问题都是由气流压力脉动引起。

气流压力脉动是引起天然气压缩机管道振动的主要原因(常引起承压部位或截面积突

变部位的损坏)，因此在配管设计中应采取消减气流压力脉动的措施，如在靠近气缸进气口附近安装缓冲罐。

缓冲罐的作用是对气体进行缓冲，消除管道内的气流脉动。气体缓冲罐的体积比管道的体积大很多，所以当管道里面的压力瞬间变化时，罐体内的压力变化非常小，这样就比较容易控制缓冲罐另一出口或入口的压力，不会产生突变。

如果气体里面有液体时，缓冲罐还可以起到初步分离气、油、水的作用，管道内含有油水混合物的气体流到缓冲罐的瞬间截面积突然增大，气体流动速度突然降低，由于油气水混合物与罐壁的碰撞和气液密度的差异，气体就从气液混合物中分离出来了。缓冲罐底部安装排液装置，可以定期排液。缓冲罐还有缓和气体温度的作用，当管道内进气温度降低或升高少许时，缓冲罐里的气体可以与新进来的气体进行混合，使压缩机进出口的气体温度不致发生突变，影响压缩机的平稳运行。

缓冲罐的结构形式：一般低压时为圆筒形，高压时常制成球形，也可在缓冲罐内加装声波滤波器。

缓冲罐上进气口及排气口接管的配置如图 2－1－2 所示，图 2－1－2(a)的方式，进、出气管均配置在同一侧，缓冲作用最差；图 2－1－2(b)的方式，进、出气管配置在两侧，缓冲能力可提高 15%～20%；图 2－1－2(c)的方式，由于气流的转折，可比图 2－1－2(a)减小脉动振幅达 60%。

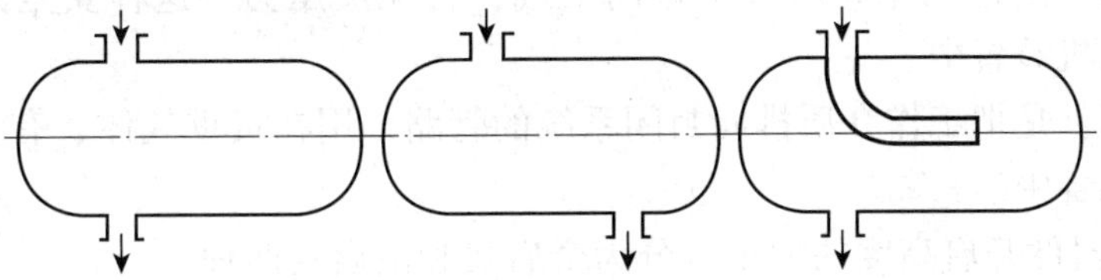

图 2－1－2　缓冲罐上的导管配置

二、气液分离器

一般来讲，压缩机中的气液分离器又称集液器、洗涤罐，其作用是将来自冷却器的气液混合物在气液分离器内分离，气体从气液分离器的出口管进入压缩机，分离出来的液体积存于分离器的底部。

气液分离器的主要作用：①为了避免液态流体直接进入压缩机的气缸，防止大量液体沉积在压缩缸内，发生液击事故。②压缩机气缸中排出的气体不可避免会携带润滑油(无油活塞式压缩机除外)、轻质油和水蒸气，经过中间冷却后就形成冷凝液滴。油滴和水滴如果不分离掉而随气体进入下一级气缸，会黏附在气阀上，使气阀工作异常，寿命缩短；水滴附着在下一级气缸壁上，使气缸镜面润滑恶化。若是严寒地区，还可能因为水滴的存在造成天然气管道的冰堵。为把气体中的油滴和水滴分离掉，在气体进入压缩机之前和各级冷却器之后都设置气液分离器。气液分离器按作用原理可分为以下几类：

(1)惯性式——主要靠液滴和气体分子的质量不同，通过气流转折利用惯性进行分离。

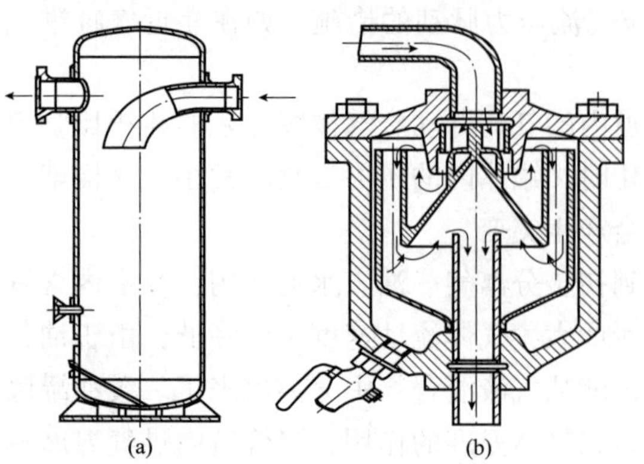

图2-1-3　气液分离罐

(2)过滤式——主要靠液滴和气体分子的大小不同，使气体通过多孔性过滤填料，液滴便聚集于填料中而实现分离。

(3)吸附式——主要靠液体的黏性，使之吸附在容器或填料表面。

一般情况下三者往往是组合使用的。

如图2-1-3(a)所示气液分离罐，是靠气流转折进行分离的。如图2-1-3(b)所示，采用多次转折使分离作用加强，更适用于压力较高的级次。两种方式的气液分离器分离都是依靠气流速度及方向的改变来实现。

三、安全阀

安全阀在工艺气系统中起安全保护作用。当系统压力超过规定值时，安全阀打开，将系统中的超压气体排入密闭泄压系统，使系统压力在安全范围内运行。

安全阀的分类：

(1)按排出介质的方式可分为开式和闭式两种。

开式安全阀：是把工作介质直接排向大气，且无反压力。这种安全阀用于空气、氮气、氧气等压缩机装置中。

闭式安全阀：是把工作介质排向封闭系统的管路，用在贵重气体、有毒或有爆炸危险的气体压缩机装置中。

(2)按封闭器件开启高度的大小可分为全启式和微启式两种。

全启式安全阀的阀瓣升起高度大于阀座最小通道直径的1/4，即阀瓣与阀座的缝隙截面大于阀座的最小截面。

微启式安全阀的阀瓣升起高度大于阀座最小通道直径的1/40~1/20，且阀瓣与阀座的缝隙截面小于阀座的最小截面。这种安全阀通常用于气量较小的系统。

(3)按压力控制元件的不同可分为弹簧式和重载式。

弹簧式安全阀：其结构紧凑，得到了广泛的应用。

重载式安全阀：其优点是封闭器件上升时，作用力是不变的，但由于它对振动很敏感，所以只在固定式装置中尚有应用。

(4)按照介质排放方式与介质种类的不同，弹簧式安全阀又可以分为全封闭式安全阀、半封闭式安全阀和开放式安全阀三种。

全封闭式安全阀排气时，气体全部通过排气管排放，介质不能向外泄漏，主要用于介质为有毒、易燃易爆气体的容器或压力管道。

半封闭式安全阀所排出的气体一部分通过安全阀出口排气管排出，也有一部分从阀盖与阀杆的间隙中漏出，多用于介质为不会污染环境的气体或液体的容器。

开放式安全阀的阀盖是敞开的，使弹簧腔与大气相通，这样有利于降低弹簧的温度，主要适用于介质为蒸汽，以及对大气不产生污染的高温气体的容器。

(5)按其整体结构及加载机构的不同可以分为重锤杠杆式、弹簧微启式和脉冲式三种。

重锤杠杆式安全阀是利用重锤和杠杆来平衡作用在阀瓣上的力。根据杠杆原理，它可以使用质量较小的重锤通过杠杆的增大作用获得较大的作用力，并通过移动重锤的位置(或变换重锤的质量)来调整安全阀的开启压力。重锤杠杆式安全阀结构简单，调整容易而又比较准确，所加的载荷不会因阀瓣的升高而有较大的增加，适用于温度较高的场合，过去用得比较普遍，特别是用在锅炉和温度较高的压力容器上。但重锤杠杆式安全阀结构比较笨重，加载机构容易振动，并常因振动而产生泄漏；其回座压力较低，开启后不易关闭及保持严密。

弹簧微启式安全阀是利用压缩弹簧的力来平衡作用在阀瓣上的力。螺旋圈形弹簧的压缩量可以通过转动它上面的调整螺母来调节，利用这种结构就可以根据需要校正安全阀的开启(整定)压力。弹簧微启式安全阀结构轻便紧凑，灵敏度也比较高，安装位置不受限制，而且因为对振动的敏感性小，所以可用于移动式的压力容器上。这种安全阀的缺点是所加的载荷会随着阀的开启而发生变化，即随着阀瓣的升高，弹簧的压缩量增大，作用在阀瓣上的力也跟着增加，这对安全阀的迅速开启是不利的。另外，阀上的弹簧会由于长期受高温的影响而使弹力减小。用于温度较高的容器上时，常常要考虑弹簧的隔热或散热问题，从而使结构变得复杂起来。

脉冲式安全阀(又称先导式安全阀)由主阀和辅阀构成，通过辅阀的脉冲作用带动主阀动作、其结构复杂，通常只适用于安全泄放量很大的锅炉和压力容器(图2－1－4)。

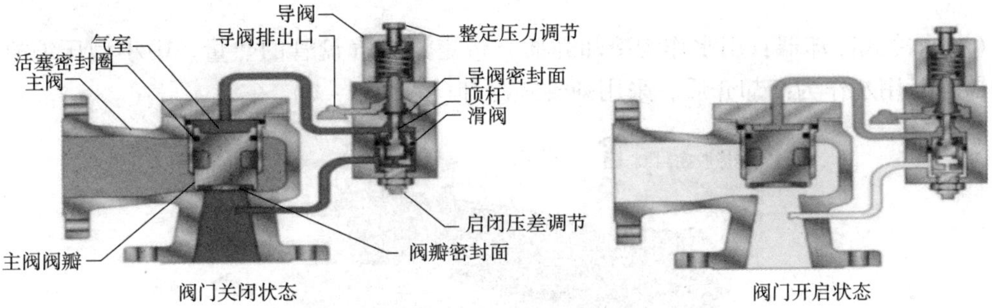

图2－1－4　先导式安全阀

注：由于安全阀不经常工作，为避免锈蚀卡住，应定期检验。

四、天然气冷却器

工艺气的冷却装置根据在往复式压缩机装置中的冷却部位不同，分为级间冷却和后冷却。级间冷却直接影响到压缩机工作的可靠性和经济性；后冷却是被压缩的气体排出压缩机后进行的冷却。后冷却首先可以改善气体品质，气体温度的降低，使气体中所含的水分与油雾便于分离；其次，后冷却可以减少气体流动阻力损失或减小气体管道直径，排出气体经过后冷却，其比容积进一步减小，因此在管径不变的情况下可减小气体流动阻力损失，或保持流速不变时管道直径可以减小。

天然气冷却器还可根据冷却介质的不同，分为风冷式冷却器和水冷式冷却器。

(1)风冷式冷却器：用空气作为冷却介质，风扇形成的气流通过天然气盘管带走天然气的热量(图2－1－5、图2－1－6)。

图 2-1-5　压缩机及风冷式冷却器

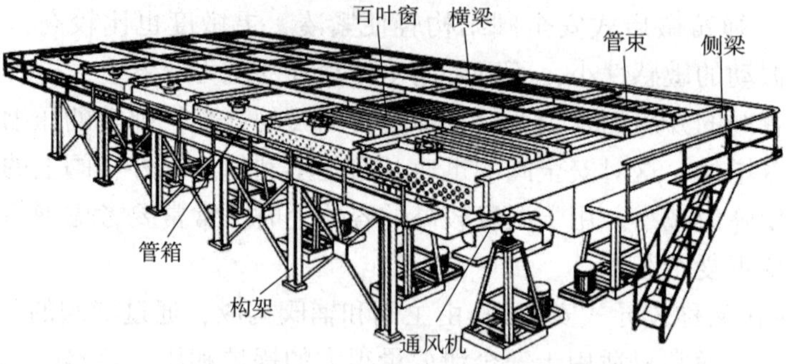

图 2-1-6　风冷式冷却器结构示意图

(2)水冷式冷却器：用水作为冷却介质，带走天然气盘管的热量。中小型压缩机级间冷却器一般用水作为冷却介质，采用列管式冷却(图 2-1-7)。

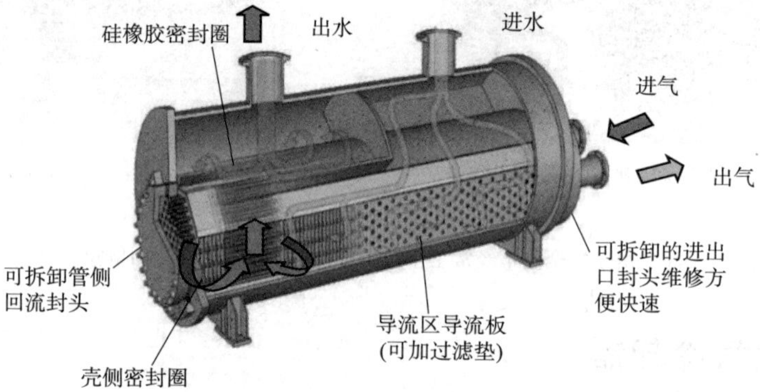

图 2-1-7　列管式水冷却器结构示意图

第二节　润滑系统

润滑系统是往复式压缩机的最重要的系统之一，它不仅影响到压缩机的性能指标，而且与压缩机的寿命、可靠性、安全性也直接有关。

一、润滑系统的作用

(1)减少运动部件的磨损，延长零件使用寿命，减少压缩机维修费用；

(2)带走摩擦热量，冷却摩擦表面，使摩擦表面温度不致过高；

(3)润滑油充满于气缸的间隙和轴封的摩擦表面之间，增强了密封作用；

(4)防止零件表面锈蚀，延长零件的工作寿命；

(5)减少摩擦和摩擦热，减少能量损失和降低摩擦功耗，提高压缩机的效率；

(6)带走磨屑，清洗摩擦表面，改善运动面的工作质量。

二、压缩机的润滑部位及润滑方式

往复式压缩机的润滑系统有两路：一路是去润滑压缩气缸组件的，属于高压强制注油润滑，润滑部位有气缸、活塞、活塞环、活塞杆、密封填料等；另一路去润滑运动机构摩擦副的，属于低压压力润滑，润滑部位有压缩机曲轴箱中的轴承、曲柄销、曲柄轴承、连杆大小头、十字头滑道、十字头销等。

(一)气缸组件的润滑方式

按照润滑油到达气缸镜面的方式，气缸组件的润滑可分为飞溅润滑、喷雾润滑和压力润滑三种。

(1)飞溅润滑。飞溅润滑一般用于单作用无十字头的压缩机，当活塞接近上止点时，曲轴箱中飞溅的油雾及油滴落于气缸未被活塞遮盖的镜面，并在活塞下一循环进入活塞环槽中，再由活塞环布至需要润滑的表面。

(2)喷雾润滑。喷雾润滑是在压缩机气缸进气接管处喷入一定量的润滑油，油和气体混合一起进入气缸，然后一部分黏附在气缸镜面上供气缸润滑。

(3)压力润滑。压力润滑应用最广，有专门的润滑系统，由注油器将高压润滑油注入各级气缸和活塞杆的润滑表面进行润滑，注油点和注油量也可以进行控制。

(二)运动机构的润滑方式

压缩机运动机构的润滑是指主轴承、曲柄销、连杆大小头轴承、十字头销、十字头滑道等摩擦表面处的润滑。润滑的目的除了减少摩擦功降低磨损之外，还有冷却摩擦表面以及带走摩擦下来的金属小颗粒等作用。

运动机构的润滑方式有飞溅润滑和压力润滑两种。

(1)飞溅润滑。在无十字头的小型压缩机中可采用飞溅润滑，润滑油是依靠连杆大头上装设的油勺或油棒，在曲轴旋转时打击曲轴箱中的润滑油，使飞溅起的润滑油飞至需要润滑的部位。若主轴承采用滚动轴承，飞溅起来的润滑油足以满足主轴承的润滑。润滑油经过连杆大小头特设的导油槽、导油孔，将油导入需要润滑的部位。

(2)压力润滑。中型、大型压缩机广泛地采用压力润滑，将润滑油以一定的压力输送到运动机构的各润滑表面，压力润滑系统中还装设有润滑油滤清器和润滑油冷却器。润滑油依次从油箱通过油粗滤清器、油泵、精滤清器、冷却器到达传动机构的润滑表面后又回到油箱，系统中还包括有旁通阀和单向阀等。根据压缩机的具体情况，润滑系统的组成部分可有所增减。

三、压缩机润滑系统的润滑设备

上面说过，往复式压缩机润滑系统的压力润滑有两路，一路润滑压缩气缸组件，另一路润滑传动机构。

(一)气缸组件注油润滑系统

润滑设备包括注油器、分配器、无油流开关、单向阀。由于上述两个润滑点均与气缸工作腔接触，系统需承受各级气缸内的压力所产生的背压，润滑油需用注油器加压强制注入。因此气缸组件注油润滑系统又称高压润滑系统或强制润滑系统。该系统注油方式有两种，一种是泵到点式注油系统(图 2－2－1)，另一种是有分配器式注油系统(图 2－2－2)。

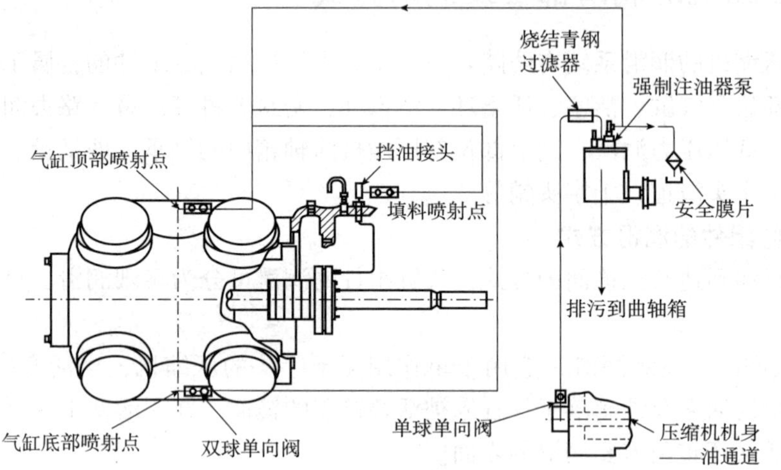

图 2－2－1　泵到点式注油系统

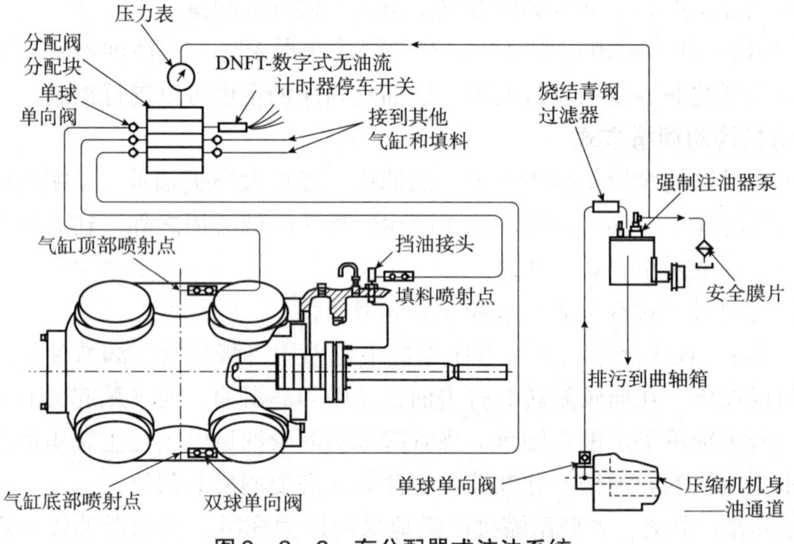

图 2－2－2　有分配器式注油系统

泵到点式注油润滑系统由注油器通过单向阀，直接将高压润滑油注入各级气缸和填料处。有分配器式注油润滑系统由注油器将润滑油供向油分配器，分配器再将润滑油分配到各级气缸和填料处，每个注油点安装有单向阀来保证高压气体不反流到分配器，润滑油分配器出口安装有无油流开关，用于检测分配器内油流情况。

1. 注油器

注油器一般为若干个注油泵组合而成，常用的注油泵为单柱塞侧吸滴油式注油泵和单柱塞压力式注油泵，注油泵实际上就是一个小型柱塞泵。注油器的动力传动方式有两种，一种是注油器通过压缩机特有的机械传动机构来驱动(如压缩机曲轴)，当压缩机开始工作时，注油器也将随之开始供油，当压缩机停止工作时，注油器也将随之停止供油。另一种是由单独的电动机传动来驱动，该种传动方式适用于有油润滑，压缩机启机之前先启动注油器，向润滑部位注油，运动部件得到充分润滑后压缩机才启动。注油器的吸油方式有两种，一种是直接从压缩机油池中吸油，另一种是配有自己独立的油箱，需定时向注油器油箱加注润滑油。注油泵把润滑油压向润滑点，供油量可以通过视窗进行观察，通过调节柱塞的工作行程来调节注油器每次的供油量。图 2－2－3 为单柱塞注油器的结构图。

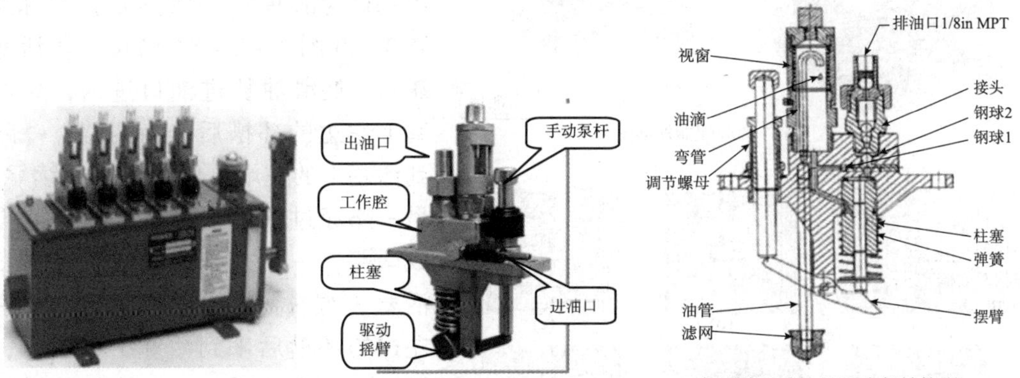

(a)注油器　　(b)压力式注油泵　　(c)侧吸滴油式注油泵内部结构图

图 2－2－3　单柱塞注油器

2. 无油流开关

无油流开关是一个附加的电子设备，由微处理器和晶体管技术构成的复合体，通过探测分配器的柱塞运动情况来得知系统的油流情况，用于检测润滑油分配器的低流量和无流量状态。注油系统出现低流量或无流量到一定时间，就会触发报警、停机(图 2－2－4)。

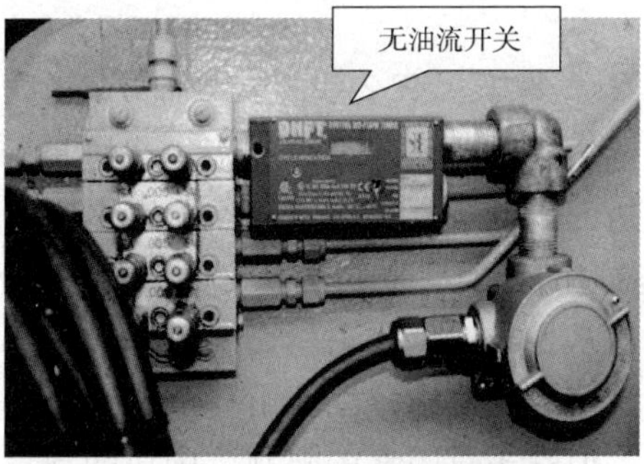

图 2－2－4　无油流开关安装图

无油流开关的供电依靠一块锂电池，如果电池电压低于正常运行的水平，微处理器在预先设定好的时间内接收不到周期信号将会形成闭合回路，无油流开关将会进入报警模式同时触发停机。

3. 注油分配器

注油分配器的功用是将注油器供来的润滑油按规定顺序，将一定量的润滑油分配至出油口，再从出油口依次逐个注入各润滑点，它适用于各压力等级的润滑，可实现周期或近似连续润滑。

分配器由标有数值的各个分配块组合而成，根据生产需要，一般有 3 个到 12 个不等(图 2－2－5)。

分配器的特点：

(1)润滑油排量按照标定的数值比例分配到每个润滑点上。

(2)可以根据所需润滑点的个数灵活组合分配块。

(3)整个分配器上所有油路相通，有一个油路不能正常工作则所有油路都不能正常工作。

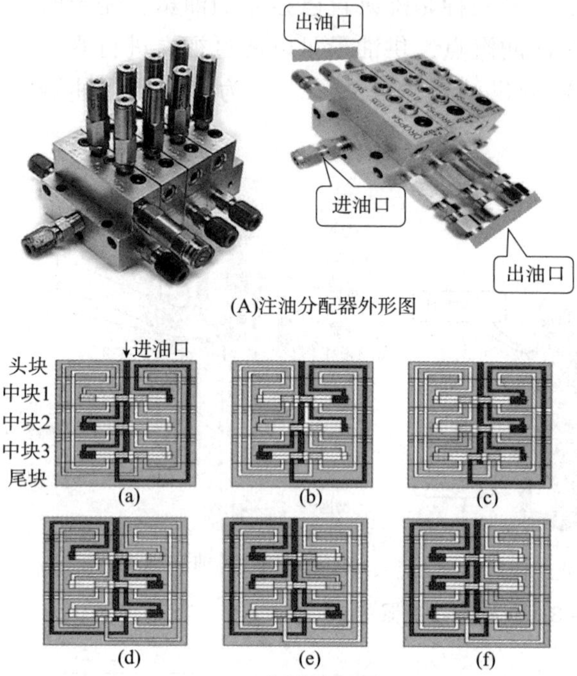

(A)注油分配器外形图

(B)分配块原理图

图2-2-5　注油分配器

润滑油集中分配器由一个头块、一个尾块和至少一个中块组成，中块包括块体和活塞两部分，为叙述方便，将中块1的活塞称为活塞1，中块2的活塞称为活塞2，中块3的活塞称为活塞3。在图2-2-5(A)中，各活塞均靠右，润滑油从进油口进入，穿过活塞1左边的环槽后分为两路，一路来到活塞2的左端，使活塞2继续靠右，另一路穿过活塞2左边的环槽后再分成两路，一路来到活塞3的左端，使活塞3继续靠右，另一路穿过活塞3左边的环槽后来到活塞1的右端，使活塞1左移，活塞1左边的润滑油从中块1的右端排油口排出。在图2-2-5(B)中，活塞1完全移动到左边后的情况，润滑油经活塞1右边的环槽后分为两路，一路来到活塞2的右端，使活塞2向左移动，活塞2左端的润滑油从中块2左端的排油口排出，另一路穿过活塞2左边的环槽后再分成两路，一路来到活塞3的左端，使活塞3继续靠右，另一路穿过活塞3左边的环槽后来到活塞1的右端，使活塞1继续靠左。以此类推，进入分配器的润滑油逐次从各排油口排出。

润滑油集中分配器由一个头块、一个尾块和至少一个中块组成，虽然中块可以任意多，但受多重因素的限制，中块的数量以3~6块为宜，至多不超过10块。

中块包括块体和活塞两部分，块体部分完全是一样的，块体中的活塞粗细各不相同。块体粗的注油量多，块体细的注油量少。块体上标有数字符号，表示其相对注油量。例如，一个块体上标有数字2，一个块体上标有数字6，说明这两个块体的注油量一个是另一个的3倍。

图2-2-5所示的中块为双出口，中块两端的出油口不能堵塞，否则就不能运动，注油系统将产生高压而使爆破片动作，同时也使无油流监测器发生信号而停机。

4. 单向阀

单向阀又称止回阀或逆止阀(图2-2-6)，其作用是防止系统中油流反向流动，或者压缩气体逆向流动。

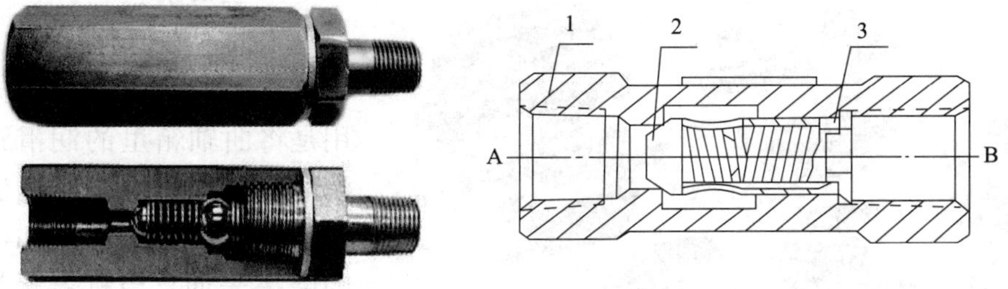

图2-2-6　单向阀结构

1—阀体；2—阀芯；3—弹簧；A—进油口；B—出油口

(二)传动机构的润滑系统

传动机构润滑系统主要润滑曲轴主轴颈和主轴承、曲轴颈和连杆大头瓦、连杆小头衬套与十字头销、十字头滑道与十字头等摩擦副，系统包括粗滤器、主油泵、预润滑油泵、油冷却器、精滤器。该系统通过油泵将润滑油经过滤和冷却处理后输送到传动机构的各润滑表面。

传动系统的润滑油依次从压缩机油底壳经粗滤器、油泵、精滤器、冷却器和传动机构的润滑表面又回到压缩机油底壳，系统中还包括有节温器和单向阀等(图2-2-7)。

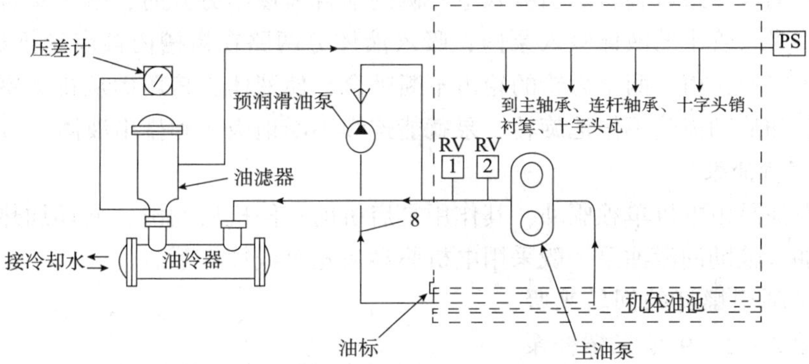

图2-2-7　传动机构的润滑系统

PS—低油压安全保护装置，调整压力为0.28MPa；

RV1—调压阀，调整压力为0.42MPa；

RV2—安全阀，调整压力为0.62MPa(不可调整)

传动机构润滑系统工作流程为：启动压缩机前，先启动辅助润滑油泵，使其对压缩机的曲柄连杆机构(包括曲轴、主轴承、连杆大小头瓦、十字头销，十字头)进行预润滑，使压缩机的曲柄连杆机构得到充分的润滑。当压缩机组启动后，主油泵运行，待各参数正常后，预润滑油泵停止运行。机身油底壳内的润滑油经吸油过滤后，使润滑油加压到0.3～0.6MPa到达精过滤器，直接将润滑油送达运动机构的润滑部位；当压缩机润滑油油温过高时，节温阀打开，使润滑油经油冷却器冷却，冷却后到精油过滤器，润滑油经过精油过滤器后，通过主油道去润滑主轴承，经过曲轴油孔去润滑连杆大头瓦，再通过连杆体的中心油孔到连杆小头，去润滑十字头销和连杆小瓦，再经过十字头侧孔的油道去润滑十字头滑履和滑道，最后回到压缩机油底壳。

图2-2-8　主油泵结构图

1—后泵盖；2—泵体；3—前泵盖；4—密封座；
5—密封环；6—主动轴；7—主动齿轮；
8—从动轴；9—从动齿轮；10—轴承；11—轴承

1. 主油泵

主油泵安装在曲轴的一端，通过机械传动与曲轴相连，其作用是将曲轴箱里的润滑油压送到滤清器，并使机油经过滤清器后输送到各个润滑油道和各运动件的摩擦表面。当机器运转时，曲轴带动机油泵不断地工作，保证机油在润滑油路中不断循环。主油泵为齿轮式油泵(或螺杆泵)，结构简单，加工方便，工作可靠，使用寿命长，泵油压力高，得到广泛应用(图2-2-8)。

主油泵大部分为齿轮泵，依靠泵体(也称泵缸)与啮合齿轮间所形成的工作容积变化和移动来输送液体使之增压。齿轮泵工作时，主动齿轮随曲轴一起旋转并带动从动齿轮跟着旋转。当吸入室一侧的啮合齿逐渐分开时，吸入室容积增大，压力降低，便将吸入管中的液体吸入泵内；吸入液体分两路在齿槽内被齿轮推送到排出室。液体进入排出室后，由于两个齿轮的轮齿不断啮合，使液体受挤压而从排出室进入排出管中。主动齿轮和从动齿轮不停地旋转，泵就能连续不断地吸入和排出液体。

2. 辅助润滑油泵

辅助润滑油泵由电机单独驱动，其作用是启机前和停机后润滑、循环加热及主油泵故障后辅助供油。辅助润滑油泵一般采用电机驱动齿轮泵或螺杆泵。

螺杆泵是利用螺杆的回转来吸排液体的。图2-2-9是三螺杆泵的剖视图。图中，中间螺杆为主动螺杆，由原动机带动回转，两边的螺杆为从动螺杆，随主动螺杆做反向旋转。主动螺杆、从动螺杆的螺纹均为双头螺纹。

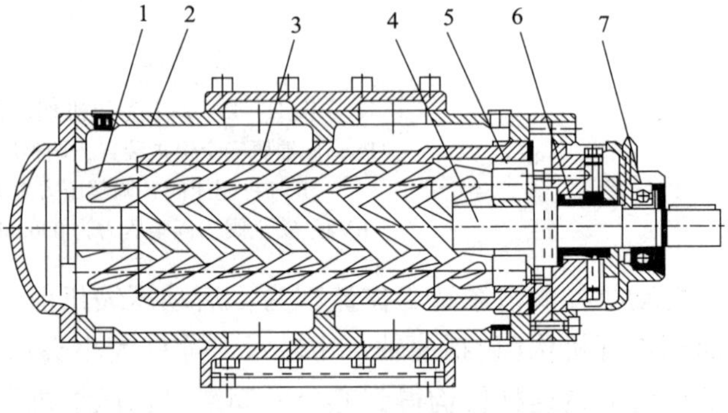

图2-2-9　辅助润滑油泵结构图

1—从动螺杆；2—泵体；3—衬套；4—主动螺杆；
5—平衡套；6—机械密封；7—轴承

由于各螺杆的相互啮合以及螺杆与衬筒内壁的紧密配合，在泵的吸入口和排出口之间，就会被分隔成一个或多个密封空间。随着螺杆的转动和啮合，这些密封空间在泵的吸入端不断形成，将吸入室中的润滑油封入其中，并自吸入室沿螺杆轴向连续地推移至排出端，将封闭在各空间中的润滑油不断排出。螺杆泵工作时，润滑油被吸入后就进入螺纹与泵壳所围的密封空间，当主动螺杆旋转时，螺杆泵密封容积在螺牙的挤压下提高润滑油的压力，并沿轴向移动。由于螺杆是等速旋转，所以液体出流流量也是均匀的。

3. 润滑油滤清器

润滑油滤清器的作用主要是过滤润滑油中绝大部分杂质，去除润滑油中的灰尘、金属颗粒、碳沉淀物和颗粒等杂质，保证润滑油的清洁，延长其正常使用寿命。另外，润滑油滤清器还应该具有过滤能力强、流通阻力小、使用寿命长等性能。

4. 节温器

节温器是控制冷却液流动路径的阀门，为自动调温装置(图 2－2－10)。节温器内有感温组件，依靠感温组件的膨胀或冷缩来改变冷却水的流动方向。其功用是根据冷却水温度的高低自动调节进入散热器的水量，改变水的循环范围，以调节冷却系统的散热能力，保证压缩机在合适的温度范围内工作。节温器必须保持良好的技术状态，否则会严重影响压缩机的正常工作。如节温器主阀门开启过迟，就会引起压缩机机油温度过热；主阀门开启过早，则使压缩机机油温度低。

(a)节温器结构图

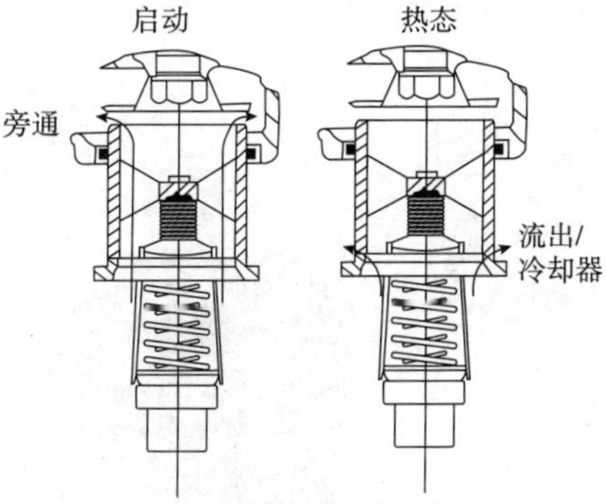

(b)节温器工作原理图

图 2－2－10　节温器

节温器一般使用蜡式节温器，当冷却水温度低于规定值时，节温器感温体内的精致石蜡呈固态，节温器阀在弹簧的作用下关闭压缩机与散热器之间的通道，冷却液经水泵返回压缩机，进行压缩机内小循环。当冷却液温度达到规定值后，石蜡开始融化逐渐变为液体，体积随之增大并压迫橡胶管使其收缩。在橡胶管收缩的同时对推杆施加向上的推力，推杆对阀门有向下的反推力使阀门开启。这时冷却液经由散热器和节温器阀，再经水泵流回压缩机，进行大循环。节温器大多数布置在压缩机出水管路中。

5. 润滑油冷却器

润滑油冷却器的作用是冷却润滑油，保持油温在正常工作范围之内。压缩机运转时，润滑油黏度会随温度升高而变稀，降低润滑能力。因此，压缩机都装有润滑油冷却器，尤其是中、大型压缩机，由于热负荷大，必须在润滑系统循环油路上装设润滑油冷却器，降低润滑油温度，保证润滑油的黏度。润滑油的冷却方式有两种，一种是风冷式油冷却器，另一种是水冷式油冷却器。水冷式油冷却器一般采用列管式结构。该结构冷却器主要由传热管束、壳体、前后盖等组成。冷却水采用双管程，由前盖进水口流经传热管束，做双程流动，吸收油侧热量后，经后盖返回，由前盖出水口排出。油由壳体进油口流入，在壳体中做折线运动，以增强流速，提高换热效果。传热管两端分别焊(胀)接在固定管板和浮动管板上，由于浮动管板能在壳体中自由移动，消除了铜管热膨胀而产生的故障。折流板和分流板都起到强化换热的作用(图 2－2－11)。

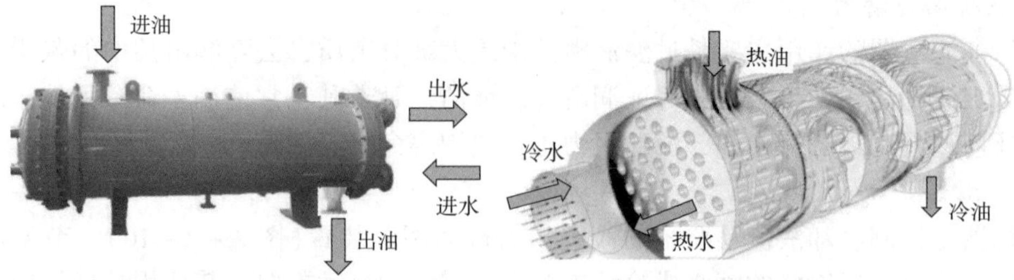

(a)水冷式油冷却器外形图　　(b)水冷式油冷却器热交换图

图 2－2－11　水冷式油冷却器

四、润滑对压缩机的影响

(一)错误润滑的影响(图 2－2－12)

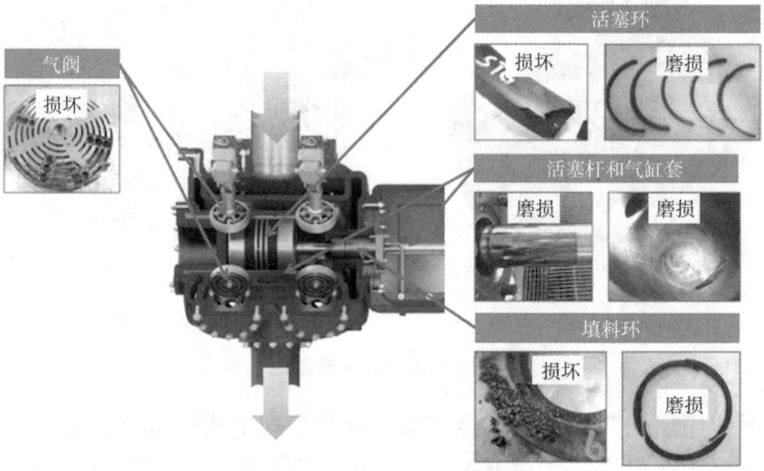

图 2－2－12　错误润滑的影响

(二)错误润滑对 KPI 的影响(表 2－2－1)

表 2－2－1　错误润滑对 KPI 的影响

潜在的影响		润滑过度	润滑不足	KPI(关键绩效指标)			
				可靠性	可利用性	安全性	OPEX★
气阀		损坏失效		↓	↓		↑
活塞环		损坏	磨损泄漏	↓	↓	↓	↑
填料环		损坏	磨损泄漏	↓	↓		↑
活塞杆和气缸套			磨损	↓	↓		↑
油分离器	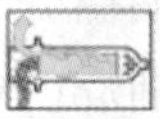	过负荷			↓		↑
催化剂	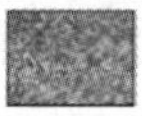	失效					↑

五、润滑技术的演变与发展

(一)润滑系统的技术演变(图 2-2-13)

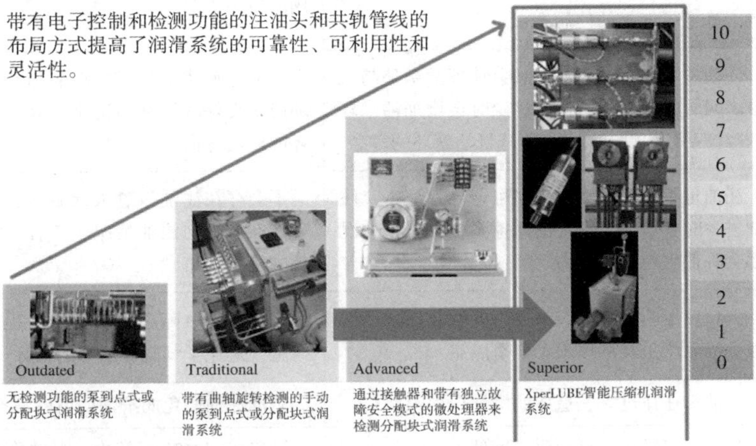

图 2-2-13　润滑技术演变

(二)国际最新润滑技术(图 2-2-14)

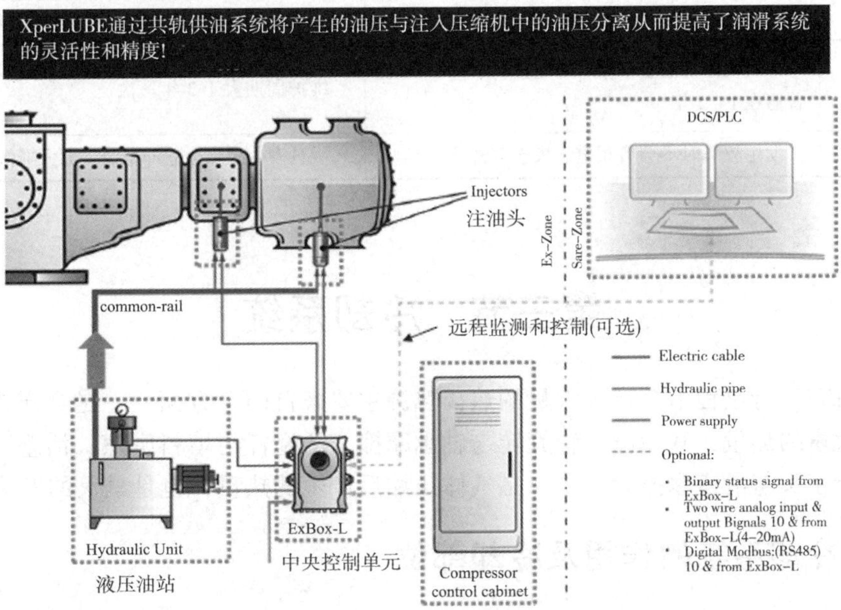

图 2-2-14　最新润滑技术

(三)最新润滑技术对传统的革新(表 2-2-2)

表 2-2-2　XperLUBE 系统与传统注油器的对比

对比项	传统注油器	XperLUBE
注油量的精准度	设定好注油量后随着时间的推移注油量往往会跑偏，注油精度比较低	通过电磁阀控制、流量传感器信号反馈和闭环回路控制使得注油精度达到 0.025mL/min，注油精度极高

续表

对比项	传统注油器	XperLUBE
气阀使用寿命	往往注油量过大导致过油润滑，使得压缩机排气阀积油严重，造成阀片油黏滞延迟打开，大大降低了气阀的使用寿命	精准注油避免了气阀油黏滞的现象，提高了气阀的使用寿命
活塞环使用寿命	注油量不准，注油过大时会冲掉活塞环与气缸之间的一层油膜，注油过少时会增加活塞环的摩擦系数，以上情况都会降低活塞环的寿命	不会存在注油量过大或者过少的问题，使活塞环能在良好的注油情况下工作，大大提高了活塞环的使用寿命
填料环使用寿命	注油量不准，注油过大时可能导致液击，注油过少时会增加填料环的摩擦系数，以上情况都会降低填料环的寿命	不会存在注油量过大或者过少的问题，使填料环能在良好的注油情况下工作，大大提高了填料环的使用寿命
气缸和活塞损坏的概率	一旦发生断油情况容易发生气缸和活塞的磨损，导致严重经济损失和安全隐患	一旦发生故障会立即报警，提示用户提前采取措施，避免了气缸和活塞的损坏
润滑油消耗量	注油量往往过大，造成润滑油白白浪费	精准注油避免润滑油的白白浪费
自动化程度	现场人工操作，自动化程度低	可集成到 DCS 系统中，自动化程度高
日常巡检方式	需要现场人工巡检	集成到 DCS 系统后，只需在中控室观察即可
加油周期	泵到点式注油器加油周期为 1～2 天/次	加油周期约为一周一次
备件管理	不同压缩机的注油器需要不同的备件	标准的部件可以做到一种备件对应多台压缩机
维护周期	每次大修都需更换泵头等易损件，维护周期普遍在 1～2 年	维护周期大于 3 年一次
故障安全性	发生故障时不会有报警，安全隐患大	一旦发生故障会立即报警，大大降低了安全隐患

第三节　冷却系统

压缩机在运行过程中会产生大量的热，热源主要来自两个方面。一是金属机件的高速摩擦产生大量的热量，其中以曲轴旋转与轴承摩擦、活塞杆与填料摩擦、活塞环与气缸内壁摩擦、十字头与滑道摩擦为主。二是气体压缩后产生的热量，也是最大的发热源。

一、冷却系统的作用及冷却部位

压缩机冷却装置中的冷却部位包括：工艺气冷却、润滑油冷却、气缸冷却。

(1)工艺气冷却。工艺气冷却是为了给压缩后的高温工艺气冷却，它包括级间冷却和后冷却。级间冷却是指上一级压缩后的气体经过冷却后再进入下一级进行压缩。后冷却是指被压缩的气体排出压缩机后进行的冷却。

(2)润滑油冷却。往复式压缩机的润滑油冷却，是为了保证其运动部件能够得到合适黏性的润滑油进行润滑。对润滑油冷却的目的主要是使润滑油降低温度后再循环使用。

(3)气缸冷却。气缸冷却的目的是改善气缸壁面的润滑条件和气阀的工作条件，消除活塞环的烧结现象，使气缸壁面温度均匀，减少气缸变形。

二、冷却方式

往复式压缩机冷却系统中常用的冷却介质为水和空气，所以冷却系统可分为水冷式冷却系统和风冷式冷却系统。对于大中型压缩机，排气量较大，压力高，所需传递的热负荷大，一般选用比热容大，价格低、容易获得的水作为冷却介质。但值得注意的是，水冷却系统运行一段时间后，在冷却系统内会有水垢形成，导致水流通道截面积减小，水循环的阻力增加，阻碍正常的热交换，造成冷却设备不良，增加了功率消耗，甚至发生事故。因此使用前必须对冷却水进行软化处理，当水垢超过一定厚度时必须及时将其清理掉。

因空气具有免费易得、无须泵和水处理等辅助设备的优点，在中、小型压缩机、移动式压缩机及撬装式压缩机上一般选用空气作为冷却介质。当在野外特别是缺水地区作业时，选用空气作为冷却介质较为适宜。显然，风冷效果比水冷效果差，压缩机的轴功率会相应增大。图2－3－1为往复式压缩机冷却系统图。

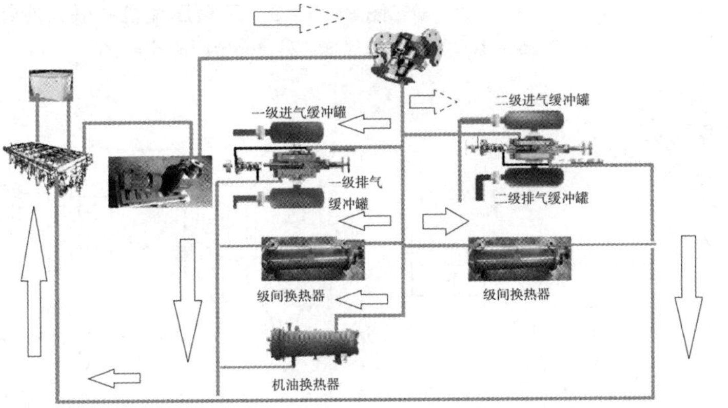

图2－3－1　往复式压缩机冷却系统

(一)水冷式冷却系统

水冷式冷却系统有三种结构形式，分别为串联式冷却系统、并联式冷却系统以及混联式冷却系统。

(1)串联式冷却系统。冷却水首先进入中间冷却器，经过一级气缸水套，再经过二级气缸水套，这样有利于提高温度系数，保证压缩机的排气量，最后经后冷却器排出。该系统结构简单，耗水量小，但发生故障时不便于维修，通常用于两级压缩(图2－3－2)。

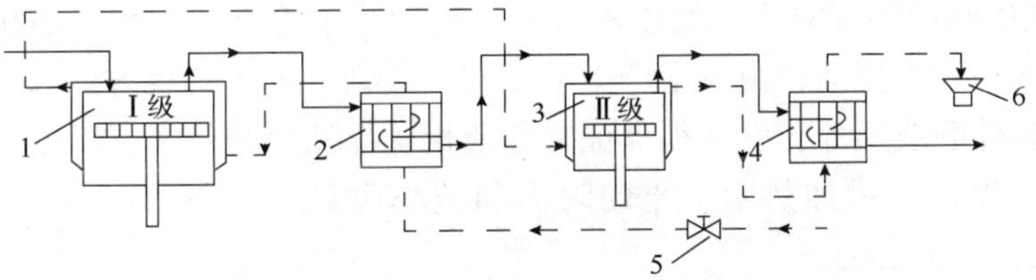

图2－3－2　串联式冷却系统

1，3—Ⅰ、Ⅱ级气缸；2—中间冷却器；4—后冷却器；5—供水调节阀；6—出水槽

(2)并联式冷却系统。冷却水从总水管分别流到每一个应该冷却的部位(各级气缸、中冷器、油冷器、填料)，最后汇入总回水管。由于进入中间冷却器的均为最冷的水，故冷却效果好，且各部分的水量水温均可调节，查找故障方便，但管线复杂，水耗大，可用于多级压缩。国产压缩机多采用并联式冷却系统(图2－3－3)。

(3)混联式冷却系统。每一中间冷却器与其对应的气缸水套构成串联系统，而各级之间为并联系统，该系统具有串联和并联两者的优点，冷却水利用合理，各级间具有相同的回冷完善度，综合性能较佳(图2-3-4)。

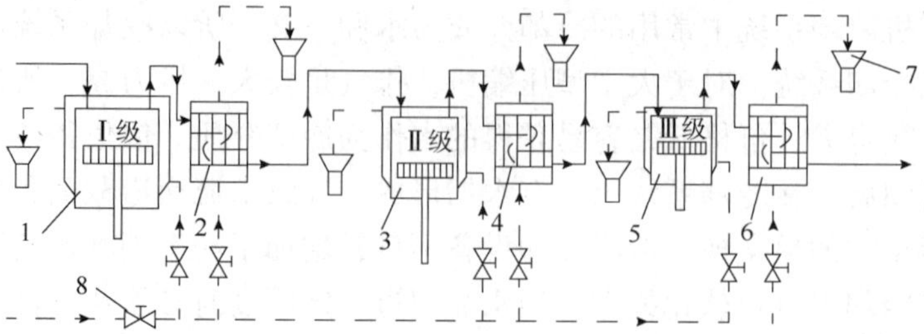

图2-3-3　三级压缩机并联式冷却系统

1，3，5—Ⅰ、Ⅱ、Ⅲ级气缸；2，4—中间冷却器；6—后冷却器；7—溢水槽；8—调节阀

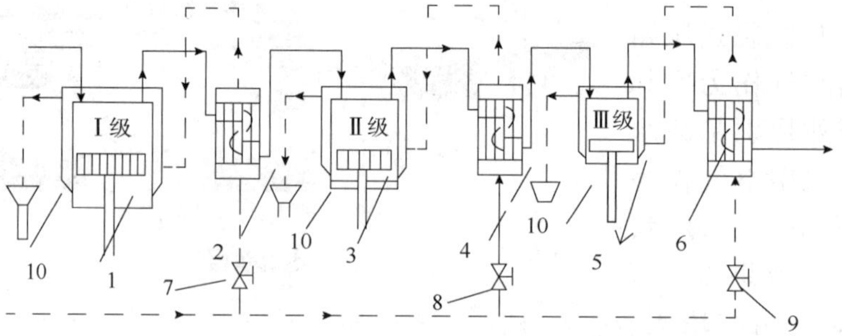

图2-3-4　三级压缩机混联式冷却系统

1，3，5—Ⅰ、Ⅱ、Ⅲ级气缸；2，4—中间冷却器；6—后冷却器；7，8，9—调节阀；10—溢水槽

(二)风冷式冷却系统

风冷式冷却系统一般由风扇、中间冷却器(又称中冷器)及压缩机上的散热装置等组成。

(1)风扇是将冷却空气强制性送给中间冷却器和气缸组件的装置，绝大多数采用轴流风扇。平直叶片由于制造方便，被厂家广泛采用，但噪声较大。为保证冷却效果，将中间冷却器置于进风侧，先冷却中冷器后冷却气缸组件。

(2)风冷式中间冷却器对于小型压缩机采用蛇管式中冷器，中型压缩机采用列管式中冷器。压缩气体在管内流动，由风扇产生的冷却空气则垂直于管束方向掠过。由于光管散热性差，可在管外缠绕翅片，但必须保证钎焊质量确保翅片与管子间紧密贴合。散热翅片间距不可过密，以避免增加热阻、流动阻力和减小风量。一般采用平翅片，片厚0.2~0.3mm、片距2.8~3.2mm。

(3)气缸及缸盖的冷却，除用来自风扇的冷却风外，其本身的结构也应做处理，主要是外加散热片。按铸造工艺要求，散热片的根部较厚，端部较薄。气缸上的散热片有环向和纵向两种布置，由于环向布置冷却均匀，多被采用。靠近缸盖的散热片较长，以加强缸盖的冷却。因进气阀处温度较低，可不设或少设散热片。为保证气缸组件良好的冷却效果，压缩机上一般设置有导流风罩。

三、冷却系统的设备

(一) 风冷式冷却器(空冷器)

风冷式冷却器用空气作为冷却介质，简称空冷器。它由风扇形成的气流通过天然气盘管带走天然气的热量，依靠翅片管扩展传热面积强化管外传热，靠空气横掠翅片管束后的空气温升带走管内热负荷，达到冷凝、冷却管内热流体天然气的目的。主要由管束、轴流风机、构架及百叶窗和附件所组成。但大气温度波动大，风、雨、阳光及季节变化，均会影响空冷器的性能，在冬季还可能引起管内介质冻结，且噪声较大。

(二) 水冷式冷却器

用水作为冷却介质，带走天然气盘管、润滑油管束及气缸体的热量。但是冷却水吸收了高温气体、高温润滑油及高温缸体的热量后，温度会迅速升高，所以还需要由空冷器再对水进行冷却。

对于中小型压缩机，级间冷却器一般用水作为冷却介质，采用列管式冷却器。而大型压缩机级间冷却器一般采用板式冷却器。

1. 板式冷却器

板式冷却器有平板式及螺旋板式两种结构，平板式冷却器结构如图 2－3－5 和图 2－3－6所示。冷却器元件是由平板、内板之间类似 V 形铁的嵌条以及平板两侧波浪形的翅片三者钎焊而成。翅片的作用是增加热交换面积。A 和 B 分别表示冷却剂和被冷却的介质。因冷却剂和被冷却剂的流动方向不同，又可将平板式冷却器分为错流型板式冷却器、多流型板式冷却器、对流型板式冷却器。

图 2－3－7 为螺旋板式冷却器结构图。

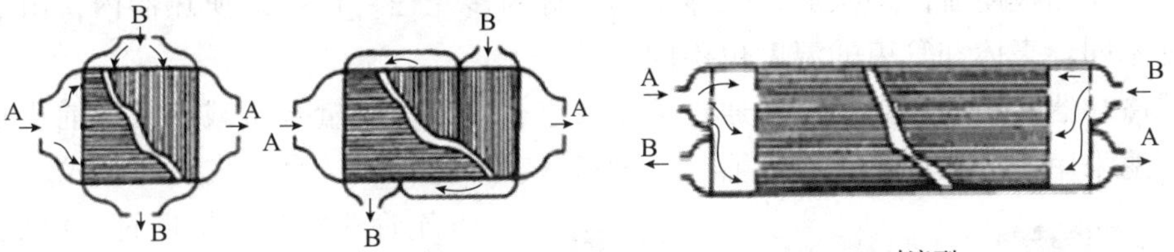

(a)错流型　(b)多流型　(c)对流型

图 2－3－5　平板式冷却器流向示意图

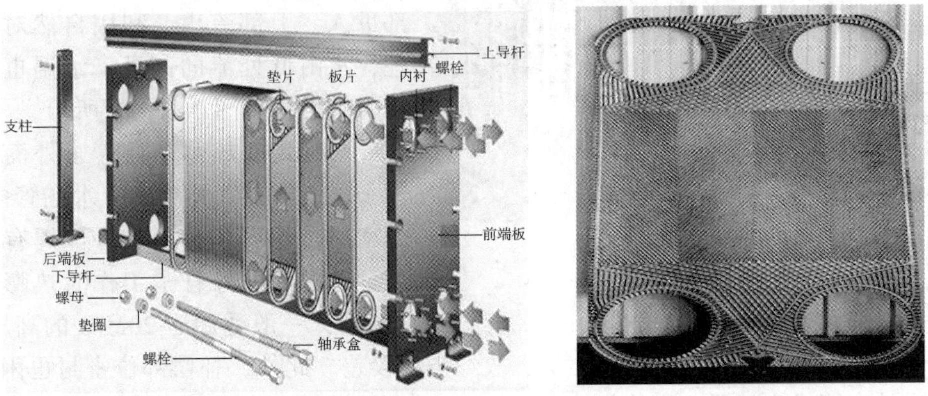

(a)平板式冷却器拆解图　(b)板式散热片

图 2－3－6　平板式冷却器结构图

(a)螺旋式冷却器外形图

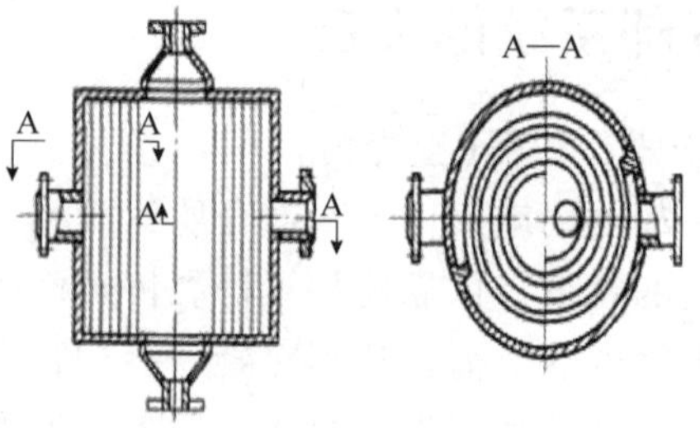

(b)剖切图

图 2-3-7　螺旋板式冷却器结构图

2. 管式冷却器

管式换热器在工业上的应用有着悠久的历史，而且至今仍在所有换热器中占据主导地位。管式换热器主要由壳体、管束、管板和封头等部分组成，壳体多呈圆形，内部装有平行管束，管束两端固定于管板上。在管式换热器内进行换热的两种流体，一种在管内流动，其行程称为管程；另一种在管外流动，其行程称为壳程。管束的壁面即为传热面。为提高管外流体传热系数，通常在壳体内安装一定数量的横向折流挡板。折流挡板不仅可防止流体短路，增加流体速度，还迫使流体按规定路径多次错流通过管束，使湍动程度大为增加。常用的挡板有圆缺形和圆盘形两种，前者应用更为广泛。

流体在管内每通过管束一次称为一个管程，每通过壳体一次称为一个壳程。为提高管内流体的速度，可在两端封头内设置适当隔板，将全部管子平均分隔成若干组。这样，流体可每次只通过部分管子而往返管束多次，称为多管程。同样，为提高管外流速，可在壳体内安装纵向挡板使流体多次通过壳体空间，称为多壳程。在管式换热器内，由于管内外流体温度不同，壳体和管束的温度也不同。

管式冷却器使用的历史很久，通过不断改进，体积和质量有所减少，目前仍是压缩机装置中普遍采用的形式。管式冷却器有三种形式，即蛇管式、套管式和列管式。

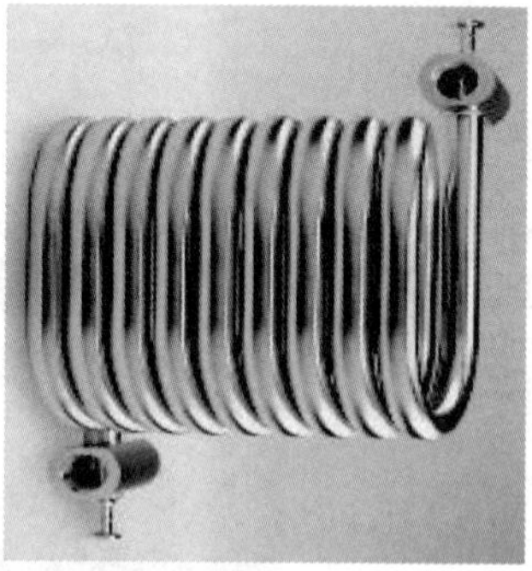

图 2-3-8　蛇管式冷却器

蛇管式冷却器是把管子绕成螺旋状，并置于一壳体中，气体在管内流动，水在管外的壳体内流动。冷却水自壳体底部进入，上部流出，利用自然对流的原理，水由低处流向高处，水温也逐渐升高，其结构如图 2-3-8 所示。

套管式冷却器是在管子外面再套一管子，气体在管间流动，水在管内流动，为增加传热面积，内管外侧焊有纵向翅片。考虑到内外管子工作时热膨胀的不一致，采取补偿措施。气体在管间流动的套管式冷却器，一般适用于 20MPa 的高压气体。因为外管直径较大，压力高时壁厚增加，故经济性较差。此外，补偿部位密封也困难。故更高压力的套管式冷却器，应使气体在管中流动，水在管间流动，其结构件如图 2-3-9、图 2-3-10 所示。

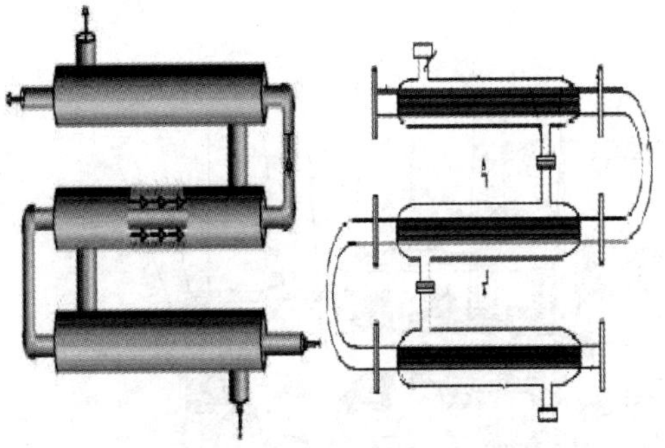

图2-3-9　套管式冷却器

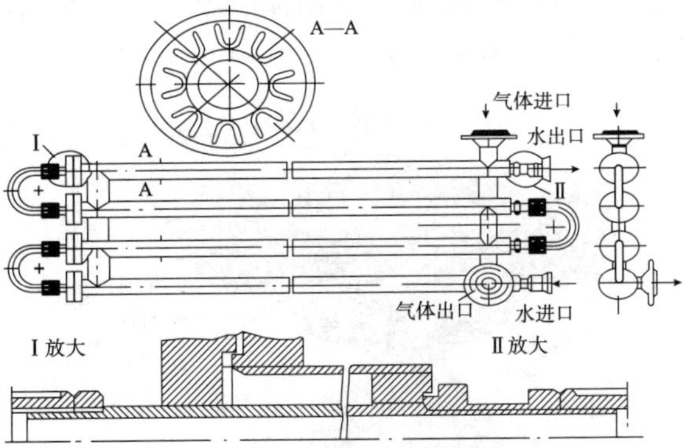

图2-3-10　套管式冷却器示意图

为了提高传热效果可采用带翅片的导管，这样还可以缩小冷却器的尺寸和质量。翅片最好直接由金属管轧制而成，没有轧制金属翅片管时，也可由金属带绕制，或由金属片套制。后两种需要采取浸锡措施，使翅片与管壁完全接触，避免留有间隙，严重影响翅片的传热效果。翅片管冷却器往往制成一组元件式的芯子，可由几个元件串联或并联使用。这种冷却器气侧被污染后清洗比较困难。

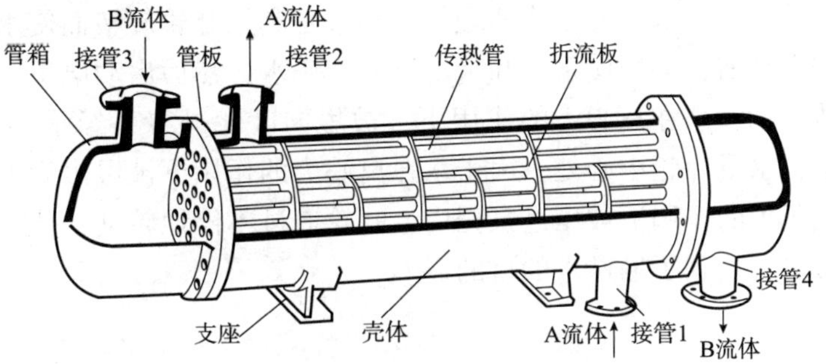

图2-3-11　列管式冷却器

列管式冷却器的结构比较简单、紧凑、造价便宜，但管外不能机械清洗。此种换热器管束连接在管板上，管板分别焊在外壳两端，并在其上连接有顶盖，顶盖和壳体装有流体进出口接管（图2-3-11）。通常在管外装置一系列垂直于管束的挡板。由于管子和管板与外壳的连接都是刚性的，而管内管外是两种不同温度的流体。因此，当管壁与壳壁温差较大时，两者的热膨胀不同，产生了很大的温差应力，以致管子扭弯或使管子从管板上松脱，甚至还会造成冷却器的损坏。

为了克服温差应力必须有温差补偿装置。一般在管壁与壳壁温度相差50℃以上时，为安全起见，冷却器应有温差补偿装置，但补偿装置（膨胀节）只能用在壳壁与管壁温差低于60～70℃和壳程流体压强不高的情况。一般壳程压强超过0.6MPa时由于补偿圈过厚，难以伸缩，失去温差补偿的作用，就应考虑其他结构。

列管式冷却器由于结构不同，又可分为固定式列管冷却器、浮头式冷却器、填料函式列管冷却器、U形管式冷却器、涡流热膜冷却器。

（三）水泵

压缩机冷却水泵是压缩机冷却系统的心脏，其作用是提高循环系统中冷却液的工作压力，维持压缩机相关部件间的冷却液循环，防止压缩机的运行温度过高。根据配套要求和工作条件的不同，压缩机冷却水泵结构型式有离心泵、旋涡泵以及旋转容积泵等，由于受空间尺寸的限制，通常采用由入水室、叶轮和出水室组成的单级离心泵，该结构具有外形尺寸小、质量轻、供水量大、结构简单等特点，是应用最为广泛的一种结构型式。典型离心式冷却循环水泵主要由泵体、叶轮、轴承、水封和带轮等组成。离心式水泵结构如图2－3－12所示。

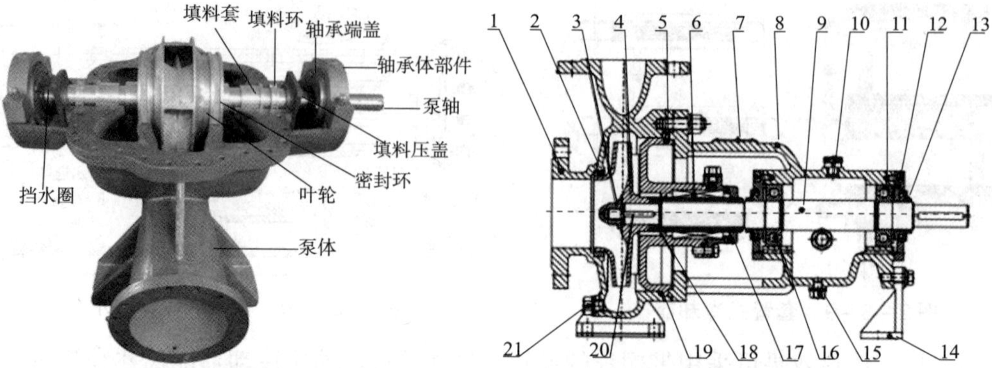

(a)离心式水泵解剖图　　(b)离心式水泵内部结构图

图2－3－12　离心式水泵结构图

1—泵体；2—密封环；3—叶轮螺母；4—叶轮；5—泵盖；6—机械密封；7—标牌；8—悬架；9—轴；10—放气阀；11—轴承；12—轴承压盖；13—防尘盖；14—支脚；15—放油塞；16—轴承；17—密封压盖；18—轴套；19—密封垫；20—键；21—排液塞

离心式水泵的工作原理：离心泵是利用叶轮旋转而使水产生离心力来工作的。离心泵在启动前，必须使泵壳和吸水管内充满水，然后启动电机，使泵轴带动叶轮和水做高速旋转运动，水在离心力的作用下，被甩向叶轮外缘，经蜗形泵壳的流道流入水泵的压水管路。水泵叶轮中心处，由于水在离心力的作用下被甩出后形成真空，吸水池中的水便在大气压力的作用下被压进泵壳内，叶轮通过不停地转动，使得水在叶轮的作用下不断流入与流出，达到了输送水的目的。

第四节　气量调节系统

在天然气的整个生产系统中，设置气量调节系统的目的有两个：其一，由于工艺系统中气流、气量的变化对压缩机的工况和效率会产生一定的影响，因此，为了保持压缩机组长期高效运转，充分发挥压缩机组设备的潜能，要求往复式压缩机的排气量能在一定范围内进行调节。其二，在往复式压缩机的启动过程中，能把压缩机的排气量调到零或者尽量小的数值，以便使电动机能在最小的负荷状态下启动。往复式压缩机排气量的大小与系统的运行情况有关。当外界条件发生变化时，为了能既保证设计温度，又实现经济运行，就必须调节压缩机的排气量，使其和当时的外界条件相适应。下面介绍最常见的几种调节方法。

一、定期停转调节

对于小型压缩机一般在出口装有缓冲罐，如果耗气量降低而排气量不变，缓冲罐的压力就会升高，反之缓冲罐的压力就会下降。因此可以利用压力继电器来控制压缩机电机的开停，实现排气量的间断调节。石油化工生产装置中压缩机一般为多机配置，可根据生产需要，停止部分压缩机的运转，以调节系统的供气量。

二、改变转速调节

电机驱动的压缩机使用变频器改变电动机转速，燃气发动机(燃气轮机)驱动的压缩机使用汽轮机调速系统调节转速，这种方法不仅可以使调节过程连续，同时也是最为经济的调节方法。

三、管路调节

管路调节又可分为四种调节方式：节流进气调节、停止进气调节、进排气自由连通调节、进排气节流连通调节。

(一)节流进气调节

节流进气调节就是在进气阀的前端靠近进气阀位置安装进气节流阀。但因节流会使压缩机压比上升，造成压缩机的排气温度急剧升高，超出排气温度正常控制范围。该调节方式应用于调节幅度较小的情况，一般只作为应急使用。

(二)停止进气调节

停止进气调节是将进气口阻塞，压缩机不再进气，排气量降低为零，压缩机进入空运行，此时的功率消耗为额定功率的2%～3%，经济性较好。但是，在停止进气的实际过程中，在进气阀和切断阀之间的容积里的气体，将逐渐被吸入气缸容积内，然后压出，虽然这容积不大，但在此过程中进气压力会逐渐降低，这段时间内，压比提高，会造成短期内气缸温度升高，所以应尽量使切断阀与进气阀之间的容积最小，从而使进气压力迅速降低，缩短排气温度下降的持续时间。停止进气调节时，由于进气压力的下降，不仅会造成活塞力产生很大的变化，还能使曲轴箱中的润滑油雾顺着活塞杆窜入气缸，使耗油量增大。停止进气调节多应用于中小型压缩机中。

(三)进排气自由连通调节

在压缩机排气单向阀前，使用旁通阀，使压缩机排出的气体可以自由地流入进气管路，使气缸的名义进排气压力相等，压缩机进入空运行，排气量为零。空运行期间消耗的功率主要用于克服进排气阀和旁通阀、旁通管路中的阻力，故经济性较高。进排气自由连通调节通常在大排气量、高压压缩机开始启动卸荷时应用。

(四)进排气节流连通调节

它与自由连通调节的区别在于压缩机排出的气体经旁通阀节流，部分气体流入进气管路，而不是全部进入进气管。根据节流程度排气量可在100%～0进行分级或连续调节。此时名义排气压力仍然保持不变，所以功耗并未降低，而排气量减少了，其实质是使压缩机在排气状态下泄漏量增大，所以其经济性差，很少应用。进排气节流连通调节多应用于中小型压缩机中。

(1)顶开进气阀调节。顶开进气阀调节是利用一个顶开装置(又称气阀顶开器)，把进气阀片强行压开，使得压缩机在进气过程中吸进气缸的气体，在活塞返程时，又从强制顶开的进气阀处全部流出，压缩机的泄漏量达到最大，排气量为零。此时，压缩机进行空运行，其功耗主要是克服全开进气阀阻力所消耗的功，故顶开进气阀调节经济性较高。顶开

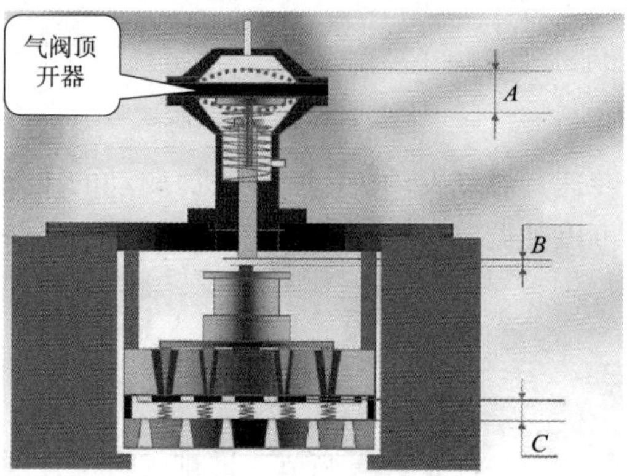

图2-4-1　顶开进气阀调节

进气阀调节属于间接性调节，若为双作用，只压开一侧的进气阀，可使排气量减少50%，两侧同时压开，则压缩机排气量为零（图2-4-1）。

(2)部分行程顶开进气阀调节。部分行程顶开进气阀调节时，排气量根据进气阀被强制顶开的时间而定，即改变泄漏系数来达到调节排气量的目的，可实现连续或分级调节。其指示功几乎正比于排气量的大小，经济性较高。但作用于气阀的调节器，将会使气阀阀片受到额外的负荷，特别是部分行程中顶开进气阀的调节，由于顶开装置对阀片的频繁冲击，常会影响阀片的使用寿命和密封的严密性。此外，顶开进气阀调节还受气阀结构的限制。因此，部分行程顶开进气阀调节只限于低速压缩机中使用。

(3)连接补助容积调节(余隙调节)。连接补助容积调节也叫余隙调节，可分为固定余隙调节和可变余隙调节两种。通过固定容积补充余隙调节器和可变容积补充余隙调节器实现调节，固定容积补充余隙调节器可实现分级调节，而可变容积补充余隙调节器可实现连续自动无级调节。余隙自动无级调节装置是在固定余隙调节的基础上，将固定余隙改变成余隙容积连续可调的调节方法，取消控制辅助余隙腔与气缸之间连接的余隙阀，可调余隙缸与外侧气缸直接相通，进出余隙缸的气体几乎没有阻力损失。余隙自动无级调节由智能控制系统控制，实现对气量自动实时的控制。这种调节器一般装在气缸盖上。补充容积调节器在多段压缩机中，并非各段都设置，所以各段间的压缩比将重新分配(图2-4-2、图2-4-3)。

余隙自动无级调节装置主要由执行机构、液压油站(包含油箱、油泵和伺服阀等)和控制系统等组成，如图2-4-4所示。

执行机构由余隙缸、余隙活塞以及液压缸等组成，取代原有的缸盖、余隙阀和气动执行机构。由于余隙缸的直径仅略小于气缸直径，直接与气缸相通，所以进出余隙缸的气体几乎没有阻力损失。

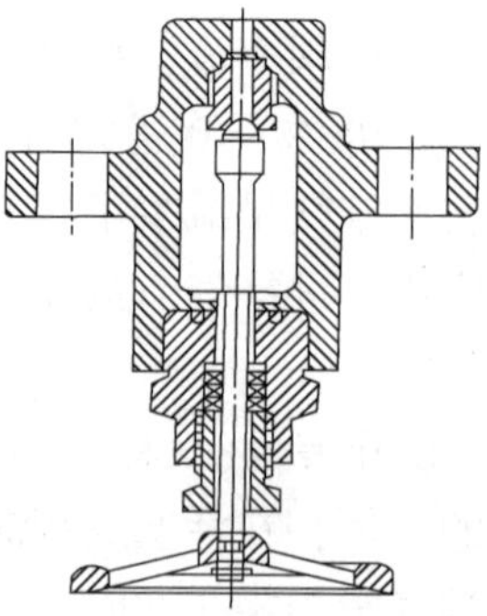

(a)固定容积补充余隙调节器

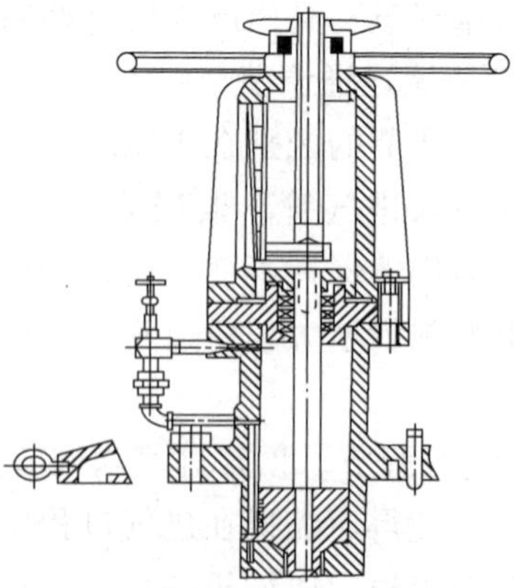

(b)可变容积补充余隙调节器

图2-4-2　补充容积调节器

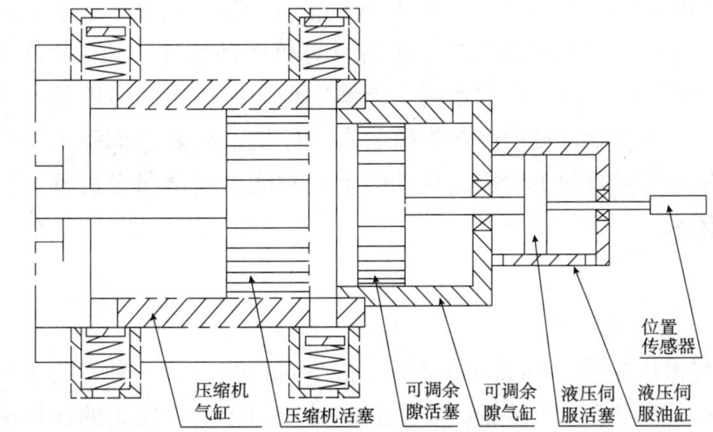

图2-4-3　可调余隙调节执行机构示意图

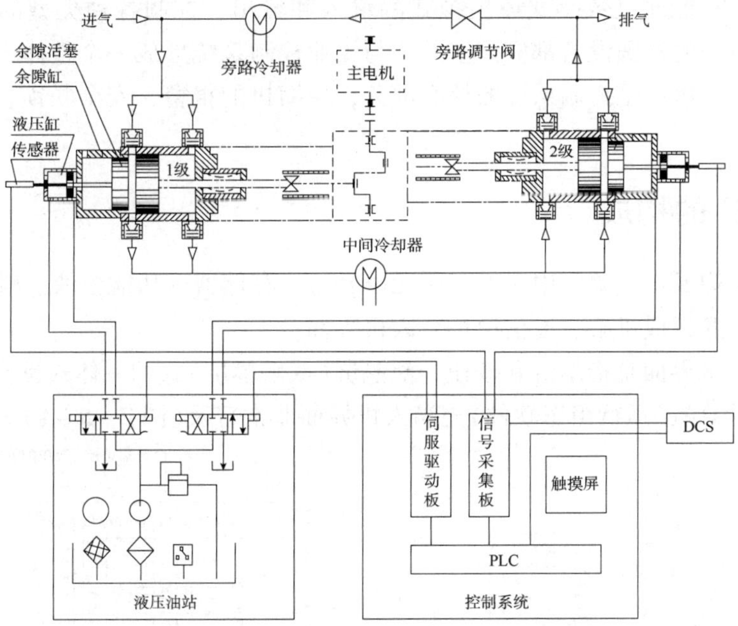

图2-4-4　可调余隙调节系统结构配置图

新增的控制系统可以根据主控变量或通过手动给定参数，通过可编程逻辑控制器（PLC）、伺服阀、位移传感器、伺服油缸组成的电液位置控制系统，使余隙缸活塞按输入信号做直线位移，从而实现各级余隙容积变化的伺服控制，最终实现压缩机排气量和级间压缩比的控制。油站电动齿轮泵间歇运行，运行时间只占停泵时间的1/20，所以控制系统的能耗很低。

第五节　控制系统

一、概述

压缩机控制系统是压缩机安全平稳运行的大脑中枢，主要由硬件和软件两大部分组成。硬件主要包括现场检测变送单元、接线盒(箱)、仪表盘(板)、操作柱、控制柜、操作台等;软件主要有 PLC 编程组态软件、上位计算机驱动软件、操作软件等。压缩机控制系统是一套完整的压缩机控制、保护系统,能够实现压缩机组的启停机、运行、逻辑控制和安全联锁保护,出现故障时自动声光报警、自动停机、故障查询等。压缩机控制系统设计是否合理、先进直接影响到压缩机的自动化程度和能否安全稳定运行,所以压缩机控制系统是机组中心枢纽。

二、PLC

PLC(可编程逻辑控制器,Programmable Logic Controller)是一种专门为在工业环境下应用而设计的数字运算操作的电子装置,实质是一种专用于工业控制的计算机。它采用可以编制程序的存储器,用来在其内部存储执行逻辑运算、顺序运算、计时、计数和算术运算等操作的指令,并能通过数字式或模拟式的输入和输出,控制各种类型的机械或生产过程。PLC 及其有关的外围设备都应该按易于与工业控制系统形成一个整体,易于扩展其功能的原则而设计。PLC 是控制系统的核心部分,压缩机的报警、安全联锁、启停控制均由 PLC 完成。

三、PLC 的构成

PLC 的基本构成:电源、中央处理单元(CPU)、存储器、功能模块、输入输出接口电路(I/O 模块)、底板或机架、通信模块、人机界面。

最简单的人机界面是指示灯和按钮,液晶屏(或触摸屏)式的一体式操作员终端应用越来越广泛,由计算机(运行组态软件)充当人机界面非常普及(图 2-5-1)。

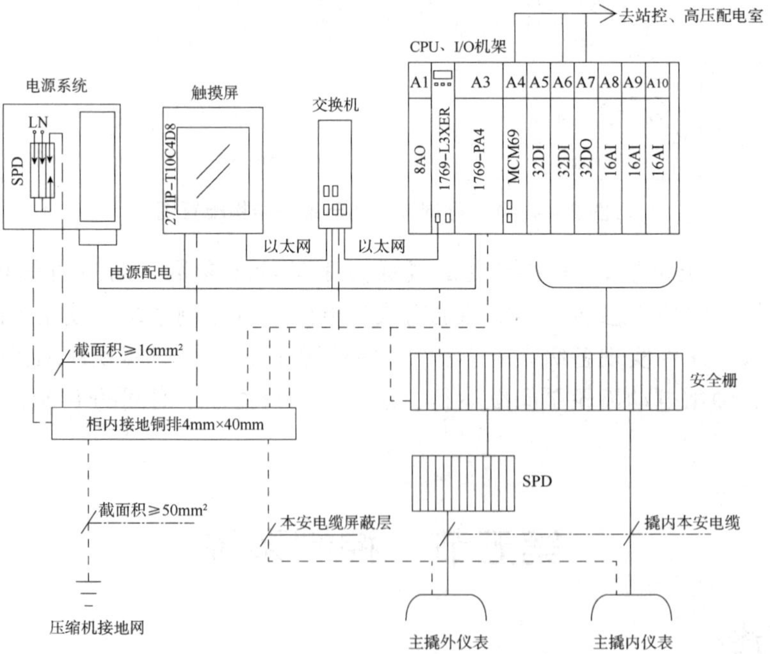

图 2-5-1 PLC 系统硬件拓扑图

四、PLC的特点

可靠性高，抗干扰能力强。硬件配套齐全，功能完善，适用性强。系统的设计、安装、调试工作量小，维护方便，容易改造。体积小，质量轻，能耗低。

五、现场应用

现场各种模拟量信号(压力、温度)由变送器或热电偶(安置于现场)转换、处理后经PLC的A/D采集模块送入CPU处理。CPU对实时信号和设定信号比较，并作相应报警处理。同时监控并处理整个控制流程(图2-5-2)。

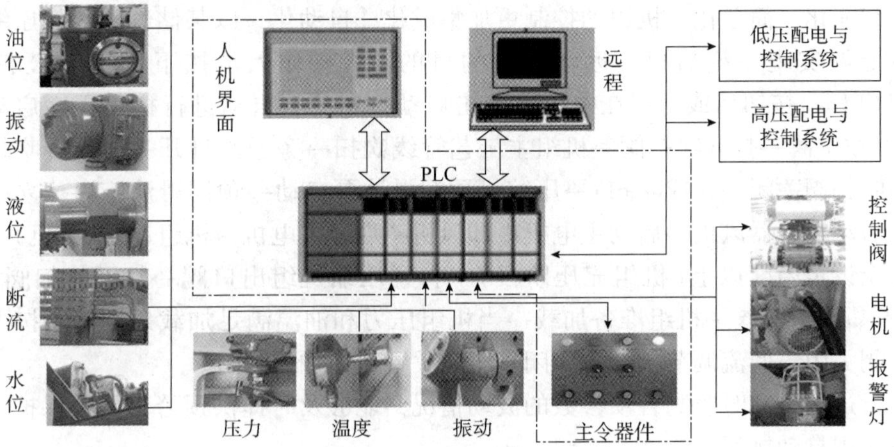

图2-5-2　PLC的应用

另外，可由上位机远程监控压缩机，实现各种信号的在线检测、修改、调用以及打印数据报表。同时选用触摸屏，实现每台压缩机各种参数(压力、温度、转速以及油流)的在线检测；各种报警点修改和报警信息提示。自动化程度高，可视化的人机界面，并通过PLC对机组的运行参数进行监控，实时运行参数采集并保存，配置有相应的数据模块，具有远程控制功能。压缩机控制系统一般监测保护对象主要有压缩机润滑油油压、油温、油位；各缸的排气温度；工艺气系统中各级的排气压力；洗涤罐的液位；驱动系统中速度；冷却系统的温度；机组各单元的振动等(表2-5-1)。

表2-5-1　监视报警点

序号	监控点名称	盘面指示	就地指示	报警	停机	备注
1	润滑油压力	★		★	★	L
2	润滑油温度	★		★	★	H
3	一级进气压力	★	★	★	★	L、H
4	各级进气温度		★			
5	各级排气压力	★		★	★	H
6	各级排气温度	★		★	★	H
7	各主轴承温度	★		★	★	H

续表

序号	监控点名称	盘面指示	就地指示	报警	停机	备注
8	气缸润滑油无流量				★	N
9	压缩机的振动				★	H
10	仪表气压力	★		★	★	L
11	润滑油液位		★	★	★	L
12	冷却水压力	★	★		★	L
13	各洗涤罐液位		★	★	★	H

随着 PLC 和各种控制元器件技术的不断迭代升级，目前压缩机控制系统可以使机组的操作更加智能化、简单化，机组的控制更加集成化、自动化。以某储气库注气压缩机组为例，基本能够实现一键启机、远程启机的目的，当操作人员按下机组 PLC 控制柜上“START”(启动)按钮后或远程在中控室点击启动按钮后，自动进行机组程序启动，机组吹扫(打开放空阀→打开吹扫阀→机组主工艺管线吹扫→旁通阀打开→回流线吹扫→放空阀关闭→吹扫阀关闭→完成吹扫)→压缩机预润滑油泵启动→预润滑油压力建立→启动辅助水泵→启动空冷器风机→启动主电机冷却风机→启动主电机→机组运行(暖机)→润滑油温度提高至设定温度以上(机组充压阶段)→打开压缩机组出口阀→打开吹扫阀(机组充压)→打开机组进气阀→机组准备加载→当机组压力和油温满足加载条件时→按下加载按钮→旁通阀关闭→回流调节阀逐步关闭直至全关→机组加载运行。

在运行过程中实时监测各项参数的波动情况，能够及时提供预警和联锁保护，各级洗涤罐可以实现自动排污。

六、压缩机检测元件

(一)热电偶

热电偶是工业上最常用的温度检测元件之一，是一次仪表。它直接测量温度，并把温度信号转换成热电动势信号，通过电气仪表(二次仪表)转换成被测介质的温度。热电偶实际上是一种能量转换器，它将热能转换为电能，用所产生的热电势测量温度。在压缩机上主要用于检测油温、排气温度、轴瓦温度、水温等，因这几处的测温点较多，热电偶是压缩机上安装应用最多的电子元件。

(二)压力传感器

压力传感器是能感受压力信号，并按照一定的规律将压力信号转换成可用的输出的电信号的器件或装置(图 2-5-3)。在压缩机上主要用于检测油压、排气压力、水压等，安装数量相比热电偶要少。

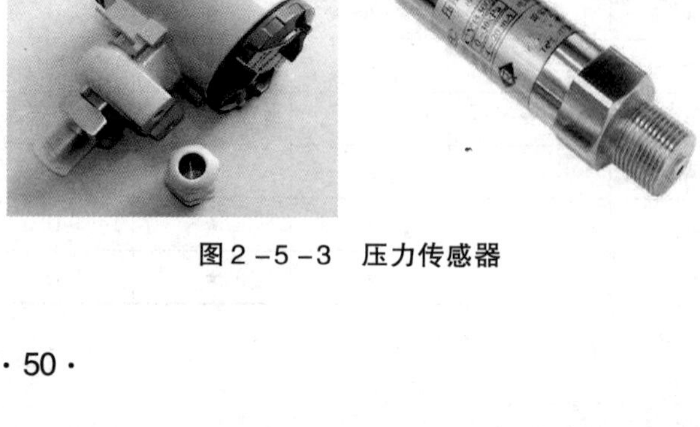

图 2-5-3　压力传感器

(三)液位计

液位计在压缩机上主要是用来检

测各级进气洗涤罐内液位的高低。一般情况下工作压力低且容积较大的洗涤罐用玻璃板液位计，如一级进气，压力≤1.0MPa。工作压力高的洗涤罐采用电子式，如五级进气洗涤罐，压力≥20.0MPa。

（四）其他检测元件

其他检测元件还有转速表、振动开关、膨胀式温度计等，转速表用来测量被测轴在单位时间内的旋转圈数，转速是压缩机的一个重要参数，直接影响着机组的机械强度、振动及零部件的磨损情况。振动开关指的是振动传感器，一般安装在压缩机、主电机、冷却风扇电机的相应位置，当设备发生的振动超过振动传感器的设定时，振动传感器发出信号给PLC，控制程序立即使机组停止运行。当发生振动停机故障时，在排除故障后，再按控制柜上复位按钮，PLC的振动停机信号才被解除，此时机组才能再次正常启动。压缩机常用的膨胀式温度计主要是双金属温度计，当被测温度发生变化时，双金属片自由端产生偏转，指针轴转动，经传动机构放大，由指针指示偏转角度，可以测得温度。

第三章　压缩机组操作与运行监护

压缩机组的良好运行，一方面取决于机组本身的性能、工艺配合和安装质量等，另一方面取决于规范操作运行。正确开停车，安全规范操作，运行参数认真记录、监控，对机组的安全正常运行具有重要意义。由于压缩机组的类型和驱动方式不同、用途不同，开停机及机组运行的操作规程也有所区别，一般应结合现场工艺情况、机组自身特点和设备使用说明书制定出专用的开停机操作规程，并严格执行。

本章主要介绍压缩机的操作和安全注意事项，以常见机型为例介绍压缩机组开机前的准备、开机步骤、停机步骤、紧急停机和正常切换步骤。

第一节　压缩机组安全运行要求

压缩机运行过程中，要保证安全正常运行，需要着重做好以下几点：

(1)在操作压缩机组前，须仔细阅读使用说明书，熟悉驱动机和压缩机原理、性能、结构，掌握安全运转规范。操作人员应定期温习压缩机的启停车和紧急停车等操作程序。

(2)使用符合要求的油、水、气，这是压缩机安全运行的必要条件。

(3)开机前，应排出压缩机进气管道、分离器中的冷凝液。

(4)机组在运转前应检查油、水、气有无泄漏，确保机组的正常工作。

(5)对压缩机按要求进行启机前的状态检查，并记录。

(6)驱动机为高压电动机时，主电机允许冷态启动 2 次，每次间隔时间不得小于 1h；热态启动 1 次，启动间隔时间不得小于 4h。

(7)机组正常带负荷运行前，务必进行轻负荷或空负荷运行进行暖机，待油温、水温等都升到理想温度后，保证各运动副获得充分润滑。

(8)暖机期间压缩工艺系统压力应在进气低限保护设置值以上，且机组无异响、无异常振动、转速无自动降低等异常现象，排烟正常，供油、供水工作正常。

(9)暖机期间巡检机组各连接部位应无松动，并及时消除各系统与管路的跑、冒、滴、漏等异常现象。确认机组各系统各部位运行正常，准备带负荷运行前，如有异常情况立即停机检查处理。

(10)仪表控制系统与站控系统数据：逐项检查确保各项数据显示正常、可靠，终端显示数据与就地仪表盘上数据应一致，数据漂移不能超过 2%。

(11)压缩机运行时，请勿靠近旋转运动件，如飞轮、联轴器、皮带轮等。勿接触压缩机的高温表面，如排气缓冲罐。

(12)在压缩机工作过程中，严禁打开机组上的防爆控制箱、防爆控制柜或防爆接线盒。

(13)机组正常运转时，不得通过呼吸器呼吸孔将油加入曲轴箱。这会使润滑油成泡沫状，引起强制润滑系统内的无油流停车。

(14)严禁压缩机超速、超温、超压、超负荷运行。

(15)禁止在压缩机组附近吸烟或使用明火。禁止在压缩机组上放置工具、杂物、棉纱、布头和其他易燃品。

(16)所有压力容器需按规定进行维护、检验，安全阀按规定定期调校。

(17)各安全保护装置，如超速停机、超压停机、超温停机等要定期检查和测试，确保其可靠性和灵敏度。

(18)机组检修前，应在启动按钮上悬挂“禁止操作”警示牌，卸掉机组的油压、水压、气压，所有控制开关设置在“OFF”位置，断开启动器电源防止意外启动。

(19)进行机组清洗、检修时先让压缩机冷却至室温。

(20)保养、维护时必须使用不掉毛的擦布进行擦拭，防止污染。

(21)正确使用和处理清洗溶液，处理或使用不当可能导致严重的人员伤害。在任何情况下，都不应使用汽油、油气稀释剂或其他高挥发、易燃液体清洗气阀、过滤器、气道、工艺气管道等。

第二节　往复式压缩机组启停机

一、往复式压缩机组启停机要点

(一)机组开机要点(有预润滑系统机型请参照以下内容)

(1)机组要充分预润滑。

压缩机开机前开启机组预润滑油循环系统、气缸强制润滑系统。检查油压、油路是否通畅，主轴承、大头瓦、小头瓦、十字头等各润滑点是否供油正常、充足；检查回油系统是否通畅，各油管接头是否严密无泄漏，油冷却器有无泄漏；遇到低温启动时，需要开启加热器对润滑油进行加热。如有需要，手动按压注油泵对机组进行强制润滑。

(2)开动盘车系统。

按规程启动盘车系统，检查传动部件无故障后，盘车系统脱开。需要手动盘车的严格按照操作规程执行，机组无异响、无卡阻现象方可开机。

(3)检查冷却水系统。

打开冷却水循环系统阀门，检查冷却水系统是否畅通，有无泄漏。检查循环水泵是否正常。

(4)机组低温启动和带负荷启动。

在机组油温、水温达不到技术要求值时，机组的启动与正常启动不同。若是设有预润滑加热系统的机组，在环境温度低于启动要求的情况下，启用该系统给润滑油预加热，待润滑油温度升至规定温度后，方可启动机组。

(二)机组停机要点

(1)切断与工艺系统的联系，机组转为内循环运行模式。

(2)按规程停驱动机。

(3)按规程停通风机系统。

(4)当主机完全停止运转5min后，停润滑油系统。

(5)关闭冷却水进口阀门。

二、分体式燃气驱动压缩机组启停机操作

(一)开机步骤

1. 启机前检查工作

检查工艺气源、启动气源、燃料气源、仪表风气源压力应在合适范围内，符合开机条件。检查机组各阀位。

(1)需要打开的阀门：冷却系统各供回液阀门、燃料气源阀、启动气源阀、工艺气源阀(洗涤罐前进气大阀应关闭)、机组进排气管的近路(回流)阀、仪表盘下的压力表阀。打开机组的仪表风(注：阀门在自动挡时打开仪表风)。

(2)需要关闭的阀门：工艺气进、排气阀，手动放空阀，洗涤罐排污阀。

(3)检查各油位、液位控制在1/2～2/3处，查看润滑油是否变质。需检查的油位、液位：压机机身油位、注油器油位、引擎油位、启动油杯油位、自动阀门油位、辅助水泵油位、膨胀水箱液位、洗涤罐液位。若出现液位过高或过低应查明原因及时处理，洗涤罐内液位应排净。

(4)检查传动皮带有无裂纹，挠度在正常范围。

(5)检查底座各紧固件有无松动。

2. 启机前准备工作

(1)给仪表供电(将控制柜右侧的电源键拨到“电源”位置)，观察控制系统有无报警和故障信息，若有报警，处理后按复位键再启机。

(2)确保压缩机和空冷器两个振动传感器复位。

(3)盘车两圈，应无卡阻和异响。

(4)手动对注油器每个注油泵注油2～3min。

3. 正常启机步骤

(1)将发动机控制面板上的“停机/自动/手动/冷却后停机”置于“自动”，将“额定/怠速”置于“怠速”，按下“复位”按钮。

(2)将压缩机控制面板上的“远程/机旁”置于“机旁”，将“手动/自动”置于“自动”。依次按下“复位”“试验模式”“启动按钮”。此时压缩机与发动机预润滑油泵开始运行，预润滑指示灯闪烁，机组的进排气大阀自动打开。

(3)机组启动后，机组转速怠速运行。

(4)机组面板上显示“机组启动成功可以加载”字样时，将发动机控制面板“额定/怠速”置于“额定”，并将转速缓慢提升到正常转速。

(5)将“加载/卸载”置于“加载”位置，机组缓慢加载。手动加载时，将触摸屏显示置于手动加载页面，缓慢关闭加载阀门。

(6)机组加载运行10min后，无任何问题即可向调度汇报。

(二)停机步骤

(1)操作触摸屏，将调节转速适当降低，将压缩机控制面板“加载/卸载”开关置于“卸载”。

(2)按下主控制面板上的“试验模式”按钮，按下主控制面板上的“停机”按钮。此时机组的卸载阀打开，进排气大阀关闭。

(3)3min后，机组将自动停机，此时机组的后润滑开始启动。

(4)停机后，将发动机面板上的“停机/自动/手动/冷却后停机”置于“停机”位置，关闭主控制面板上的“电源”开关。

(5)切断机油伴热开关，切断机组电源，机组放空。

(6)及时向调度室汇报。

三、整体式燃气驱动压缩机组启停机操作(以ZTY系列机组为例)

(一)开机步骤

1. 启动前检查与准备

(1)检查机组及附属设备、设施，确认已处于完好备用状态。

(2)检查工艺气源、启动气源、调压后燃料气源压力应在规定范围内，符合开机条件，电源正常。

(3)检查并确认各阀在开机前状态正常。

(4)需要打开的阀门：机组冷却系统各阀门、燃料气源阀(燃气分离器前)、启动气源阀、工艺气源阀、压缩机进排气管的近路(回流)阀、压力表阀、动力缸放空阀。

(5)需要关闭的阀门：机组进、排气阀，燃气电磁阀，燃气球阀，手动放空阀，各排污阀。

(6)检查压缩机机身油位、注油器油位、引擎油位、膨胀水箱液位均在1/2～2/3，分离器应无液位(注：若出现液位过高或过低应查明原因及时处理；分离器内若存在液位应排净)。

(7)检查传动皮带是否完好、有无裂纹，张力是否合适。

2. 正常启动

(1)启动及空负荷运行。

①打开动力缸放空阀，手动盘车2～4圈，检查有无卡阻异响声音，若有，及时进行检查处理，将活塞盘至外死点位置，关闭动力缸放空阀。(机组在停止运行时间超过5h再次启动机组时，必须使用手动预润滑系统对各运动部件进行预润滑，防止机组启动时各运动部件的拉伤，手摇预润滑油泵不少于25个手柄，即50个冲程。)

②冬天气温低时，执行以下操作：

打开电加热循环系统，给机组加热并进行预润滑，待润滑油温度升至30℃时，系统停止工作机组方可启动。低温启动机组和带负荷的要求：

a)当最低环境温度低于4℃且停车时间少于5h，应怠速(转速为300～350r/min，最低300r/min)无负荷运行30min，低负荷运行30min，检查润滑油和机身温度应在30℃以上，方可增加机组转速并带负荷。

b)当最低环境温度高于4℃且停车时间少于5h，应怠速(转速为300~350r/min，最低300r/min)无负荷运行30min，低负荷运行15min，检查润滑油和机身温度应在30℃以上，方可增加机组转速并带负荷。

c)对于停车时间大于5h以上时，启动机组应按表3-2-1执行。

表3-2-1 停车时间大于5h启动机组要求

最低环境温度/℃	怠速运行时间(300~350r/min)/min	停车待热传递时间/min	重复启动次数	重载前轻负荷运行时间/min
32~21	20	0	1	15
20~10	30	0	1	20
9~5	45	0	1	20
4~0	5	5	3	无负荷
	40	0	1	30
-1~-7	3	3	3	无负荷
	7	7	3	无负荷
	50	0	1	30

③人工按动注油单泵(各单泵按动5~10次)对机组进行手动泵油。

④将仪表控制柜的机组控制模式拨至“盘控”位置，并将仪表电源拨至“开”的位置。

⑤打开压缩机燃气电磁阀。

⑥压下动力缸头上的安全阀盖，使安全阀开启，再打开安全阀前端的小球阀给缸内卸压，然后关闭安全阀和小球阀。

⑦打开启动球阀，待压缩机转速达到100r/min左右时，打开燃气进气球阀。

⑧待缸内有点火声响后，立即关闭启动进气球阀。

⑨机组启动后转速在怠速运行，同时应注意观察有无异常声响、转速自动降低以及其他异常现象，并检查油、水、仪表控制及其他系统工作是否正常。怠速运行15~20min，观察曲轴箱油位计降至1/2处时，使机组转速增至正常工作转速运行。

⑩打开工艺气进气球阀，使压缩机组进气压力达到0.2~0.3MPa，关闭进气球阀，继续运行5min。

(2)加载运行。

①机组机油温度大于30℃、动力缸夹套水出水温度升至54℃后，打开压缩机出口排气阀，将转速调至正常工作转速。

②缓慢打开进气球阀，同时关闭压缩机小循环旁通阀。

③控制进气球阀，把进气压力控制在正常工作压力。

④观察发动机的排气温度，若各个缸温差>20℃，调整喷射阀调整螺母，使各个缸温差≤20℃。

⑤冬季低温启动机组后应缓慢加载，并注意动力缸夹套水温是否升至正常温度，检查压缩机活塞杆填料密封情况，必要时检查泄漏量。

⑥机组加载运行后，操作人员应在现场观察运行15min，待机组平稳后方可离开现场。

⑦根据各集气站注气压力及气量的需要，调整机组的转速及进气压力。

注意：在暖机的情况下可取消②的操作。

3. 启机加载后的操作与检查

①检查压缩机进、排气压力是否正常，并根据现场生产需要和进、排气压力变化情况，及时调整压缩机负荷和转速。

②检查、监听压缩缸、动力缸、曲轴箱、中体、连杆以及冷却器、风扇等部位有无异常声响和异常振动，手摸机身各盖板及运动部位外壳有无不正常发热，如有异常及时处理。

③检查各润滑油箱油位、压力注油器各柱塞泵泵油量及润滑部位的润滑油温是否正常。最低温度低于0℃时应打开各排污管线和润滑油管线的伴热系统。

④检查膨胀水箱水位、水温及水泵、冷却水箱、管路工作是否正常。

⑤检查机身，机座，各进、排气系统管路，阀门，压力容器，安全阀等工作是否正常。检查各进气分离自动排液装置工作是否可靠。

⑥检查发动机燃气注气系统、液压系统、点火装置、空气滤清器和混合阀工作是否正常。

⑦检查发动机排气温度，注意观察排烟情况；检查排气管及消声器工作是否正常。发动机各缸排气温差超过20℃应进行调节。

⑧检查、监听压缩机气阀工作情况。

⑨检查伴热系统开关位置是否正确。

⑩ 检查各仪表控制系统工作情况。

⑪按时做好操作记录，做到原始资料齐全、准确。

（二）停机步骤

（1）将机组的转速降至350～360r/min。

（2）缓慢关闭进气阀，使进气压力控制在0.2MPa。

（3）打开压缩机出口手动放空阀，同时打开压缩机小循环旁通阀，关闭排气阀。

（4）待压缩机循环压力降至0.2～0.3MPa时关闭手动放空阀。

（5）将转速调整至250～290r/min，空转运行3～5min，并检查和监听各部位运转和声响是否正常。

（6）关闭燃气球阀和燃气电磁阀，使压缩机停止运转。

（7）打开压缩机出口手动放空阀，对压缩机管路系统放空。

（8）手动按注油器各单泵（各单泵按动5～10次），并盘车2～4圈。

四、电机驱动压缩机组启停机操作

（一）开机步骤

1. 机组启动前的准备和检查

（1）检查各工艺阀门是否处于正常位置，确认站内外与机组相关流程导通。

（2）检查仪表盘各仪表及现场仪表是否完好，仪表风压力在正常范围，确认控制参数设定值无误。

(3)检查主电机视窗油位、压缩机机身油位、注油器油位及膨胀水箱液位，应保持至液位计2/3以上。

(4)检查空冷器状态是否良好。

(5)导通主电机仪表风来气，对主电机进行吹扫，当吹扫计时变红后吹扫完成(约30min，方可启机，保持正压通风)。

(6)对PLC机柜进行吹扫。①打开仪表风来气开关；②打开PLC控制柜电源开关；③打开PLC机柜电源开关；④按下PLC机柜启动按钮，当吹扫完成后(30min)，保持正压通风。

(7)若长时间停机或第一次启动，应进入PLC触摸屏界面，手动进行预润滑操作，同时观察预润滑油泵运转情况，预润滑2~5min。完成手动预润滑后，恢复至自动启动状态。

(8)检查PLC控制面板，排除面板显示的故障；紧急停车按钮处于复位状态。

(9)检查确认机组无超压。

(10)手动盘车1~2圈后再电动盘车2~3圈，确认机组无卡阻现象(盘车完成后齿轮要放下)。

(11)手动注油器进行泵油，观察窗出油后再泵油10次，注意泵油速度不可过快以免造成爆破片破损卸压。

(12)阴雨天启动或长时间停机再次启动前，要检查主电机绝缘情况。

(13)加/卸载旋钮处于卸载位置；在线/离线旋钮处于机旁位置。

(14)当环境温度较低，机身润滑油温度低于25℃时，应首先对润滑油进行加热。打开辅助部件测试画面将预润滑油泵打开，待润滑油温度升至25℃以上时，方可启动机组。

(15)检查冷却水泵是否存有余气(开冷却水泵上排气阀，确认无余气后关闭)。

2. 压缩机的启动和加载操作

(1)按下控制柜上的“复位”按钮，然后再按下控制柜上的“启动”按钮。

(2)压缩机将自动按程序启动，操作人员做好监控确认。

①首先空冷器风扇启动、压缩机进口旁通阀打开，达到设计进气量后关闭。辅助油泵启动，水循环泵启动。

②然后高压电容充电(约3min)，当充电完成后主电机启动，进气旁通阀打开、二级排气阀打开、回流调节阀与回流主阀处于全开位，机组处于空载状态。

③待压缩机组进气升压至设定压力时，进口旁通阀逐渐关闭，进口阀逐渐打开直至全开，暖机过后PLC控制柜屏幕上显示“允许加载”字样时，可进行加载。

(3)旋转“加载/卸载”旋钮至“加载”方向，这时回流阀关闭，回流调节阀逐步关闭直至全关，完成加载。

(4)一旦确认压缩机已运行，操作人应检查所有压力和温度参数，尤其是机油压力和工艺气压力，以确认压缩机运行正常且所有的设置恰当。

(5)机组稳定运行后，按照巡检要求对机组进行检查。

(二)停机步骤

(1)旋转“加载/卸载”旋钮至“卸载”(回流调节阀、回流阀自动打开)，使压缩机卸载后运行3~5min，待压缩机组压力与进气管网压力持平后，再按下停机按钮。

(2)按下停机按钮后，机组首先进入后润滑约 2～5min，随后进气阀、排气阀自动关闭。

(3)打开机组放空阀：①首先进入机组 PLC 主画面；②点开部件测试；③点开放空阀界面，将放空阀旋钮点至开位，使机组放空，放空后关闭放空阀。

五、紧急停机

(一)人工紧急停机

压缩机在运行中突然发生下述情况之一时，需实行人工紧急停车：

(1)任何一项自动停机失灵时。

(2)引擎压缩机，任何一处出现异响声。

(3)机组突然出现故障，危及安全运行。

(4)引擎压缩机润滑油管路断裂。

(5)机组天然气管路断裂，严重漏气。

(6)站内出现火灾、爆炸等其他事故，可能危及机组安全。

(二)手动紧急停车步骤

(1)按下“紧急停机”按钮，机组即紧急停车。

(2)手动关闭燃料阀或仪表盘总开关。

(3)确认进气、出口自动阀关闭，加载阀打开。

(4)对机组进行放空。

(5)向调度等单位汇报，按其指令启动备用机组。

六、储气库压缩机组操作规程

(一)启机前的准备和检查

(1)检查 PLC 控制面板，排除面板显示的故障；紧急停车按钮处于复位状态。

(2)检查各工艺阀门是否处于正常位置，确认站内外与机组相关流程导通。

(3)检查仪表盘各仪表及现场仪表是否完好，仪表风及氮气压力应在 0.6～0.8MPa，确认控制参数设定值无误。

(4)检查主电机视窗油位、压缩机机身油位、注油器油位及膨胀水箱液位，应保持液位计 2/3 以上。

(5)检查空冷器状态是否良好。

(6)导通主电机仪表风来气，对主电机进行吹扫(确认吹扫完成，方可启机，保持正压通风)。

(7)打开 PLC 控制柜电源开关。对 PLC 机柜进行吹扫(确认吹扫完成，方可启机，并保持正压通风)。若长时间停机或第一次启动，应进入 PLC 触摸屏界面，手动进行预润滑操作，同时观察预润滑油泵运转情况，预润滑 2～5min。完成手动预润滑后，恢复至正常启动状态。

(8)手动注油器进行泵油，观察窗出油后再泵油 10 次，注意泵油速度不可过快以免造成爆破片破损卸压。

(9)手动盘车1~2圈后再电动盘车2~3圈，确认机组无卡阻现象(盘车完成后齿轮要放下)。

(10)检查确认机组无超压(机组压力应不超过0.45MPa)。

(11)阴雨天启动或长时间停机再次启动前，要检查主电机绝缘情况。

(12)加/卸载旋钮处于卸载位置；在线/离线旋钮处于在线位置。

(13)当环境温度较低，机身润滑油温度低于25℃时，应首先对润滑油进行加热。打开辅助部件测试画面将预润滑油泵打开，待润滑油温度升至25℃以上时，方可启动机组。

(14)检查冷却水泵是否存有余气(开冷却水泵上排气阀，确认无余气后关闭)。

(二)压缩机组的启动和加载操作

(1)启动前与调控中心联系，申请压缩机组启机。

(2)启动前与供电服务中心人员联系，确定高压电通电操作完成。

(3)按下控制柜上的“复位”按钮，然后再按下控制柜上的“启动”按钮。

(4)压缩机将自动按程序设定启动；空冷器风扇1#、2#、3#启动，压缩机进口旁通阀打开进气0.2MPa左右(若机组内压力达到0.2~0.45MPa则不动作，若大于0.45MPa需手动放空至0.2~0.45MPa)后关闭，辅助油泵启动，水循环泵启动。

(5)高压电容充电(约3min)，当充电完成后主电机启动，进气旁通阀打开，二级排气阀打开，回流调节阀与回流主阀处于全开位，机组处于空载状态。

(6)待压缩机组进口阀升压至3MPa时，进口旁通阀逐渐关闭，进口阀逐渐打开直至全开，暖机过后(PLC控制柜屏幕上显示“允许加载”字样)，旋转“加载/卸载”旋钮至“加载”位置，这时回流阀关闭，回流调节阀逐步关闭直至全关，完成加载。

(7)一旦确认压缩机已运行，操作人员应检查所有压力和温度参数，尤其是机油压力和工艺气压力，以确认压缩机运行正常且所有的设置恰当。

(8)机组稳定运行后，按照巡检要求对机组进行检查。

(三)压缩机组停机操作

(1)停机前与调控、变电站联系汇报停机时间、原因。

(2)按下控制柜上就地停机按钮，压缩机将自动按程序设定停机；手动停机时，旋转“加载/卸载”旋钮至“卸载”位置(回流调节阀、回流阀打开)，使压缩机卸载后运行3~5min再按下停机按钮。

(3)按下停机按钮后，机组首先进入后润滑约2~5min，随后进气阀、排气阀关闭。

(4)打开机组放空阀，使机组放空，放空后关闭放空阀。

(四)紧急停机

(1)当出现紧急情况，如机械故障、电气故障或火灾等情况，按下控制柜上紧急停机按钮，或者按下中控室内紧急停车按钮，压缩机会立即停机(进、排气阀关闭，放空阀打开，回流阀及回流调节阀不动作)。同时控制面板会保持紧急停机状态，直至此状态被复位。

(2)确认所有故障处理完毕，拔出紧急停车按钮，然后按下现场控制柜就地复位按钮，压缩机紧急停机状态将被清除，同时压缩机进入“准备启动”状态。

第三节　压缩机组运行监护

设备操作者或维修人员，按照规定的时间、路线和检查点，对负责维护的设备进行日常巡视，其目的是及时发现事故预兆、排除故障隐患，尽量减少故障停机。

一、压缩机组运行监护安全注意事项

(1)现场巡检要着劳保装，戴安全帽，晚上带照明灯。

(2)风、雪、雨、雾等恶劣天气要加强关键部位的巡检力度，巡检时应注意个人安全。

(3)上下平台要抓好扶手，防止滑摔事故。

(4)巡检发现异常情况要及时汇报值班干部，并采取相应措施进行处理。

(5)生产中出现异常情况时，及时检查流程及仪表和各项控制参数。

下面以几种典型机型为例，介绍燃气驱动分体式、燃气驱动整体式、电驱动压缩机组的运行监护内容。

二、RDS 系列燃气驱压缩机组运行监护

RDS 系列燃气驱压缩机组巡检路线及巡检点如图 3－3－1 所示。

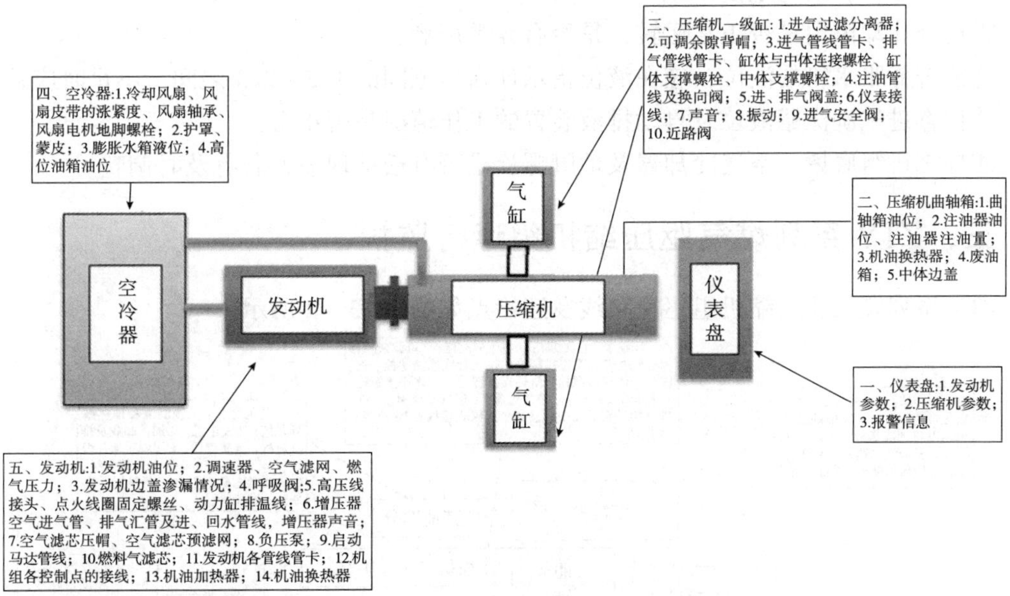

图 3－3－1　RDS 系列燃气驱压缩机组巡检路线及巡检点

(一)控制盘、控制屏检查

检查控制盘柜体、控制屏是否完好，指示灯是否正常显示，开关状态。

(二)运行参数检查

检查机组各运行参数是否在正常的范围内。

(三)压缩机的检查

(1)检查压缩机曲轴箱油位是否在上下刻度线之间。

(2)检查压缩机曲轴箱压力是否在正常的范围。

(3)检查压缩机的进气压力、排气压力是否在正常范围内，不正常及时调整。

(4)检查压缩机注油器和注油分配器工作是否正常，各油路是否畅通。

(5)检查压缩机润滑油过滤器压差应不大于15psi。

(6)检查压缩机曲轴箱呼吸阀是否畅通。

(7)检查压缩机的油、气、水管线是否有泄漏现象。

(8)仔细诊听压缩机汽缸、气阀、十字头是否有异常声响。

(四)发动机的检查

(1)检查发动机曲轴箱油位是否在上下刻度线之间。

(2)检查发动机曲轴箱压力是否在正常的范围。

(3)检查发动机空气过滤器，压差指示线若超过红线，应查明原因并处理。

(4)检查发动机润滑油过滤器压差应不大于15psi。

(5)检查发动机各系统的连接应牢固、密封良好，无泄漏现象。

(6)检查发动机的燃料气压力是否在正常范围内，不正常及时调整。

(7)检查发动机排温、排烟是否正常，若排温、排烟不正常，应查明原因，正确处理。

(8)仔细诊听发动机气门、气缸及曲轴箱内是否有异常声响。

(9)空气冷却器及其他检查：

①检查冷却风扇是否正常运转，是否有异常声响；

②检查膨胀水箱的液位，应在液位指示计指示范围的1/2~2/3之间，不足时应补充；

③检查进气洗涤罐液位及自动排液装置的工作情况是否正常；

④检查机组底撬、空气冷却器及地脚螺栓是否有松动现象，若有及时调整。

三、ZTY系列燃气驱压缩机组运行监护

ZTY系列燃气驱压缩机组巡检路线及巡检点如图3-3-2所示。

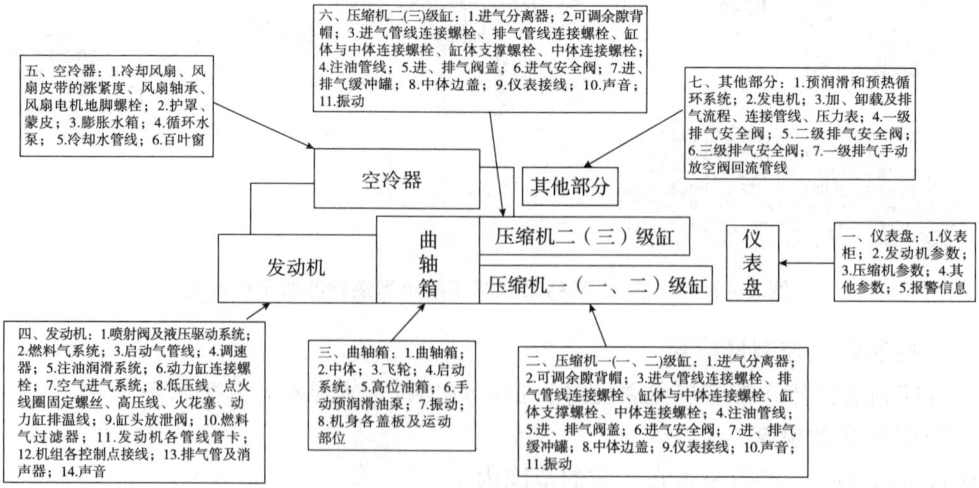

图3-3-2 ZTY系列燃气驱压缩机组巡检路线及巡检点

(1)检查压缩机电控柜上的所有参数，发现异常及时分析、处理、汇报。发动机各缸排气温差超过20℃应进行调节。

(2)检查压缩机高位油箱油位、液压油箱油位、注油器油位，高位水箱水位是否在标示范围内，若不在应及时补充。

(3)检查曲轴箱油位应在油位计约1/2处(两绿线之间)，油位计盒子上沿应与所刻线平齐。

(4)检查皮带轮皮带是否松动。

(5)巡检时听动力缸声音，如发现有敲缸现象应立刻降低载荷。

(6)检查空气差压计压差格数，并做记录。

(7)检查燃料气分离器是否有液体积存，若有液体应立刻排放。

(8)检查压缩机中体上的透明板，看是否有漏气、漏油现象。

(9)查看压缩缸缸头螺栓是否松动，余隙活塞缩进螺杆是否紧固。

(10)巡检时按要求佩戴耳塞进行巡检。

四、电驱压缩机组运行监护

(1)机组周围无污物及杂物堆放。

(2)检查机组，若发现机组的油、气、水有跑、冒、滴、漏等现象，应做好记录及时整改，并向上级汇报。

(3)检查机组，若发现机组的各仪表有失灵、破损等现象，应做好记录并向上级汇报。

(4)每2h记录机组的运行情况，并与机组以前的记录进行对比，若发现机组的进排气温度、进排气压力、润滑油温度、润滑油压力、冷却水温度、冷却水压力、振动、噪声与前次的观察差别较大，应及时向上级汇报。若发现机组有任何异常的声响或异常的振动，应立即停机并查明原因。

(5)检查仪表风压力正常。

(6)检查压缩机进气压力应在正常范围。

(7)检查压缩机进气温度应在正常范围。

(8)检查压缩机排气压力应在正常范围。

(9)检查冷却后的温度应在正常范围。

(10)检查一级进气温度应在正常范围。

(11)检查二级进气温度应在正常范围。

(12)检查机体油池油位应在油窗中心线上3mm左右，必要时添加润滑油。

(13)检查注油器油箱液位应在规定液位(1/2以上)，必要时添加润滑油。

(14)检查主电机油箱液位应在规定液位(1/2以上)，必要时添加润滑油。

(15)检查膨胀水箱液位计液位应在规定液位(1/2以上)，必要时添加防冻液。

(16)检查机油滤芯压差，不应超过规定值(如超过需及时更换)。

(17)检查洗涤罐的液位计，如发现罐内积液应及时排除；如自动排污出现故障应立即手动排放，根据情况停机检查。

第四章 压缩机组维护保养与大修

压缩机组的维护保养分为日常维护保养、一级保养、二级保养。重大(关键)设备及其他特殊设备要根据具体情况制定有针对性的维护保养计划。本章内容主要介绍压缩机例行的各级维护保养内容，以及压缩机大修的具体工作量。

第一节 压缩机组日常维护

一、燃气驱动压缩机组日常维护

(1)检查并消除机组脏、松、缺、锈、跑、冒、滴、漏现象。

(2)检查注油器油箱、曲轴箱油位、注油器泵油情况，检查冷却水箱水位，夹套水温，发动机排温、排烟，及压缩机各部位运转情况。油位、水位低，应及时补给，排温、排烟不正常，应查明原因，正确处理。

(3)检查燃料气压力，及压缩系统进、排气压力、温度，不正常及时调整。

(4)检查各处过滤器工作情况：

①检查压缩机润滑油过滤器压差应小于规定压力，否则要检查油路或清洗润滑油滤芯。

②检查空气过滤器，如压差过大进行吹扫滤芯并清洗空气滤网。

③检查发动机润滑油滤芯压差，当活塞上升到红线位置一半时应进行清洗并吹扫。

(5)检查空冷器：发动机空冷器如有脏污、翅片倒伏，用清洁水冲洗(一般最大压力不超过0.2MPa)，并将变形的换热翅片调整恢复原状。

(6)检查仪表盘各控制仪表工作状况。

(7)检查压缩机地脚螺栓和各连接部位紧固情况，以及压缩缸支撑的松紧程度，及时调整。

(8)保持机组及周围环境的卫生，及时检查，做好排污、排液工作。

二、电驱压缩机组日常维护

(1)压缩机部分维护保养内容与燃气压缩机组相同。

(2)每天检查电动机工作电流的大小和变化，看周围有没有漏水滴水现象，漏水会引起电动机绝缘低击穿而烧坏。

(3)检查电动机外围是否有影响其通风散热的物品。检查风扇端盖、扇叶和电动机外部是否过脏需要清洁，要确保其冷却散热效果。

(4)诊听电动机的运行声音是否异常，因机房噪声较大，可借助于螺丝刀或听棒等辅助工具，贴近电动机两端仔细辨听。

(5)在电动机停止运行时，要定期用绝缘表测量各相对地或相间绝缘电阻，并与上次测试结果相比较，以便及时发现绝缘缺陷。

(6)对电动机定期进行接线紧固、拆解检查、清洁保养等。

三、操作者的日常工作

(1)每天检查气、油等管路的密封处，密切关注机组在运行中温度、压力的变化，发现有异常情况，应立即报告，并查明原因，果断处理。

(2)详细作好压缩机运行、停车故障及修理等记录，并做好交接班工作。

①运行参数记录；

②日常检修记录；

③备件更换记录。

(3)每班应定期手动排放油污(如各级进气分离器等)，检查机身油池及注油器的储油量，并做好加油工作。

(4)经常擦洗压缩机及其配套设备、管道，使其外表面保持清洁，如发现其外表面油漆剥落，应做到及时补刷。

(5)每旬应检查螺柱(螺钉、螺栓)与螺母的紧固度，防止由于松动而发生事故。

(6)做好停机维护保养工作，各运动表面应注意防蚀。

表 4－1－1 为压缩机组日常维护计划。

表 4－1－1　建议维护计划

	每天	每周	每月	半年	每年或需要
控制系统	×	×	×	×	
安全保护系统测试			×		
记录表盘读数	×				
所有温度表、压力表校验				×	
润滑油系统	×				
检查油位、油位控制器、润滑油观察镜	×				
检查注油器管线接头是否泄漏	×				
检查机体、注油器、填料函是否泄漏		×			
清洁或换新曲轴箱呼吸器				×	
检查压缩机强制注油器注油率是否合适				×	
采集压缩机润滑油油样进行分析				×	
在压缩机初次运行 400h 后更换润滑油和滤器滤芯，然后可将润滑油和滤芯更换工作周期延长至 2000h。润滑油滤器压差达到 12～15psi 时，更换润滑油滤器滤芯					
更换 O 形圈					×

续表

	每天	每周	每月	半年	每年或需要
机械/操作系统—气缸					
记录进口温度	×				
检查气缸螺栓有无松动		×			
记录气缸排气温度	×				
手测进气阀阀盖温度	×				
耳听有无异常声响	×				
检查进、出气缸冷却液、润滑油冷却器、填料温度	×				
检查每级压缩气阀，是否有阀片、弹簧断裂，是否夹杂固体和液体				×	
拆下隔离段端盖，检查活塞杆上的填料运行区域情况			×		
拆下一级缸头和活塞，检查气缸内表面、活塞环、填料环、活塞和活塞杆轴承					×
检查十字头间隙				×	
检查十字头导轨是否有磨损金属				×	
检查基础螺栓扭矩					×
检查压缩机联轴节对中情况				×	
目测机体内部各轴承、齿轮以及十字头滑块和导轨情况。				×	
盘出压缩机主推力轴瓦(低)进行检查				×	
检查压缩机自由端主动齿轮齿隙和总体情况				×	

第二节　压缩机组一级保养(1000h)

一、日常保养

进行日常保养相关的内容。

二、压机机油滤芯清洗/更换

(1)准备工具：15in 活动扳手 1 把。

(2)机组处于停机状态。

(3)打开排气塞和放油塞(图 4－2－1)，放出机油滤清器内的液体。

(4)卸下滤清器上部壳体紧固螺栓(图 4－2－2)，取下壳体，再卸下滤芯紧固螺母及压板，取出滤芯。

(5)清洗滤清器腔室。

图4-2-1 机油滤芯排气塞和放油塞

图4-2-2 机油滤清器

(6)滤芯用洗涤液清洗干净后，在安装前要彻底干燥。若确认滤芯已损坏则需要更换新的滤芯。

(7)将滤芯和壳体放回原处上紧紧固螺栓，拧紧排油塞。打开加油阀，让润滑油充满油滤器，拧紧排气塞。

三、压缩机呼吸阀清洗

打开压缩机的呼吸阀护罩(图4-2-3)，取出滤网放入事先准备好的清洗液中清洗干净，晾干后重新安装上。

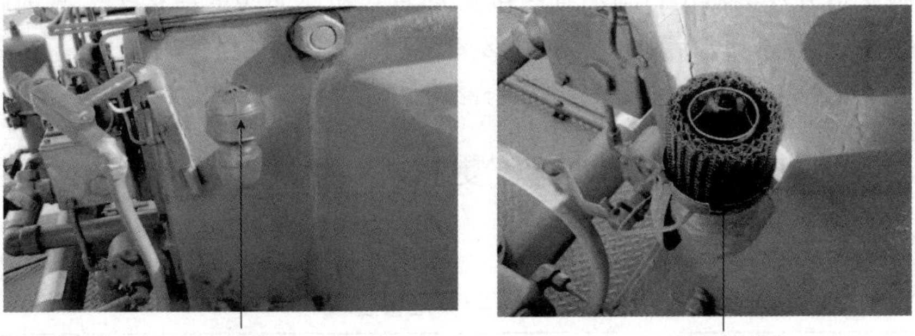

图4-2-3 呼气阀清洗

四、注油器拆卸/检查/清洗

(1)准备工具：8in活动扳手1把，150mm平口螺丝刀1把。

(2)拆下注油器。首先用扳手将注油器与注油管道的活接头卸开，再用平口螺丝刀卸下紧固在注油箱上的紧固螺钉(图4-2-4)，拆下注油器。

(3)卸下注油器的吸油管过滤网，放入事先准备好的清洗液中，清洗干净。

(4)再将注油器放到清洗液中，人工操作注油行程指示杆进行泵油清洗，直到从注油器的注油口中有清洁的清洗液流出为止，同时将可视储油管清洗干净，擦干注油器。若泵油时注油器不注油，需要检查注油器有无损坏，必要时更换新的注油器。

(5)将清洗干净的吸油管滤网拧到注油器吸油管上。用相同型号的润滑油对注油器进行泵油，将注油器中的清洗液从注油器中排除干净，直到从注油器出口流出的全部为润滑

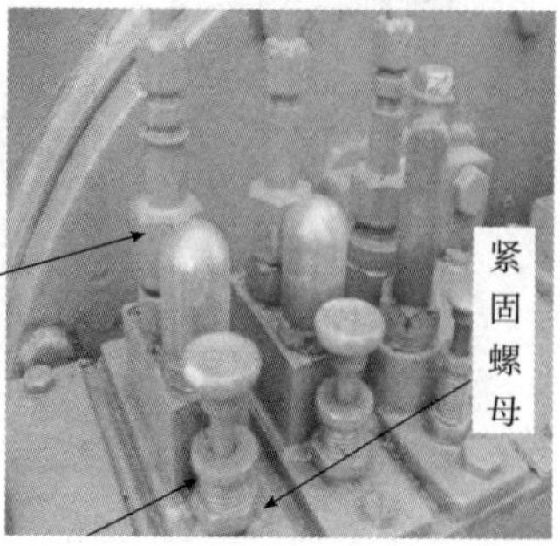

图4-2-4 注油器拆洗

油且无气泡为止。

(6)擦干注油器并重新安装到注油箱上，安装顺序与拆卸顺序相反。

(7)安装结束后，开机检查注油器及管路接口有无泄漏，然后再检查注油器的注油量并调节到规定值。

五、注油器油道检查/清洗

(1)准备工具：8in 活动扳手 2 把。

(2)用扳手拆开注油器出口与油管活接头及油管和单向阀的活接头，清洗后用气管线吹扫，检查管线是否畅通。若油管不通，必要时进行更换。

(3)检查单向阀有无泄漏，开启压力是否满足 0.24 ~ 0.38MPa。

六、压缩机进、排气阀检查/更换

(1)准备工具(表4-2-1)。

表4-2-1 准备工具

工具名称	规 格	数 量
套筒扳手	32mm，36mm	各1把
活动扳手	15in	1把
平口螺丝刀	150mm	1把

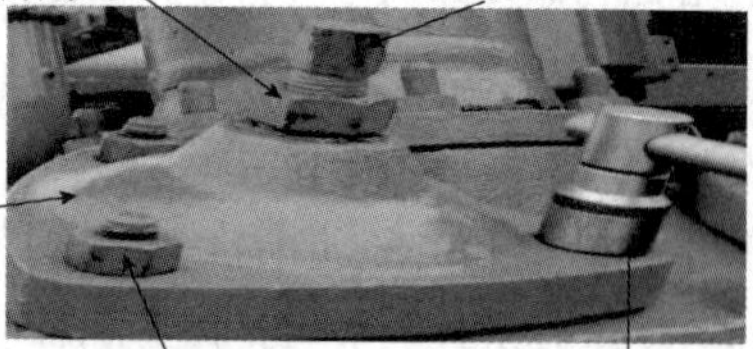

图4-2-5 气阀盖

(2)关闭进排气大阀，打开排气放空阀，将气缸中的余气排除干净，观察进气压力表指针回零。

(3)用专用扳手(或 15in 活动扳手)卸松气阀盖的锁紧螺母(图4-2-5)。

(4)用扳手卸松气阀盖的顶丝，卸松气阀盖的固定螺栓并观察漏气量，确定无漏气的情况下，卸下气阀盖的固定螺帽。

(5)取出气阀盖、气阀盖 O 形密封垫圈、制动器、气阀O形密封垫圈及气阀，并清洗阀腔内污物。

(6)将取出的气阀放到清洗液中清洗干净，除去油污及积炭。

(7)观察阀片有无断裂，并用试漏液进行试漏，正反两面均要观察有无泄漏，确定无泄漏后重新安装。

(8)若阀片出现损坏或气阀泄漏现象，根据实际情况进行维修，必要时更换新气阀。

(9)更换新阀盖及气阀O形密封垫圈后，将合格气阀与制动器安装后装入阀腔，排气阀要安装卡子，装上阀盖，上紧气阀盖的固定螺栓。

(10)上紧气阀盖的顶丝和锁紧螺母。

(11)关闭排气放空阀，打开进气大阀，送气进行验漏。若有漏气现象，对气阀密封垫圈、固定螺栓、气阀顶丝安装、紧固等情况进行检查，并排除泄漏现象。

七、气缸与活塞内、外止点间隙检测/调整

(一)准备工具(表4-2-2)。

表4-2-2　准备工具

工具名称	规　格	数　量
套筒扳手	32mm，36mm	各1把
活动扳手	15in，6in	各1把
梅花扳手	3/4in	1把
铅丝	250A	1卷
游标卡尺	0～150mm	1把
盘车器	专用	1个
活塞杆锁紧螺母专用扳手	专用	1把

(二)气缸与活塞内外止点间隙检测

(1)将需要检测的气缸的进气阀内外各拆下一个。

(2)用准备好的铅丝(蘸上黄油)经进气阀腔放到活塞外端面，用盘车器盘车，使活塞行至外止点后再继续盘车，取出铅丝。

(3)用游标卡尺测量该铅丝的厚度，保证气缸与活塞外止点间隙不小于2.8mm。

(4)检测气缸与活塞内止点间隙方法和检测气缸与活塞外止点间隙的方法相同，并且保证其内止点间隙不小于外止点间隙的2/3。

(5)气缸与活塞止点间隙若不在此范围内需进行调整。

(三)气缸与活塞止点间隙的调整

(1)用扳手拆开压缩机中体一侧的侧盖螺栓，卸下侧盖，然后再松开活塞杆的锁紧螺母以及活塞杆与十字头连接的防转销钉。

(2)根据测量的内外止点间隙数值旋转活塞，顺时针转动外止点间隙变大，内止点间隙变小，逆时针旋转外止点间隙变小，内止点间隙变大。根据实际情况确定转动的角度，再压铅丝测量止点间隙；将止点间隙调整合适后，上紧活塞杆的锁紧螺母以及活塞杆与十字头连接的防转销钉(并检查侧盖密封垫完好情况)，再上紧压缩机中体侧盖螺栓。

(3)将两进气阀装好。

八、压缩机气缸与活塞底部间隙检查/调整

(一)压缩机气缸与活塞底部间隙检查

(1)准备工具(表4-2-3)。

表4-2-3　准备工具

工具名称	规　格	数　量
套筒扳手	32mm，36mm	各1把
活动扳手	15in	1把
间隙规	100mm	1把
盘车器	专用	1个

(2)将需要检测的气缸外侧进气阀拆下。

(3)用盘车器盘车，将活塞移到气缸中的合适的位置，将间隙规从进气阀腔塞入，测量活塞与气缸底部的间隙要大于0.5mm，若小于0.5mm则需要更换新的活塞环。

(二)压缩机气缸与活塞底部间隙调整

(1)准备工具(表4-2-4)。

表4-2-4　准备工具

工具名称	规　格	数　量
套筒扳手	32mm，36mm	各1把
活动扳手	15in，3/4in，13/8in	各1把
间隙规	100mm	1把
倒链	1t	1个
活塞杆锁紧螺母专用扳手	专用	1把
活塞旋转专用工具	专用	1个
缸头卡具	专用	1个
盘车器	专用	1个
锯弓		1把

(2)固定缸头卡具并挂好倒链，用扳手拆下气缸冷却液管线活接头(图4-2-6)，再将压缩机中体两侧侧盖的螺栓卸下并拆下侧盖(图4-2-7)。

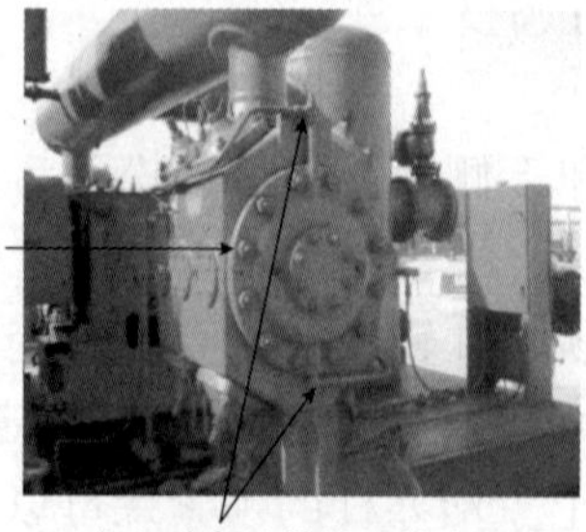

图4-2-6　压机缸头

图4-2-7　压机中体侧盖

(3)用扳手卸下气缸端盖的固定螺栓，并将倒链挂在气缸端盖上，将气缸端盖从气缸中取出(图4-2-8)。

(4)用扳手松开活塞杆与十字头连接的锁紧螺母，以及活塞杆与十字头连接的防转销钉，并取出。

(5)将用于转动活塞的专用工具固定在活塞上，并上好紧固螺栓。

图4-2-8　拆卸活塞

(6)用记号笔在气缸壁上标出活塞在气缸中所处的位置，逆时针转动活塞将活塞杆从十字头中卸下，再将活塞杆与十字头的锁紧螺母取下。套上活塞杆丝扣防护套防止刮油环划伤丝扣，将活塞从气缸中抽出。

(7)根据活塞环槽宽度和深度、支撑环槽的宽度及深度选择合适的活塞环与支撑环，安装到活塞环槽与支撑环槽中，并且要将两个活塞环的开口错开180°角。

(8)活塞环、支撑环装好后，将活塞推进到气缸中。活塞的安装顺序与拆卸顺序相反，用活塞旋转专用工具将活塞转动到气缸壁做好标记的位置，用扳手上紧活塞杆与十字头锁紧螺母、防转销钉。对压缩机气缸与活塞底部间隙进行测量记录后，安装气缸端盖及气缸冷却液管线。

(9)重新对活塞内外止点间隙进行检测，是否在标准范围内，如果不在，需重新调整。

(10)安装进气阀及阀盖。

(11)关闭放空阀，打开进气大阀送气。检查气缸端盖及气阀盖、冷却液管线活接头等密封处是否泄漏，如泄漏要查明原因，排除泄漏。

九、压缩机气缸镜面检查

(1)准备工具(表4-2-5)。

表4-2-5　准备工具

工具名称	规　格	数　量
套筒扳手	32mm，36mm	各1把
活动扳手	15in，3/4in，1⅜in	各1把
间隙规	100mm	1把
倒链	1t	1个
活塞杆锁紧螺母专用扳手	专用	1把
活塞旋转专用工具	专用	1个
缸头卡具	专用	1个
盘车器	专用	1个
锯弓		1把

(2)固定缸头卡具并挂好倒链，用扳手拆下气缸冷却液管线活接头(图4-2-9)，再将压缩机中体两侧侧盖的螺栓卸下并拆下侧盖(图4-2-10)。

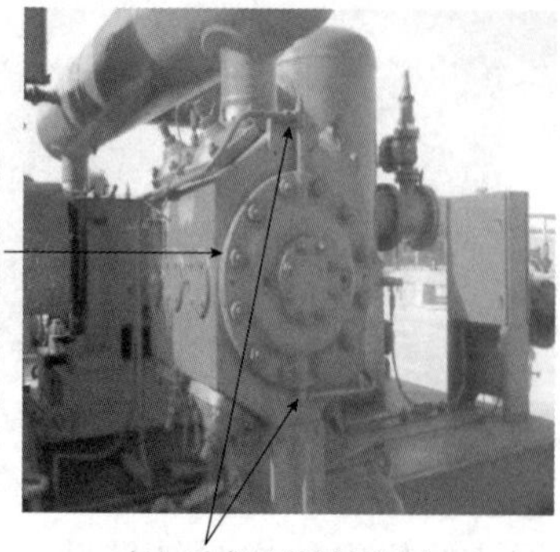

图4－2－9　缸头

图4－2－10　中体侧盖

图4－2－11　拆卸活塞

(3)用扳手卸下气缸端盖的固定螺栓，并将倒链挂在气缸端盖上，将气缸端盖从气缸中取出(图4－2－11)。

(4)用扳手松开活塞杆与十字头连接的锁紧螺母，以及活塞杆与十字头连接的防转销钉，并取出。

(5)将用于转动活塞的专用工具固定在活塞上，并上好紧固螺栓。

(6)用记号笔在气缸壁上标出活塞在气缸中所处的位置，逆时针转动活塞将活塞杆从十字头中卸下，再将活塞杆与十字头的锁紧螺母取下。套上活塞杆丝扣防护套防止刮油环划伤丝扣，将活塞从气缸中抽出。

(7)检查气缸镜面有无拉伤划痕，用内径千分尺在水平方向和垂直方向上测量气缸镜面的磨损情况。

(8)检查结果在正常磨损范围内，按拆卸的相反顺序进行安装。若不在正常磨损量范围内，需对压缩机组进行项修。

十、压缩机冷却循环水泵轴承润滑

(1)准备工具：润滑油枪1把。

(2)清洗、擦净压缩机循环水泵轴承润滑黄油嘴，用黄油枪将新鲜的黄油经黄油嘴注入轴承内，进行润滑。

(3)加注至有少量新黄油溢出为止，并将旧黄油清除干净。

十一、压缩机冷却循环水泵检查/调整

(一)压缩机冷却循环水泵皮带检查

(1)检查皮带是否有磨损和裂纹，必要时进行更换。

(2)在驱动轮与从动皮带轮中间的皮带上，垂直于皮带施加110N(25磅)的力，测量皮带的挠度在15～20mm为合适，否则进行调整。

(二)压缩机冷却循环水泵皮带调整/更换

(1)准备工具：$\frac{9}{16}$in 梅花扳手 1 把，测力器 1 个。

(2)用扳手卸松压缩机冷却循环水泵皮带张紧轮调节螺栓，进行调节。在驱动轮与从动皮带轮中间的皮带上垂直于皮带施加 110N(25 磅)的力，测量皮带的挠度在 15～20mm 为合适，再上紧紧固螺栓。若需要更换则拆下旧皮带，更换上新皮带再按上述方法进行调整即可。

十二、压缩机连杆螺栓松动检查

(1)准备工具(表 4－2－6)。

表 4－2－6　准备工具

工具名称	规　格	数　量
梅花扳手	3/4in	1 把
套筒扳手	36mm	1 把
尖嘴钳		1 把

(2)用扳手卸下曲轴箱上盖螺栓，取下曲轴箱盖。

(3)用扭矩扳手检查压缩机连杆螺栓是否松动，销钉是否有脱落。若有松动重新上紧，销钉脱落的更换新销钉。

(4)检查压缩机曲轴箱密封垫有无损坏，出现损坏应进行更换，然后装好压缩机曲轴箱上盖并上紧紧固螺栓。

十三、压缩机十字头间隙检测/调整

(一)压缩机十字头间隙检测

(1)准备工具(表 4－2－7)。

表 4－2－7　准备工具

工具名称	规　格	数　量
梅花扳手	3/4in	1 把
间隙规	100mm	1 把

(2)用扳手将曲轴箱上盖及压缩机中体侧盖紧固螺栓松开，卸下曲轴箱上盖及压缩机中体侧盖。

(3)用盘车器盘车使十字头运动到合适的位置。

(4)用塞尺插入十字头与滑道之间，测出十字头在整个滑道上各位置的间隙，上部 0.30～0.35mm，下部 0mm。

(5)若上部间隙不满足要求，同时要测量活塞杆的跳动量。根据所测得的各项数据，在十字头的上下滑板间加减垫片来调整十字头的间隙，确保十字头在滑道上的对准位置及间隙合适。

（二）压机十字头间隙调整

（1）准备工具（表4－2－8）。

表4－2－8　准备工具

工具名称	规　格	数　量
梅花扳手	3/4in	1把
倒链	1t	1个
活动扳手	12in	1把
间隙规	100mm	1把
扭矩套筒扳手	32mm，36mm	各1把
平口螺丝刀	150mm	1把
百分表	0.01mm	1块
盘车器	专用	1个
活塞杆锁紧螺母专用扳手	专用	1把
活塞旋转专用工具	专用	1个
缸头卡具	专用	1个

（2）固定缸头卡具并挂好倒链，用扳手拆下气缸冷却液管线活接头，并用扳手将气缸端盖的固定螺栓卸下，取出气缸端盖。将十字头盘车至合适的位置，用木条垫起连杆的十字头销端，使连杆的重量不压在十字头销上，便于拆下十字头销。并在十字头与机体延伸部分之间用木质垫块支撑十字头两侧，防止转动活塞杆时十字头或连杆发生扭转，再将旋转活塞的专用工具装好。

（3）用扳手松开活塞杆的锁紧螺母，以及活塞杆与十字头连接的防转销钉，并取出。

（4）用标记笔在气缸壁上做好标记，逆时针转动活塞，将活塞杆从十字头中拧下后再将活塞杆的锁紧螺母取下抽出活塞到合适的位置，套上活塞杆丝扣护套防止刮油环划伤丝扣。

（5）撬平十字头销端盖螺栓头下的锁片，用扳手将固定十字头销端盖的螺栓卸下，并卸下端盖。

（6）将十字头销从连杆中取出，盘车将连杆从十字头中取下。在十字头上作好标记，转动十字头使十字头置于滑道侧部位置，并小心取出十字头。

（7）卸开十字头导板，根据测量的十字头间隙及活塞杆的跳动量等参数，适当地在导板间加减垫片，调整间隙。

（8）按拆卸十字头组件的相反顺序进行安装，再测量十字头的间隙，并确保活塞杆的跳动量符合要求，同时对气缸与活塞的内外死点间隙进行检查调试，否则重新按上述程序进行调整，直到间隙合适为止。

第三节　压缩机组二级保养（4000h）

压缩机组进行二级保养时，应对下列零部件进行检查，视磨损情况进行修复或更换：刮油环、填料密封环、阻流环、节流环、拉伸弹簧及各密封环、垫片等；气阀阀片、阀簧、缓冲片及阀座、阀盖密封面及垫片；活塞环、支承环、弹力环及活塞体上挡块连接紧固情况；连杆轴瓦、轴套、十字头滑履、滑道。

一、包含一级保养项目

按一级保养要求进行保养。

二、压缩机气缸缸径的磨损及活塞环槽的磨损检查

(1)准备工具(表4－3－1)。

表4－3－1　准备工具

工具名称	规　格	数　量
套筒扳手	32mm，36mm	各1把
活动扳手	15in，3/4in，13/8in	各1把
间隙规	100mm	1把
倒链	1t	1个
活塞杆锁紧螺母专用扳手	专用	1把
活塞旋转专用工具	专用	1个
缸头卡具	专用	1个
盘车器	专用	1个
内径千分尺	50～600mm	1把

(2)按照一级保养抽出活塞的步骤将活塞及连杆从气缸中取出。

(3)用内径千分尺由里向外(从靠近曲轴端)，分别测量气缸内部、中部、外部的水平、垂直方向上的气缸内径并记录，检查气缸内径是否失圆。用间隙规测量活塞环与环槽侧隙在0.15～0.20mm。超出该范围要检查活塞环及环槽的磨损，更换新的活塞环或活塞。

三、压缩机曲轴箱机油更换

(1)定期对压缩机曲轴箱内润滑油使用情况进行取样化验(与发动机取样方法相同)，根据油样化验结果，更换不合格的润滑油。

(2)准备工具(表4－3－2)。

表4－3－2　准备工具

工具名称	规　格	数　量
梅花扳手	3/4in	1把
活动扳手	8in	1把

(3)用扳手卸下曲轴箱上盖螺栓，取下曲轴箱盖(图4－3－1)。

(4)打开曲轴箱最下端放油管线的放油阀，将曲轴箱的旧机油放到事先准备好的油桶中。

图4-3-1　压缩机上盖

(5)放完曲轴箱的旧机油后，用事先准备好的清洗液和干净的抹布将曲轴箱内壁及零部件擦洗干净，同时用清洗液清洗压缩机呼吸阀，并将各部件晾干。

(6)检查压缩机曲轴箱密封垫有无损坏，出现损坏应进行更换，然后装好压缩机曲轴箱上盖并上紧紧固螺栓。

(7)将所需型号的新机油加注到压缩机曲轴箱中至合适的液位。

(8)更换压缩机机油同时清洗机油滤芯。

四、压缩机主轴承间隙检查/调整

(一)准备工具(表4-3-3)。

表4-3-3　准备工具

工具名称	规　格	数　量
梅花扳手	3/4in，3/8in，1/8in	各1把
间隙规	100mm	1把
套筒扳手	32mm	1把
紫铜棒	300mm	1把

(二)压缩机主轴承间隙检查

(1)用扳手卸下曲轴箱上盖螺栓，取下曲轴箱上盖。

(2)用间隙规从图4-3-2中A处插入，测出压缩机主轴承间隙，标准间隙为0.18～0.23mm，不在此范围内需进行间隙调整。

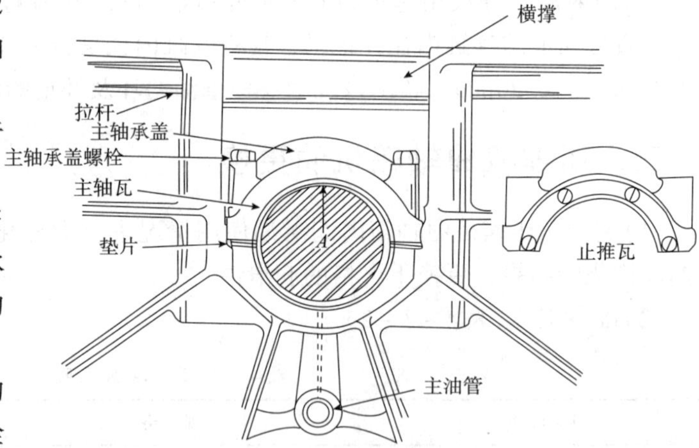

图4-3-2　压缩机主轴承间隙检测

(三)压缩机主轴承间隙调整

(1)从壳体内拉出主轴承横拉杆，带出装在轴承上部的横撑。

(2)断开主轴承盖顶部的油路，用扳手将主轴承盖螺栓卸下，取出轴承盖与轴承的上半部分(若轴承盖被粘住，则可除去轴承盖顶部螺纹油孔内的零件，拧入3/8in螺栓，撑开轴承盖)。

(3)根据上面主轴承间隙检测的结果，确定调整主轴承垫片的厚度。按照需要剥去一组新垫片组合层，得到所需厚度(主轴承两边的垫片厚度相同)。垫片剥好后，修整铅垫片，使其厚度与垫片叠层部分厚度相同（图4－3－3）。

注意：修整铅垫片时，不要朝传动轴端斜削，否则会造成通过铅垫片的油渗漏。

（4）在轴承剖分线处轴的两侧，用间隙规测量轴与轴承之间的间隙，两边的间隙应大致相同。

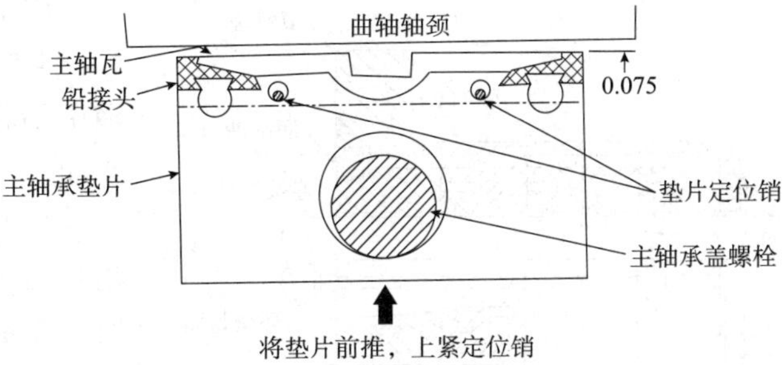

图4－3－3　主轴承间隙调整垫片

（5）在装上部轴瓦时，在主轴承支撑座上放一垫片，用暗销固定在底部轴瓦端部（装置垫片时，硬的一面向下，以确保接头片至轴的间隙适中）。

（6）锉平接头片，使支撑面缩后，齐平到0.08mm，将垫片向上推到定位销所允许的位置。锉接头片时，仔细保持端面与垫片呈直角，并平行于轴。

（7）拆掉垫片，用上部轴瓦端部的暗销对其进行检验，当垫片向前推进时，从支撑面缩后一点齐平到0.08mm。

（8）按步骤（5）～（7）准备另一垫片。

（9）将两垫片置于主轴承支撑座上，将垫片向轴推进。在轴承与传动轴之间无暗销的一侧，放入间隙规，充分润滑传动轴。

（10）装置顶部轴瓦和轴承盖就位。安装主轴承盖螺栓，向下拧紧而后倒回1/4周。

（11）用1/8in的内六角扳手，插入每边的垫片后面，尽可能朝轴的方向推压。

（12）取出间隙规，按标准扭矩值上紧轴承盖上的螺栓。

（13）再用间隙规测出压缩机主轴承间隙，确保主轴承间隙在0.18～0.23mm。不在此范围继续按上述步骤进行调整，直到间隙合适为止。

（14）检查曲轴箱上盖密封垫的完好情况，装好压缩机曲轴箱上盖并上紧紧固螺栓。

五、压缩机填料检查/清洗

（1）准备工具（表4－3－4）。

表4－3－4　准备工具

工具名称	规　格	数　量
活动扳手	8in，12in	各1把
梅花扳手	3/4in	1把

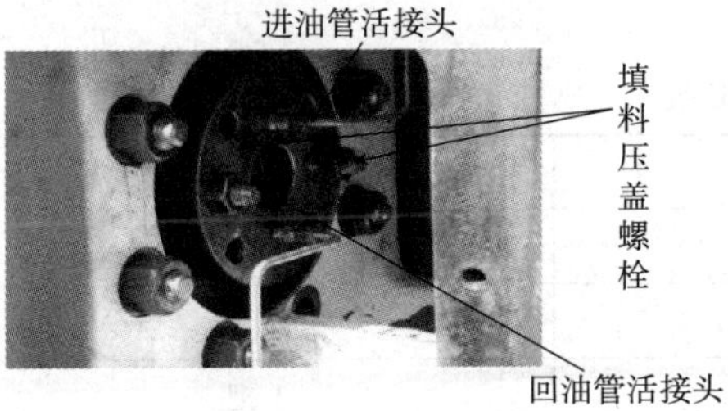

图4－3－4　填料压盖

（2）用扳手将压缩机中体两侧边盖螺栓拧开，卸下两侧边盖。

（3）用扳手将填料盒的进回油管活接头卸下，取出进回油管（图4－3－4）。

（4）用扳手卸下填料压盖法兰螺母，取出填料盒，再卸下填料盒连接螺栓。

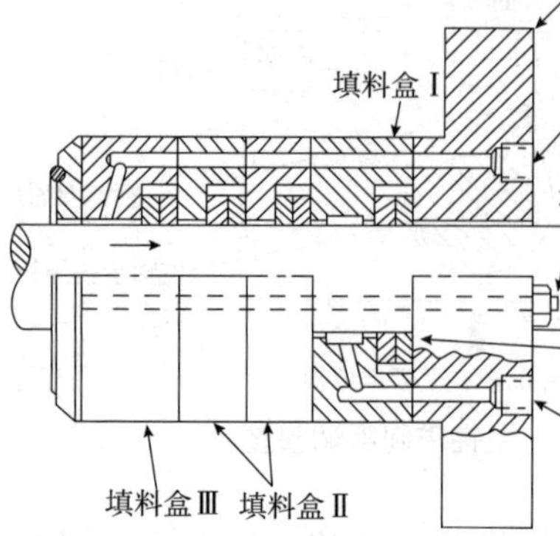

图4-3-5　填料密封剖视图

(5)将填料盒内的四层填料密封环(图4-3-5)依次取出，放到事先准备好的清洗液中清洗干净，并将填料盒及活塞杆清洗干净。

(6)检查填料密封环，若出现磨损、环瓣在活塞杆上无开口间隙或弹簧弹力不足时，需更换新的填料密封环或弹簧。

(7)按拆卸的相反顺序将填料密封环装入填料室中并加入适当的润滑油，非金属密封环在靠近气缸压力侧，且将有标记的对准压力面，金属支撑环在外侧。

(8)最后再装上双向密封环，装好后用力均匀对称上紧填料盒连接螺栓。

(9)将装配好的填料盒送入填料室中，均匀对称紧固填料压盖两侧的螺母。

(10)送气试漏，若发生泄漏按上述步骤拆开检查，再安装紧固好。

(11)直至试漏合格后，将压缩机中体两侧边盖装上，紧固好螺栓。

六、压缩机活塞杆跳动量检查

(1)准备工具(表4-3-5)。

表4-3-5　准备工具

工具名称	规　格	数　量
梅花扳手	3/4in	1把
百分表	0.01mm	1块

(2)在停机状态下，用扳手卸下压缩机中体侧盖螺栓，取下侧盖(注意检查密封垫的完好情况)。

(3)将准备好的百分表安装好，用盘车器进行盘车。

(4)测出活塞杆在水平方向及垂直方向上的跳动量，并做好记录。

(5)当活塞杆的跳动量大于0.08mm时，需要对其跳动量进行调整。

(6)调整合格后装好压缩机中体侧盖，上紧紧固螺栓。

七、压缩机机身与十字头水平检查/调整

(一)准备工具(表4-3-6)。

表4-3-6　准备工具

工具名称	规　格	数　量
套筒扳手	32mm，36mm	各1把
活动扳手	15in，3/4in，1⅜in	各1把
水平仪	0.02mm	1把

续表

工具名称	规 格	数 量
倒链	1t	1个
活塞杆锁紧螺母专用扳手	专用	1把
活塞旋转专用工具	专用	1个
缸头卡具	专用	1个
盘车器	专用	1个

(二)压缩机机身与十字头水平检查

在停机状态下，卸下压缩机中体侧盖螺栓，取下侧盖，同时拆卸压缩机气缸端盖。

(1)将水平仪分别放在十字头滑道与压缩机气缸缸套中，测量出水平度。

(2)水平度要小于0.05mm/m，否则要进行调整。

(三)压缩机机身与十字头水平调整

(1)根据测量结果，用扳手调节气缸地脚螺栓。

(2)再按上述方法重新检查，复测调整，直到水平度满足要求为止。

(3)按各零部件拆卸的相反顺序上紧各零部件的紧固螺栓，并送气检查气阀盖及气缸端头密封处有无泄漏，出现泄漏重新检查、紧固。

第四节 压缩机组大修

大修期间应对下列零部件进行检查，视磨损情况进行修复或更换：检查曲轴主要几何精度、尺寸和磨损情况及有无裂纹；检查十字头销及衬套的磨损情况；检查活塞杆与活塞螺母连接紧固情况、活塞环槽的磨损情况；检查气缸镜面磨损情况；检查所有易损件(活塞环、支承环、填料密封环、气阀)、连杆螺栓、十字头液压连接紧固装置中的承压胶圈、主轴瓦、连杆大头瓦、小头套；全面检查驱动机及其他附属设备。大修后，应对压缩机进行性能测试试验。

一、压缩机的现场拆卸和原始数据的检测

(一)压缩机拆卸前的现场准备

压缩机停止运转后，待机组温度降下来，放出压缩机曲轴箱和机油冷却器内的润滑油，放出空冷器和压缩机内的防冻液，放空压缩机内的气体，确保压缩机组处于停机安全状态。

(二)进排气系统的拆卸

进排气系统主要包括进气缓冲罐、进排气阀、排气缓冲罐等，其中排气缓冲罐大修时如不进行压缩机气缸调整则不需要拆卸。

(三)气缸内外端止点间隙的测量

见一级保养气缸内外端止点间隙的测量。

(四)气缸端盖的拆卸

见一级保养活塞底部间隙检查调整。

(五)活塞底部间隙的检测

见一级保养活塞底部间隙检查调整。

(六)活塞杆跳动量的检测

见二级保养活塞杆跳动量的检测。

(七)十字头导向板与导轨的间隙的测量

见一级保养十字头导向板与导轨的间隙的测量。

(八)活塞组件的拆卸

(1)活塞的拆卸。见一级保养活塞底部间隙检查/调整。

(2)活塞杆盘根盒的拆卸。见二级保养压缩机填料检查/清洗。

(3)活塞杆刮油环的拆卸。见二级保养压缩机填料检查/清洗。

(九)气缸的检测

见二级保养压缩机气缸缸径的磨损，以及活塞环槽的磨损检查。

(十)连杆的拆卸

(1)卸松曲轴箱盖板连接螺栓，移走曲轴箱盖板，露出连杆。

(2)撬开十字头销螺栓锁片，固定十字头销轴禁止转动，卸松十字头销轴定位板螺栓，取下十字头销定位板。

(3)用吊装工具使连杆保持在合适的位置，使十字头销不再承受杆的重量，取出十字头销轴。

(4)拆下连杆锁紧螺栓的开口销，拧开连杆螺栓螺母，拆下连杆轴承盖。盘车转动曲轴到合适的位置，使其不影响杆的拆卸。

(5)从壳体顶部吊出连杆，保护十字头导轨与曲轴，使其光洁表面不受损。连杆取出后和连杆轴承盖连接在一起存放，并做好标记。

(十一)主轴承间隙的测量

见二级保养压缩机主轴承间隙检查/调整。

(十二)曲轴总侧隙的测量

(1)卸开压缩机与发动机的连接螺栓，取下连接钢片，用绳子捆扎在一起存放。

(2)用撬棒移动曲轴到另一方向后，用塞尺测量主轴承盖的止推闸瓦与曲臂间的间隙，塞尺插入20mm，塞尺的厚度就是曲轴的总侧隙。

(3)曲轴总侧隙也可用百分表测量。把百分表安装在压缩机壳体上，测量杆垂直对准油泵端曲轴的端面，撬动曲轴到一个方向，把百分表的指针调零，然后撬动曲轴向相反的方向移动，百分表的读数就是曲轴的总侧隙。

(十三)压缩机曲轴的拆卸

(1)卸松曲轴箱壳体横拉杆的紧固螺母，取下定位块，做好标记存放。

(2)撬开螺栓锁片，卸松轴承盖紧固螺栓。

(3)在轴承盖上拧入螺栓，小心地提起轴承盖和轴承的上半部分。

(4)卸松曲轴油封的压盖紧固螺栓。

(5)用吊车把曲轴吊离曲轴箱，并放在曲轴支座上运回维修工房。

(十四)十字头拆卸

(1)移动十字头到靠近曲轴箱的一侧，把十字头从曲轴箱取出，做好标记存放。

(2)十字头也可从曲轴箱壳体侧部观察孔取出。

①转动十字头90°，使十字头置于导轨侧部位置，既不能损坏导轨表面，也不能损坏十字头导向板。

②水平通过曲轴箱壳体侧部观察口取出十字头，在此过程中要保持十字头支撑良好，在十字头上做好标记，以便于重新装回原位。

(十五)注油器的拆卸

注油器安装在主油泵的外端，是通过主油泵的齿轮轴驱动。

(1)断开注油器与注油管道的连接。

(2)卸松注油器油箱与主油泵壳体的连接螺栓，把注油器和油箱一同取下。

(十六)主油泵的拆卸

主油泵安装在曲轴箱内，由曲轴传动销和联轴节驱动。除非怀疑主油泵已损坏，否则不得拆卸。

(1)拆除油泵大端盖上的排油管线和预润滑油泵管线。

(2)先拧下螺栓B(图4-4-1)，然后小心地从机体内拉出主油泵总成。

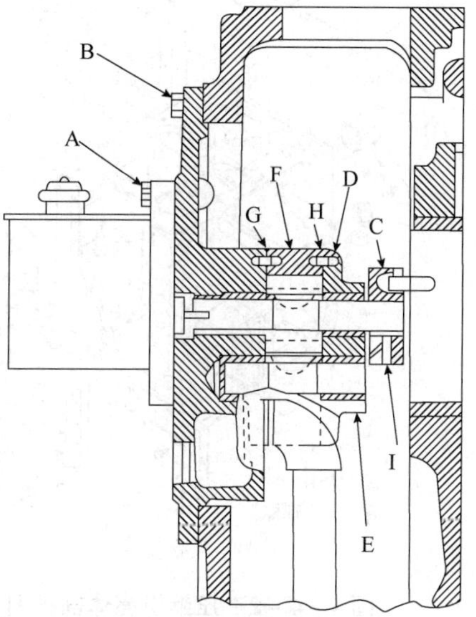

图4-4-1　主油泵剖视图

A—螺栓；B—螺栓；C—联轴节；D—螺栓；E—泵盖；F—泵体；G—垫片；H—定位销；I—螺钉

二、大修零部件的检修

(一)壳体的检修

压缩机壳体由高强度铸铁制成，用于安装曲轴、主油泵以及提供十字头滑道。

壳体上布置有加强筋，各主轴承上部开口装有横撑，机体强度和刚度大大增加，能保证运动部件在拉压应力的作用下保持良好的对中。

壳体主轴承下部、沿垂直方向钻有油孔，与主油管沟通；机体前端盖设一油封，防止润滑油顺着曲轴向外窜油；壳体各伸出端均装有侧盖，便于装配、拆卸、调整十字头。

壳体内的油池，用以贮存润滑运动部件的润滑油。

观察窗要有足够的尺寸，以便日常维护保养、观察、维修压缩机内部。壳体结构如图4-4-2所示。

1. 壳体变形的检修

壳体的上平面变形后，造成上平面与曲轴箱盖板密封不严漏油。

(1)把刀口尺放在壳体的上平面，可通过对光检测平面是否有变形。

(2)变形较小时可利用研磨膏研磨。变形量不大时，可用铲削的方法修平。

2. 壳体裂纹的检修

(1)直接观察壳体表面是否有裂纹。

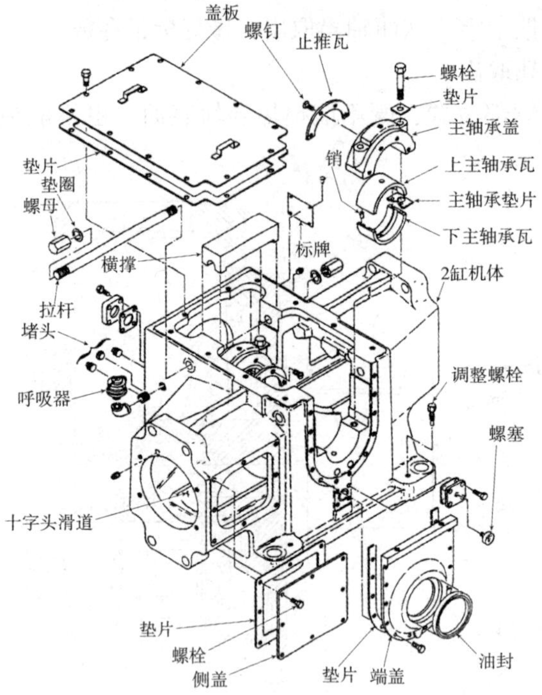

图 4－4－2　压缩机壳体剖视图

(2)如果压缩机壳体有裂纹应更换新件，当裂纹较短较浅时可采用焊接的方式修复。

3. 壳体主轴承座孔的同轴度检修

(1)壳体的主轴承座孔在没安装主轴承的情况下，用规定力矩上好，用心轴和同轴度检测仪配合使用，检测轴承座孔的同轴度。

(2)如果超差，可采用镗孔的方式加工轴承座使之达到要求。

(3)同轴度误差的检测也可用径向圆跳动检测来代替，把最大径向圆跳动数值作为同轴度误差使用。

(二)曲轴的检修

曲轴总成是压缩机的主要运动件，包括曲轴、甩油环、键等。曲轴由铬钼合金全纤维闭模锻造而成，主轴颈和连杆轴颈为实心结构，斜油孔将主轴颈与相邻连杆轴颈贯通。润滑油通过斜油孔从主轴承流向连杆轴承。油孔内部必须保持清洁、无任何杂质。曲轴轴颈表面是压缩机的主要摩擦面之一，不允许存在拉伤、裂纹和锈痕。在压缩机大修期间，必须对曲轴进行裂纹、磨损和油道情况检查。

1. 曲轴联轴器的拆卸

(1)把曲轴安装在拆卸台上，缓慢操作千斤顶，把曲轴和联轴器分开。

(2)把平键从曲轴上取下。

2. 曲轴油封的拆卸

(1)从曲轴上把曲轴箱前盖板和油封一起取下，把油封从曲轴箱前盖板上取下。

(2)用清洗剂处理曲轴与油封结合处，不允许存在拉伤、裂纹和锈蚀。

3. 曲轴的裂纹检测

通常采用气雾剂探伤的方法。气雾剂探伤是利用毛细现象进行探伤的方法。

(1)清洗处理。把曲轴表面的灰尘、油污清洗干净，烘干或晾干。

(2)渗透处理。向清洗后的曲轴表面喷射渗透气雾剂，一般情况下保持 10～30min。也可将零件预先加热 40～50℃，然后进行渗透处理，这样可提高其渗透效果。操作时，气雾剂喷孔距曲轴表面 20～30cm 为宜。

(3)除去表面渗透剂。用清洗气雾剂喷射曲轴表面，去掉渗透剂，并用干净布擦净曲轴表面。

(4)显像处理。曲轴经过上述处理后，将显像气雾剂均匀地喷射在曲轴表面，经过 10～20min 作用后，检查曲轴表面白色的显像剂上是否有红色的缺陷图像。

4. 平键的检测

检查平键是否有剪切变形，如果有剪切变形应更换新件。

5. 曲轴轴颈磨损量的检测

(1)用外径千分尺检测曲轴轴颈的磨损。每个轴颈都要选取两个截面，分别在距离轴颈两边根部1/4处测量，每个截面取与曲柄垂直和平行两个方向测量。测量每个轴颈的圆度、圆柱度误差。轴颈同一测量截面的直径差值的一半就是该位置的圆度误差，同一轴颈两个测量截面的直径差值的一半就是该轴颈的圆柱度误差。

(2)曲轴轴颈磨损超差应更换新件。如果曲轴有配套的修理级别的轴承，可以用曲轴磨床对轴颈进行加工。曲轴的磨削，除了轴颈表面尺寸的精度和表面粗糙度符合要求外，还要求达到形位公差的要求。磨削曲轴时必须保证主轴颈和连杆轴颈的同轴度和平行度，限制曲柄半径误差并保证连杆轴颈相互位置夹角的精度。

(3)修磨后的曲轴轴颈硬度不低于HRC40，粗糙度为 $Ra = 0.25\mu m$，组装后的曲轴总成做动平衡试验，动平衡值不大于100g·cm。

(三)连杆的检修

1. 连杆裂纹检测

连杆的裂纹检测与曲轴的裂纹检测相同，都是采用气雾剂探伤，方法和步骤相同这里就不再重复。

2. 连杆弯曲和扭曲的检测(图4-4-3)

(1)连杆弯曲变形的检测是在连杆检验器上进行。按要求把连杆和连杆轴承盖紧固连接在一起，在轴承孔内插入心轴安装在V形块上，百分表测量杆垂直于连杆小头心轴的最高点，百分表调零后固定百分表的位置，移至心轴另一端对称位置，百分表的值就是连杆的弯曲量，不大于0.05mm为合格。

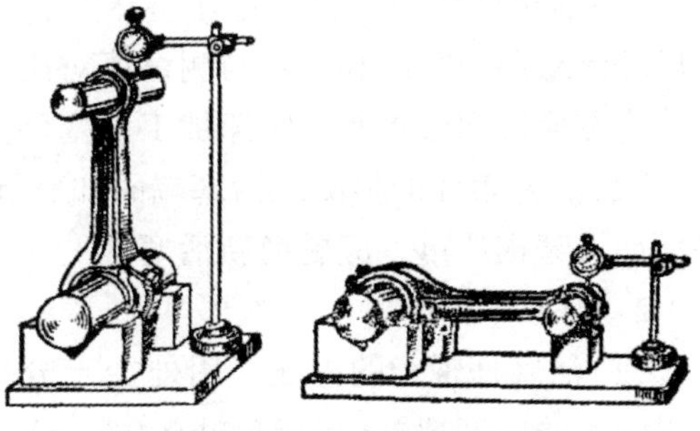

图4-4-3　连杆检测

(2)连杆扭曲变形的检测是在检验器上进行的。检测方法同连杆弯曲的检测相同，不大于0.05mm为合格。

(3)连杆弯曲、扭曲的校正。经检测连杆有弯曲、扭曲时，应记住弯曲、扭曲的方向。一般是先校正扭曲，后校正弯曲。校正时，利用连杆校正器进行校正。用液压装置给连杆施加压力，使连杆向弯曲的反方向变形，并使连杆变形量为检测弯曲量的几倍到几十倍，并停留一定时间，再卸去载荷进行检测。对于变形较大的连杆，应分次校正，校正后应进行时效处理。

3. 连杆螺栓的检测

(1)检查螺栓表面有无肉眼可见缺陷，不允许有碰伤、拉毛、变形、裂纹、螺纹损坏和配合松动等缺陷。

(2)裂纹检验。采用放大镜、着色探伤或磁粉探伤等方法检查螺栓的各圆角、螺纹之间的过渡处有无裂纹。

(3)测量螺栓长度。测量螺栓长度以发现螺栓的永久变形。

(四)十字头的检修

1. 十字头裂纹的检测

使用气雾剂探伤。对导向板、十字头销、十字头本体进行检测。

2. 十字头导向板的检测

(1)把导向板安装在十字头上，用千分尺测量导向板的直径，结合水平仪检测导向板磨损情况。

(2)如果磨损不均匀，应用刮、研的方法使导向板的四个角的尺寸相同或更换新件。如果磨损均匀，且导向板的工作面距固定螺栓相差3mm，就可继续使用。

3. 导向板的更换

把新导向板和垫片通过螺栓安装在十字头体上，装上油管，上紧连接螺栓。

4. 十字头销轴的检测

销轴的圆度和圆柱度应不大于0.01mm，如果超差，应更换新件或用镀铬的方法满足销轴的尺寸和形位公差及表面粗糙度的要求。

5. 十字头销轴定位盖板紧固螺栓的检测

检查螺栓的螺纹是否损伤，如有损伤更换新件。

(五)活塞组件的检修

1. 活塞的检修

(1)活塞环槽的检修。用游标卡尺测量活塞环槽的深度和宽度，每隔45°测量一次；用标准活塞环的宽度和厚度与测量值对比，如果活塞的底部间隙和活塞环的侧隙达不到要求，应更换活塞或重新用车床加工活塞环槽，并选用配套的加大活塞环。

(2)活塞表面的检测。活塞端面如有异物或不平整，应剔除异物，修整端面。活塞的底面如果磨损严重，应更换新活塞。

2. 活塞杆的检测

(1)活塞杆轴径的检测。用外径千分尺测量活塞杆与刮油环和填料环接触处的轴径。如果轴颈的圆度超差(不能超过0.97mm)，可以用多孔镀铬的方法修复或更换新件。活塞杆的丝扣应完好无损，如有损伤应更换新活塞杆。

(2)活塞杆螺纹的检查。检查活塞杆螺纹是否损伤，如有损伤更换新件。

3. 填料盒的检修

主要检查它与气缸的密封台阶是否有损伤，如有损伤应更换新件或在密封台阶内添加密封垫。

(六)气缸的检修

根据现场拆卸时气缸的检测数据，如果圆度或圆柱度大于0.5mm，应更换新气缸或堆焊后重新镗缸。

(七)注油系统的检修

1. 注油器的检修

(1)把注油器安装在试验台上，在注油器的出口装有单向阀，单向阀在0.3MPa压力时打开，用手操作注油器如果单向阀不能打开，应更换新件。

(2)注油器在现场检测时，卸开单向阀的出口，用手操作注油器如果单向阀不能打开，应更换新件。

2. 单向阀的检测

(1)分解单向阀，取出弹簧和球体。

(2)在弹簧检验器上检测弹簧弹力，弹性下降应更换弹簧。

(3)检查球体与阀座的密封性，如果密封不严应更换新件或在单向阀球体和阀座之间用研磨砂进行研磨。

(八)润滑系统的检修

1. 主油泵的检修

主油泵正常运行时压力在 0.35 ~ 0.46MPa，低于 0.28MPa 进行更换。

2. 手动预润滑油泵的检修(在现场检修)

手动预润滑油泵用于预润滑轴承表面，并在启动前为润滑系统建立一个较低的油压。手动泵结构如图 4 -4 -4 所示。

预润滑油泵的检修步骤如下：

①检查定位销是否磨损，如需要则更换新件。

②检查油封是否损坏，如漏油则更换新件。

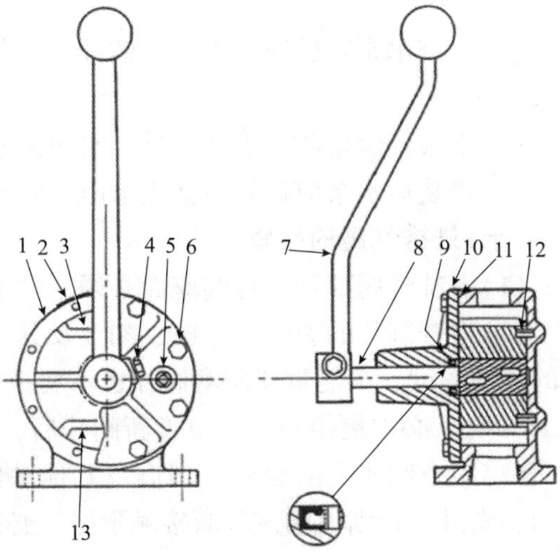

图 4 -4 -4　手动泵结构示意图

1—泵体；2—铭牌；3—排放板；4—螺钉；5—丝堵；6—螺栓；7—手柄；8—轴；9—油封；10—泵盖；11—垫圈；12—销；13—吸入板

(九)冷却系统的检修

1. 机油冷却器(油冷器)的检修(现场检修)

油冷器是一种管壳型热交换器，壳内走油，管子里走水。润滑油的温度通过调节油冷器的水流量来控制。

2. 油冷器的检查

(1)油冷器装有锌板，检查锌板腐蚀或氧化物沉淀，擦净表面，若其腐蚀面积超过一半，则需更换。

(2)仔细检查管道有无锈皮或污垢，需要的话清洗内部结构，检查腐蚀和磨损情况。

(3)进行密封试验，水系统在 490kPa($5kgf/cm^2$)、油系统在 784kPa($8kgf/cm^2$)压力下，5min 内无油水串通现象。

(4)如有管路破损，可对破损管路两端进行焊堵，但因破损后焊堵和堵塞且无法疏通的管束数不能超过总管束的 10%。

3. 水泵皮带的检修

应检查皮带是否有断裂，如果有断裂现象应予以更换，安装时风扇皮带应保持一定的张紧力，调整时在皮带中间用手压皮带施加 110N 的力，其挠度一般为 30 ~ 35mm。

4. 皮带轮的检修

(1)皮带轮应无裂纹，有损坏时应更换皮带轮，安装时应按要求进行调整使主动轮与从动轮和张紧轮对中。

(2)皮带轮应转动灵活无卡阻，可用监听棒听转动的声音，如有异常应更换轴承。

5. 水泵的检修(现场检修)

水泵正常情况下不拆卸，只做一般的清洁润滑保养。如果确认水泵损坏，应拆卸检修。

(1)检查水泵叶轮应无破裂、锈蚀，叶轮经修理后做静平衡试验，不平衡量在外圆上不大于0.5g。

(2)水泵轴承松旷应更换新件，水封漏水时更换水泵水封。

(3)组装后水泵应运转灵活无卡阻，叶轮与泵盖间隙0.13～0.5mm。

(十)进排气阀的检修

(1)清洗气阀部件，对阀座面必须用软毛刷清洁。

(2)检查阀片的裂纹、弯曲、刻痕及其他明显的缺陷或泄漏通道。检查阀片上座面接触的均匀程度，不能重新研磨阀片也不要把阀片翻过来使用。当阀片的磨损厚度超过片厚的10%时，必须更换阀片；更换新阀片后，也必须更换阀座或磨光阀座得到一个新座面。

(3)检查阀座上的裂纹、划痕及其他缺陷或泄漏通路。阀座上阀片座的区域应明亮、均匀、光滑，否则说明该区域接触不好，必须上磨床加工或更换。

(4)阀座磨削加工前应测量其尺寸与阀座加工极限尺寸相对比，以确定加工余量。

(5)检查缓冲板，除非缓冲板在阀片及弹簧接触的地方过度磨损或折断，否则缓冲板可以重复使用。

(6)检查弹簧的损坏及磨损并与新弹簧长度相比检查每个弹簧的缺陷。重新磨光阀座或更换阀座或更换阀片时，必须更换新弹簧时应全部更换。

(7)检查阀门保护板的损坏，一般不需要修理，当发现损坏时也可按要求进行磨削加工。

(十一)曲轴箱呼吸器的检修

呼吸器安装在机体上方。呼吸器的作用是保持机体内腔与大气相通，防止机体内腔压力过高影响正常工作。为了防止灰尘、污物落入曲轴箱内，呼吸器内装有滤芯，滤芯一般只需清洗干净即可，不用更换。呼吸器也可作为机体加油口，加油时应将滤芯取出，然后放上清洁的专做滤油用的滤网，再加注润滑油。

三、零部件轴承的更换和配合间隙的检测

(一)十字头销轴轴承的更换和配合间隙的检测

1. 十字头销轴轴承的更换

(1)把十字头放到压力机上，用芯冲把旧轴承压出。

(2)清洗十字头上的孔，并换上新衬套。把轴承放入容器中，倒入液氮，当液氮不再翻滚时，取出轴承，放入十字头销轴承座孔内。

在每个十字头衬套中有一个小孔，该孔必须与十字头中注油孔对准，以确保十字头瓦的良好润滑。

(3)装衬套时，不允许衬套受热。衬套的边缘应与十字头端面平齐。

2. 销轴与十字头销轴承间隙的检测

(1)用内径百分表测量销轴轴承的内径，左右晃动百分表最小的读数就是轴承的内径，每个轴承都要测量水平和垂直两个方向的值。

(2)用外径千分尺检测十字头销轴与轴承对应接触处的外径，在水平、垂直两个方向测量。

(3)根据销轴和轴承的测量尺寸计算销轴与轴承的配合间隙。

(二)连杆轴承的更换和配合间隙的检测

1. 连杆小头轴承的更换

(1)把连杆放到压力机上，用芯冲把连杆小头旧轴承压出。

(2)连杆小头的轴承是精密轴承，不需要任何加工，它的安装和十字头销轴轴承的安装相同，注意油孔应与连杆油道对准。

2. 连杆小头轴承间隙的检测

(1)用外径千分尺测量十字头销轴与连杆小头接触处的轴径，在水平和垂直两个方向测量。

(2)用内径千分尺测量连杆小头轴承的内径，在水平和垂直两个方向测量。

(3)根据销轴和轴承的测量尺寸，计算销轴与轴承的配合间隙。

3. 连杆大头轴承的更换

清洗连杆，保证轴瓦与轴之间无污物及外来的颗粒物质，将轴瓦的两部分分别装到连杆与连杆盖上，瓦背应与连杆紧密贴合，轴承由暗销定位，连杆轴承是精密轴承，不需要加工。可用着色法检查轴承的贴合情况，接触面积大于75%才能使用，否则应铲削轴承座。

4. 连杆轴承间隙的测量

(1)使用扳手把连杆螺拴上紧，扭矩为1648～1681N·m，或用游标卡尺测量螺栓伸长量为0.3～0.33mm。

(2)用内径千分尺测量连杆轴承的内径，在水平和垂直两个方向测量。

(3)用外径千分尺测量连杆轴承对应的曲轴连杆轴颈，在水平和垂直两个方向测量。

(三)曲轴轴承的更换和轴承内径的测量

1. 曲轴轴承内径的测量

(1)在轴承盖紧固螺栓头下装上锁紧垫片，按照542～569N·m的扭矩值，平稳拧紧螺栓。用内径百分表或内径千分尺，测出已安装轴承的内径。

(2)根据前面所测的曲轴主轴颈的尺寸，计算出主轴承内径与曲轴主轴颈的直径差，根据曲轴主轴承的标准间隙值计算出轴承间隙调整垫片的厚度。

四、零部件的现场安装和调整

(一)曲轴油封和联轴器的安装(在维修工房安装)

1. 曲轴油封的安装

清洗曲轴箱前端盖，将新油封压入端盖凹槽，注意让油封的密封唇方向向外。

2. 曲轴联轴器的安装

(1)在油封与曲轴接触处涂上油脂，把装好油封的曲轴箱前端盖装在曲轴上，把键安装在曲轴上。

(2)把曲轴放在联轴器安装台上，用液压千斤顶把曲轴压入联轴器。

（二）十字头的安装

十字头安装时导向板的垫片厚度与大修前相同，从曲轴箱内将十字头装入导轨内。

（三）曲轴的安装

1. 曲轴的吊装

（1）先把轴承清洗干净，按计算轴承间隙时轴承的位置装回轴承座和轴承盖上，把轴承垫片取出，放在一边备用。

（2）润滑轴瓦与曲轴，把曲轴平稳放入，坐在主轴瓦上。把调整垫片放在轴承座上，并靠近曲轴。

2. 主轴承间隙的调整

（1）根据装配轴承所需垫片的厚度，剥去组合层，得到所需厚度（主轴瓦间的垫片是一层层的），主轴承两边的垫片厚度相同。

（2）垫片剥好后，修整铅封头，使其与垫片的厚度相同。修整铅封头时，端面与垫片呈直角并平行于轴，铅封接头与曲轴间的间隙应在要求范围以内。

（3）一般情况下，装垫片时，硬的一面要向下，以保证接头垫片到轴的间隙适中，垫片由轴承销定位，将轴瓦装配进轴承盖。安装主轴承盖螺栓，按要求紧固。

（4）用塞尺测曲轴主轴瓦间隙和铅封头间隙，如果间隙不合适，可松开后继续调整。

3. 曲轴轴向间隙的调整

曲轴的轴向力由固定在两个主轴承盖表面的青铜闸瓦承受，曲轴总的端部间隙在指标范围内就可以不调整，若有必要调整，程序如下：

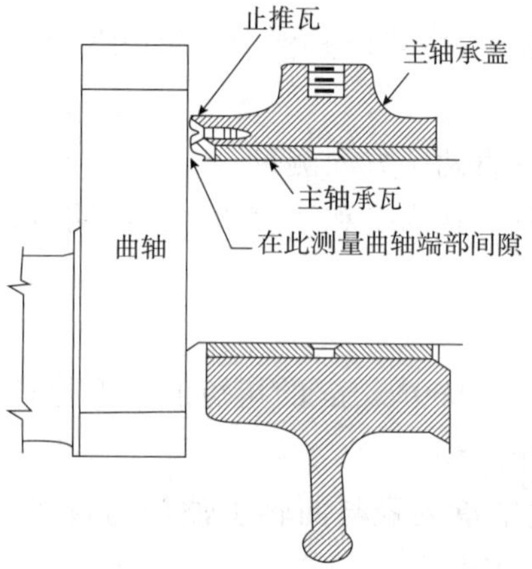

图4－4－5　轴向窜动测量

（1）紧固曲轴一端的主轴承，松开另一端的主轴承盖，用撬棒移动曲轴到另一方向后，用塞尺测量卸松的主轴承盖的止推瓦与曲臂间的间隙（图4－4－5），轻轻移动主轴承盖使总间隙到规定范围内后上紧轴承盖。

（2）紧固后再测量一次，如不合适再卸松调整。

（3）当曲轴的主轴承间隙和止推瓦的间隙调整合适后再上紧主轴承拉杆螺栓，最后再检查一次间隙，转动曲轴应灵活无卡阻。

（4）曲轴调整结束后，按拆卸时的标记把曲轴箱横拉杆和定位块安装在曲轴箱上，按规定力矩紧固横拉杆。

4. 检查压缩机曲轴的挠度

采用千分尺检查曲轴幅板之间的跨度（在曲轴幅板最外延部分测量），内径千分尺的尖端插入定点中心进行测量，记录千分尺读数，将曲轴分别转动到90°、180°、270°的位置记录下读数，各点误差不超过0.03mm。如果发现曲轴偏斜，可采用移动轴承座的办法加以纠正。

5. 曲轴油封甩油盘的安装

（1）撬动曲轴，使其靠向油泵端。

（2）用虫胶处理甩油环的结合面，防止油泄漏。

（3）把甩油环安装到曲轴上，用内六方给一预紧力。

（4）调整甩油盘（图4－4－6）至壳体的距离为23.8mm。均匀对称紧固曲轴箱的前端盖，转动曲轴，观察甩油环与U形端盖是否有摩擦，如有异响应重新复查。

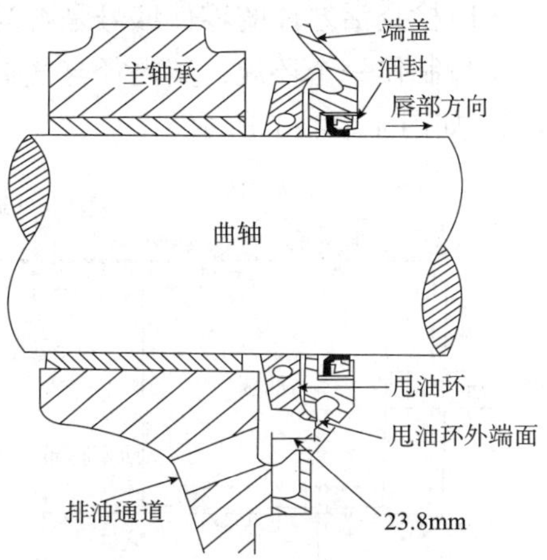

图4－4－6 甩油盘的安装

(四)连杆的安装

(1)在安装曲轴前，在连杆上穿入连杆螺栓从曲轴箱放入十字头导轨内，连杆小头放入十字头内。

(2)旋转曲轴至适当位置，在曲轴上抹上机油后将连杆盖组装到曲轴上，细心操作，以保证组装正确，防止零件受损。

(3)连杆安装时必须按配对标记装回原位，否则将引起机械事故。连杆盖和连杆体均标有相同的标记。

(4)平稳拧紧连杆螺栓的螺母，直到螺栓伸长到规定数值。螺栓伸长量可通过测量螺栓上紧前后的长度获得。

(5)嵌入并弄弯开口销，将每个螺母锁定在螺栓上。如果螺母拧到规定力矩时，螺母上的槽与螺栓上的孔错位，继续拧紧螺母，直到对正为止。

(6)用塞尺插入曲轴连杆轴颈和轴承之间检查连杆轴承与轴的间隙。

(7)把连杆吊起到合适的位置，连杆小头与十字头销轴孔对准时，装入十字头销轴。

(8)在十字头销的两端装上定位板，固定定位板的位置上紧紧固螺栓，并锁好锁片。

(9)重复上述步骤，安装另一侧的连杆轴承。

(10)将压缩机转动一周，观察连杆，看其在连杆轴颈上运转是否正确。

(五)活塞组件的安装

1. 活塞环的选配

一般说来，只要气缸的直径不超过其原来直径的4‰，可继续使用标准尺寸的活塞环。否则，应选择加大活塞环，但气缸必须是圆的，因为加大活塞环不能校正或补偿偏圆或锥形孔。

当活塞底部与气缸孔间隙减小到最小允许间隙(0.25mm)时，活塞环必须更换。活塞环选配步骤如下，间隙见表4－4－1。

表4－4－1 活塞环间隙 mm

气缸直径/in	活塞材料	环槽宽度(＋0.025)	*A*	*C*	*D*	开口间隙
10.5	铸铁	15.88	0.64～0.86	0.280～0.380	0.53～0.89	1.88～2.67
11.5	铸铁	15.88	0.64～0.86	0.280～0.380	0.60～0.94	2.06～2.90
13.0	铸铁	12.70	0.64～0.86	0.230～0.330	0.66～1.01	2.30～3.30
15.0	铸铝	15.82	0.64～0.86	0.180～0.280	1.04～1.42	2.67～3.80
17.5	铸铝	15.82	0.64～0.86	0.180～0.280	1.27～1.65	3.12～4.45
20.5	铸铝	15.82	0.64～0.86	0.180～0.280	1.45～1.83	3.66～5.20
23.0	铸铝	15.82	0.64～0.86	0.180～0.280	1.65～2.03	4.10～5.80
24.0	铸铝	12.70	1.37～1.55	0.076～0.152	2.03～2.38	11.2～13.2
26.5	铸铝	12.70	2.79～3.15	0.076～0.152	1.98～2.33	8.00～9.98

(1)检查活塞环的零件编号是否为所需的活塞环。

(2)制作一个环规，其内径与气缸孔直径相同，装入活塞环，测量并记录活塞环开口间隙，如图4-4-7所示。

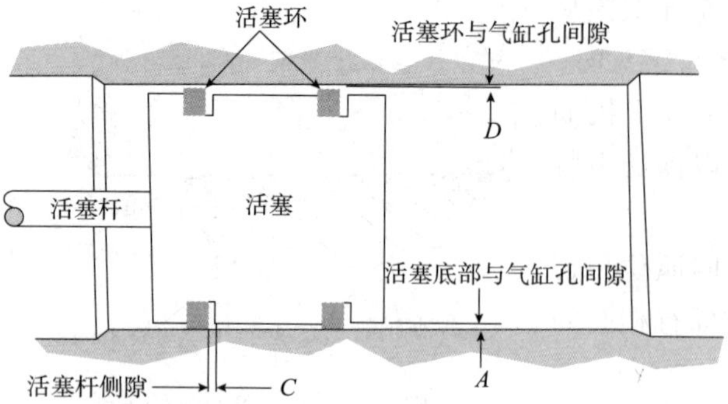

图4-4-7　活塞环各处间隙示意图

(3)测量环的径向厚度，记录该尺寸以便将来参考。

(4)检查活塞环槽是否清洁和光滑。

(5)把活塞推入气缸，直到最里端的环槽恰好位于气缸的外圆。

(6)把活塞环装入环槽内，测量活塞环侧隙(图4-4-7)。

(7)轻轻地抬起活塞把它推入气缸，直到活塞环进入缸孔内。

(8)测量活塞环与缸孔之间的间隙，重复(6)~(7)步直到选配好全部活塞环。

2. 活塞杆填料盒的安装

见二级保养压机填料的检查清洗。

3. 刮油环的安装

(1)卸松刮油环压盖的锁紧螺栓，移开压盖。

(2)清洗活塞杆，并在活塞杆上抹上润滑油。

(3)把弹簧安装在活塞杆上，把刮油环片安装在活塞杆和弹簧之间，刮油环环片上均有配对标记，装配时相邻环片必须相配，带有径向槽的应面对面安装。

(4)装入刮油环压盖，压盖上的回油孔应向下，均匀对称地紧固压紧螺栓。

(六)气缸端盖的安装

把气缸端盖吊装在合适的位置，抹上润滑油，推入气缸内。拆下吊装工具，把气缸端盖完全推入气缸，对角均匀上紧螺栓。

(七)气缸余隙和活塞杆跳动量的调整

见二级保养气缸余隙、活塞杆跳动量的调整。

(八)主油泵的安装

(1)把主油泵的联轴节对准曲轴的驱动销钉，将总成装在曲轴箱壳体上。

(2)均匀对称上紧油泵总成的连接螺栓。

(3)松开联轴节与油泵轴的固定螺钉，在联轴节和曲轴之间插入塞尺以保证联轴节的端部间隙，然后再上紧固定螺钉。

(九)注油器的安装

把注油器驱动轴装入主油泵主动轴孔内，对称紧固注油器油箱的固定螺栓。

(十)机油滤芯的安装

见一级保养机油滤芯的清洗更换。

(十一)进排气阀的安装

见一级保养进排气阀的检查更换。

(十二)曲轴联轴器的安装

(1)把联轴器的连接垫片装在压缩机的曲轴和发动机的飞轮之间，装入连接螺栓不用上紧。连接垫片如有破裂、变形应更换新件。

图 4-4-8　同轴度测量

(2)将百分表安装在发动机飞轮上，百分表的测量杆垂直对准压缩机曲轴联轴器，并将百分表调到零位。如图 4-4-8 所示。

(3)进行盘车，均布测出飞轮一周四个点的径向跳动，并用数值最大的减去数值最小的算出跳动量，跳动量要小于 0.14mm。

(4)若跳动量大于 0.14mm，则需进行调整。

(5)联轴节同轴度调整时，卸松联轴器的连接螺栓和发动机底座紧固螺栓，根据跳动量判断出在发动机底座加减垫片的位置和厚度，进行加减垫片。

(6)轴向检测方法与径向检测方法相同。

(7)上紧连接螺栓，按上述方法重新进行测量、进一步调整，直到满足要求为止。

(8)调整合格后，取下百分表及测量装置，装好弹性联轴节安全保护罩并上紧连接螺栓。

第五节　中原储气库压缩机组维护保养

一、压缩机组日常保养

(一)仪表控制系统

(1)检查自控设备工作环境状况、设备有无报错指示。

(2)查看各仪表供电是否正常、线缆有无松动。

(3)检查仪表风压力是否正常，压力应为 0.4～0.6MPa。

(4)查看机组振动、油压、温度等参数是否正常显示，就地显示参数与中控显示参数是否一致。

(5)查看机组各测点仪表表体(连接管路、线路)是否有松动、泄漏、损坏、腐蚀。

(二)压缩机组润滑系统

(1)检查机体油池油位，油位应在机体油位观察面中心线上下 5mm 位置或外部油位控制器观察面 1/2 处，不足应补加润滑油到规定位置。

(2)压缩机油压应在 0.35～0.42MPa 运行。

(3)检查油滤器进出口压力降，当压差为 0.055～0.070MPa 时，应清洗或更换油滤器元件。

(4)检查润滑系统管路是否存在泄漏点，发现泄漏及时整改。

(三)压缩机组注油系统

(1)检查注油器高架油箱油位，控制油位不低于 1/2 处。

(2)检查注油器油箱油位，控制油位在油箱玻璃管 1/2～2/3 处。

(3)检查注油泵，各泵的注油量应在规定的范围内(21～32 滴/分)。

(4)检查注油系统各紧固件应紧固无松动。

(5)检查注油器无流量控保装置显示应正常。

(四)压缩机组冷却系统

(1)检查膨胀水箱液位应在1/3~2/3处。

(2)检查空冷器气路管束、水路应无泄漏，电机工作正常。

(3)检查空冷器皮带是否运行正常，应无超常跳动、松脱、打滑。

(4)风扇轴承不缺油、无异响。

(5)百叶窗开度合适、无异响。

(6)风扇电机工作正常、无异响。

(7)检查冷却水泵工作是否正常，无异响、泄漏。

(8)检查冷却系统管路有无泄漏，必要时进行处理。

(9)检查气缸水套端盖有无泄漏，必要时进行处理。

(10)检查冷却水压力应在0.1~0.3MPa，气缸套冷却水的排出温度在43℃左右。冷却液的流量要保持通过气缸的冷却液的温升在6~11℃。

(五)电机

(1)检查电机润滑油位并视情况进行补充。

(2)检查电机前后端轴承是否存在异响、高温现象，轴承温度不超过85℃。

(3)检查电机各线路、控制开关连接完好、齐全。

(4)检查接地板螺栓无松动。

(5)检查电动机两侧轴端呼吸阀通畅、不滴油。

(6)检查电动机固定螺栓紧固、无松动。

(7)检查电动机工作声音正常、无杂音。

(六)检查运行参数

巡检应检查机组主要运行参数，若发现机组的进排气温度、进排气压力、润滑油温度、润滑油压力、冷却水温度、冷却水压力、耗电量、耗油量与前次的不同，应及时查明原因，严禁超温超压运行。

(七)工艺气系统

(1)检查机组附属设备、设施是否齐全完好。

(2)检查机组，若发现机组的油、气、水有跑、冒、滴、漏等现象，应进行整改，做好记录并向上汇报。

(3)检查洗涤罐的液位计，如发现罐内积液，应及时通知操作人员手动排液。

(4)观察机组，若发现机组的振动、噪声与前次的有较大差异，应及时查明原因。

二、一级保养(1000h)

(一)曲轴箱

(1)检查曲轴箱呼吸阀并进行清洁。

(2)检查润滑油过滤器滤芯压差，必要时更换滤芯。

(3)检查压缩机曲轴箱润滑油油位，不足时补充。

(4)检查曲轴箱底部有无金属碎屑或外来异物，必要时查找原因并调整。

(5)检查机油化验报告，依据化验报告确认是否更换机油。

(二)注油器系统

(1)检查注油器工作情况，清洗注油器油箱和注油泵。

(2)检查注油系统油管路和单向阀。

(3)检查油管线应无漏油、磨损及破裂。

(4)检查无流量报警仪工作是否正常。

(三)润滑系统

(1)检查主油路滤芯前后压差。

(2)检查润滑油泵联轴节。

(3)检查预润滑泵及电机工作是否正常。

(4)检查并处理润滑系统渗漏点。

(四)气阀、十字头、活塞、填料及活塞杆

(1)检查进、排气阀应正常，如有损坏则进行更换。

(2)检查进、排气阀阀盖密封圈，如有损坏则进行更换。

(3)检测活塞内、外止点间隙应正常，必要时调整或更换。

(4)检测活塞与气缸底部间隙应正常，如有必要更换活塞环。

(5)检查十字头与滑板配合间隙应正常，检查活塞杆跳动量，必要时调整或更换。

(6)检查填料注油、水管应无松动、裂纹及磨损。

(7)检查、紧固箱体与箱体的连接螺栓以及十字头箱底部螺栓。

(8)检查、紧固十字头背帽。

(五)排污系统

(1)检查排污系统工作应正常、无渗漏，必要时进行处理。

(2)检查洗涤罐液位报警装置。

(六)空冷器

(1)检查风扇叶片连接螺栓应无松动。

(2)对风扇主轴承及电机主轴承注润滑脂。

(3)检查风扇轴承皮带，松紧应正常，无裂纹、断裂。

(七)冷却系统检查

(1)冷却水管线无松动、裂纹及磨损。

(2)检查气缸水套端盖有无泄漏，必要时进行处理。

(八)自控系统

(1)检查所有安全停机和加卸载装置动作是否正常工作。

(2)检查自控设备工作环境状况、设备有无报错指示。

(3)查看各仪表供电是否正常、线缆有无松动。

(4)检查仪表风压力是否正常；压力应在0.4～0.6MPa。

(5)查看机组振动、油压、温度等参数是否正常显示，就地显示参数与中控显示参数是否一致。

(6)查看机组各测点仪表表体(连接管路、线路)是否有松动、泄漏、损坏、腐蚀。

三、二级保养(4000h)

(一)曲轴箱

(1)清洁、检查曲轴箱呼吸阀，必要时更换滤芯。

(2)检查主润滑油泵应正常，必要时调整。

(3)清洗、检查曲轴箱油底壳应无金属碎屑及异物。

(4)清洗曲轴箱油路粗滤芯。

(5)更换曲轴箱润滑油。

(6)清洁发动机曲轴箱安全阀，检查密封圈应正常，必要时更换密封圈。

(7)检查主轴承间隙、连杆轴承间隙和曲轴轴向间隙。

(二)注油器系统

(1)检查注油器工作情况应正常，必要时更换注油器油箱润滑油。

(2)检查注油系统油管路和单向阀应无堵塞。

(3)检查爆破片，如有必要更换爆破片。

(4)检查油路滤芯，必要时更换。

(5)检查无油量检测器，必要时更换。

(6)更换注油器油箱润滑油。

(7)检查注油箱自动补油是否正常，必要时维修。

(8)检查注油箱加热器运行是否正常。

(9)检查注油器分配器运行是否正常。

(三)润滑系统

(1)清洗预润滑油泵滤芯。

(2)更换主油路细滤芯。

(3)检查预润滑油泵联轴节。

(4)检查并处理润滑系统渗漏点。

(5)检查自动补油系统，必要时处理。

(四)气阀、十字头、活塞、填料及活塞杆

(1)检查全部进、排气阀，清洗并检查阀的完好情况，更换损坏零件。

(2)检测活塞环的磨损情况，活塞底部间隙不能小于0.25mm，检测活塞内止点间隙为1.10~2.05mm，外止点间隙为1.65~3.10mm。

(3)检查十字头与滑板配合间隙应正常，顶部间隙为0.28~0.45mm，底部间隙≤0.03mm。

(4)检查连杆衬套与十字头销间隙应正常，间隙应为0.08~0.15mm。

(5)检查填料注油管、冷却水管应无松动、裂纹及断裂。

(6)检测活塞杆跳动量，跳动值≤0.05mm。

(五)排污系统

(1)检查排污系统，工作应满足要求，无渗漏。

(2)检查液位报警装置，工作应正常。

(六)空冷器

(1)检查、清洁风扇叶片应无裂痕。

(2)检查风扇叶片连接螺栓应无松动。

(3)给风扇轴承及电机轴承注润滑脂。运转中电机、轴承部位声音、温度应正常。

(4)检查风扇皮带松紧度应合适，无明显磨损及断裂，如有必要，应进行更换。

(七)仪表控制系统

(1)检查所有安全停机和加卸载装置动作是否正常工作。

(2)检查自控设备工作环境状况、设备有无报错指示。

(3)查看各仪表供电是否正常、线缆有无松动。

(4)检查仪表风压力是否正常，压力应在0.4~0.6MPa。

(5)查看机组振动、油压、温度等参数是否正常显示，就地显示参数与中控显示参数是否一致。

(6)查看机组各测点仪表表体(连接管路、线路)是否有松动、泄漏、损坏、腐蚀。

(7)配合间隙等参数若与此规范不同，应以说明书为准。

四、三级保养(8000h)

(一)曲轴箱

(1)清洁、检查曲轴箱呼吸阀应正常，必要时更换滤芯。

(2)更换压缩机曲轴箱润滑油。

(3)清洗、检查曲轴箱油底壳底部应无金属碎屑和异物。

(4)清洁发动机曲轴箱安全阀，检查密封圈应正常，必要时更换。

(5)检查主油泵，必要时维修。

(二)注油器系统

(1)检查注油器工作情况应正常，压缩机气缸各点注油应正常。

(2)检查注油系统油管路和单向阀工作应正常。

(3)清洗油路滤芯。

(4)检查注油器凸轮应无明显磨损。

(5)更换注油器油箱润滑油。

(6)更换爆破片。

(7)检查无油流检测器。

(8)检查无油流检测器连接导线，应无磨损、开路或断路。

(9)检查注油管路应无磨损、断裂。

(10)检查注油器分配块，工作应正常。

(11)检查蜗轮、蜗杆工作应正常。

(12)检查注油器联轴节工作应正常。

(三)润滑系统

(1)清洗预润滑油泵滤芯。

(2)更换主油路细滤芯。

(3)检查预润滑油泵联轴节。

(4)检查并处理润滑系统渗漏点。

(5)检查主润滑油泵。

(6)检查油路节温器。

(四)气阀、十字头、活塞、填料及活塞杆

(1)8000h更换气阀总成。

(2)检测活塞内、外止点间隙。

(3)检测曲轴轴向窜动量。

(4)检测气缸头端间隙，间隙1.65~3.10mm。

(5)检测气缸机体端间隙，间隙1.10~2.05mm。

(6)检测曲轴主轴颈顶部与轴承间隙，间隙0.11~0.25mm。

(7)检测曲轴主轴颈最下部与轴承间隙，间隙不大于0.03mm。

(8)检测连杆轴承与曲柄销径向间隙，间隙0.11~0.25mm。

(9)检测连杆衬套与十字头销径向间隙，间隙0.08~0.15mm。

(10)检测十字头衬套与十字头销径向间隙，间隙0.08~0.15mm。

(11)检测十字头瓦下部与机体滑道间隙，间隙不大于0.03mm。

(12)检查十字头与滑板配合间隙，0.28~0.45mm。

(13)检查压缩机十字头及滑道磨损情况，应无明显磨损。

(14)检查十字头螺母应无松动。

(15)检查紧固箱体间及底座连接螺栓应无松动。

(16)检查活塞杆应无明显磨损。

(17)检查气缸应无明显磨损。

(18)检查各级活塞杆磨损及填料盒锁紧螺帽扭矩，约350N·m。

(19)更换各级盘根。

(20)检查盘根注油管及冷却水管，接头应无松动、裂纹和断裂。

(21)检查缸头密封圈，必要时更换。

(22)检查活塞杆跳动。

(23)配合间隙等参数若与此规范不同，应以说明书为准。

(五)曲轴、连杆

(1)检查曲轴变形量，其变形量应小于0.0010in(1in=25.4mm)，据此判断轴承磨损情况。

(2)检查连杆轴瓦应无明显磨损。

(3)检查连杆小头衬套应无明显磨损，必要时更换。

(4)检查连杆及曲轴油孔应无堵塞。

(5)检查主轴承盖螺栓及连杆螺栓连接应正常。

(六)排污系统

检查排污系统，工作应满足要求，无渗漏。

(七)自控系统

(1)每日对压缩机组进行巡检，巡检主要内容：

①检查自控设备工作环境状况、设备有无报错指示；

②查看各仪表供电是否正常、线缆有无松动；

③检查仪表风压力是否正常；

④查看机组振动、油压、温度等参数是否正常显示，就地显示参数与中控显示参数是否一致；

⑤查看机组各测点仪表表体(连接管路、线路)是否有松动、泄漏、损坏、腐蚀。

(2)用吹风机、吸尘器等清理PLC机柜里的尘土以防短路，检查仪表密封件及各部分连接接头密封及腐蚀情况。

(3)观察LED指示灯状态，检查CPU、通信模块、I/O卡件的运行状态。

(4)检查PLC柜中接线端子的连接情况，若发现松动的地方及时坚固连接；对压缩机各执行机构进行单体测试，并对自控阀供气系统过滤器减压阀进行排污。

(5)对压缩机控制系统与ESD联锁保护系统进行测试，确保安全生产。

(6)标定空冷器所有振动开关。

第五章　压缩机组常见故障分析与处理

压缩机是用来提高气体压力和输送气体的机械设备，属于将原动机的动力能转变为气体压力能的连续运转的机器设备，是天然气行业必不可少的关键设备之一。压缩机在运转过程中，难免会出现一些故障，甚至是事故。压缩机故障是指压缩机在正常运行过程中出现影响排气的不正常状况，一经排除，压缩机就能恢复正常工作。但是若压缩机发生事故，那将是破坏性的，如果不进行修复，压缩机就不可能正常工作，甚至还会造成人员伤亡及财产损失。若压缩机出现故障不及时排除，很有可能造成重大设备事故。

第一节　发动机常见故障与处理方法

一、发动机曲轴箱机油乳化故障

机油乳化就是机油变成了乳状液体，呈现乳白色或乳黄色，看起来像是用水搅拌的面糊，且有泡沫。此时机油已经失效，各项功能均已下降，不能继续使用。

(一)问题分析

(1)机油中混入了与之不相容的液体而造成的，常见就是冷却水，因为流经发动机的除了机油外只有冷却水，且冷却系统的压力又比较高，常见的是气缸垫或水封损坏，因为缸体上油道和水道相距较近，一旦气缸垫损坏，水便无法密封，就会流出水道而进入油道。

(2)机油使用周期过长而变质，吸入部分水蒸气而导致含水量过多。通常机油中的含水量不能超过0.1%，超过后机油中的添加剂就会失效，且加速氧化产生更多有害物质。

(3)机油冷却器内铜管腐蚀穿孔，使冷却液进入发动机曲轴箱造成机油乳化。

(4)发动机水泵内油封损坏，使冷却液进入发动机曲轴箱造成机油乳化。

(5)缸套密封圈老化损坏，使冷却液进入发动机曲轴箱造成机油乳化。

(二)处理方法

(1)更换缸盖密封垫和水封。

(2)定期对备用机组进行试运，缩短机组停运时间。

(3)检修或更换机油冷却器。

(4)更换水泵水封或水泵。

(5)更换缸套密封。

二、发动机油压低故障

发动机正常油压在0.28～0.6MPa，发动机油道上装有油压表或油压传感器，显示油压值参数。

（一）问题分析

（1）粗滤器脏物过多，堵塞供油通道，造成油压低。如图5－1－1、图5－1－2所示。

（2）机油泵的齿轮磨损，造成油压低。如图5－1－3所示。

（3）机油精过滤器内的脏物过多，堵塞供油通道，造成油压低。如图5－1－4所示。

图5－1－1　油底壳滤芯

图5－1－2　油底壳

图5－1－3　机油泵

图5－1－4　机油滤芯

（4）油压表或油压传感器损坏。

（5）机油黏度低。

（二）处理方法

（1）清洗粗滤器。

（2）更换新油泵。

（3）更换新机油滤芯。如果更换新滤芯后油压下降快，应拆卸机油滤清器，清洗机油旁通阀。

（4）更换油压表或油压传感器。

（5）更换发动机机油。

三、机组启动困难或不能启动

启动系统是发动机的重要单元，主要包括启动气源、启动马达、预润滑气泵、油泵、继动阀、启动马达电磁阀、机油薄膜阀、启动油杯等附属件。

（一）问题分析

（1）启动气源压力低。

(2)启动马达损坏。

(3)继动阀动作不灵活。

(4)预润滑气泵、油泵损坏。

(5)启动马达电磁阀损坏。

(6)点火故障：火花塞积炭或间隙不合适；高压线接触不良，高压线圈损坏等引起火花弱或不点火，点火提前角不对，点火混乱，顺序不对。

(7)气缸压缩力不足，气门间隙小，气门与座圈磨损严重，活塞环磨损，活塞与气缸间隙大。

(8)混合气比例不恰当，太稀或太浓。

(9)燃料气质量差，含水等。

(10)仪表故障，自动停车误动作或停车后未复位。

(11)带负荷启动，阻力大。

(二)处理方法

(1)提高启动气源压力，将启动气源压力保持在0.7～1.1MPa。

(2)检修或更换启动马达。

(3)检修或更换继动阀。

(4)检修或更换预润滑气泵、油泵(预润滑气泵损次数较多)。

(5)用万用表检测启动马达电磁阀，损坏后需进行更换。

(6)检修磁电机、高压线、高压线包、火花塞或进行更换，调整磁电机的点火提前角度到30°。

(7)检测气门间隙或机组进行维修。

(8)用混合比检测仪检测混合比，混合比调到140mm汞柱。

(9)化验燃料气气质，是否含有惰性气体存在。

(10)按下复位键，消除故障代码。

(11)开机前检查阀门位置，加载阀应处于开启位置。

四、配气机构常见故障

配气机构是发动机的重要组成部分，配气机构的功用是按照发动机每一气缸内所进行的工作循环和发火次序的要求，定时开启和关闭各气缸的进、排气门，使新鲜空气(燃气)得以及时进入气缸，废气得以及时从气缸排出；在压缩与膨胀行程中，保证燃烧室的密封。配气机构中，按其功用可分为气门组和气门传动组两大部分。气门顶置式配气机构进气门和排气门都倒挂在气缸盖上。气门组包括气门、气门导管、气门座、弹簧座、气门弹簧、锁片等零件；气门传动组一般由摇臂、摇臂轴、推杆、挺柱、凸轮轴和正时齿轮组成。

(一)问题分析

(1)气门与气门座圈偏磨，密封不严，造成漏气，使气缸压缩率降低，造成发动机功率下降。

(2)气门杆发卡造成气门不能按时关闭或打开，产生异响，造成发动机功率下降，挺柱及凸轮轴的快速磨损。

(3)气门间隙变化过大，改变了气门的开度，产生异响，造成发动机功率下降。

(4)气门断裂，击穿活塞，造成重大事故。

(5)气门座圈松动，产生异响，造成气门封闭不严，发动机功率下降，易造成重大事故。

(6)挺柱与凸轮轴的接触工作面磨损，出现剥落，产生异响，改变气门开度，造成发动机功率下降。

(7)凸轮轴凸轮磨损，改变气门开度，使发动机功率下降，并加快了挺柱的磨损。

(8)推杆弯曲变形，改变了气门间隙，气门开度达不到要求，使发动机功率下降。

(二)处理方法

(1)更换新气门，与气门座圈进行研磨(或气门与座圈同时更换)。

(2)更换新气门，严格按照配合间隙与气门导管进行选配，并防止导管内产生积炭。

(3)按时进行调整，找出异常变化的原因，及时维修。

(4)更换新气门，并仔细检查气门是否有裂纹存在(如活塞损坏，则更换新活塞)。

(5)更换新的缸盖及座圈。

(6)更换新挺柱。

(7)更换新凸轮轴，并对旧凸轮轴进行修复。

(8)对推杆进行校正，或更换新件。

五、进排气系统的故障

进排气系统包括进排气支管、空气滤清器、空气增压后冷却器及排气消声器、涡轮增压器和压差式调节器等。它的工作过程是：燃料混合气在发动机气缸内燃烧后，产生高温高压的废气，经过排气支管汇集在一起，经过喷嘴后推动涡轮增压器的废气涡轮旋转，带动涡轮增压器的压气机轮旋转，空气经空气滤清器被压气机轮吸入，经过压缩后，进入空气增压后冷却器，降温后再进入发动机。

(一)问题分析

(1)空气滤清器的滤芯脏物过多，空气吸入阻力过大，造成发动机功率下降。

(2)涡轮增压器油封损坏，造成发动机排气冒蓝烟。

(二)处理方法

(1)定期清洗吹扫滤芯，或更换新件。

(2)清洗油封或换新件。

六、冷却系统故障

冷却系统主要包括：水泵、机油冷却器、水汇管、恒温三通、冷却器、膨胀水箱、散热风扇的主动轮、从动轮、张紧轮和风扇等部件。

冷却系统的工作过程：经过冷却器降温的冷却液，进入由齿轮驱动的离心式水泵，提高压力后，进入机油冷却器；对机油进行冷却后，进入飞轮壳水套，再进入气缸体内，对气缸套进行冷却后，进入气缸盖，通过气缸盖的出水管线，进入冷却液汇管，到达恒温三通，如果冷却液的温度大于节温器的开启温度，冷却液进入冷却器降温后，再进入水泵，如果冷却液水温低于节温器的开启温度，则冷却液直接进入水泵。

(一)问题分析

(1)水泵的水封损坏，向外泄漏冷却液。

(2)水泵的油封损坏，向外漏油。

(3)恒温三通内的节温器损坏，造成发动机冷却液温度过高。

(4)热水箱的皮带轮皮带打滑，造成发动机冷却液温度过高。

(5)皮带轮的轴承损坏，造成皮带轮转动时异响或抖动。

(6)散热水箱的水管线散热片有脏物，造成冷却液温度高。

(7)散热水箱缺少冷却液，造成冷却液温度高。

(二)处理方法

(1)更换水封。

(2)更换油封。

(3)更换节温器。

(4)松开张紧轮，重新调整皮带的松紧度，或把皮带全部更换后，再调整皮带的松紧度。

(5)更换新的皮带轮轴承。

(6)清洗散热水箱的散热片。

(7)及时补加冷却液。

七、燃料气系统故障

燃料气系统主要包括：燃料过滤器、安全阀、前级调压阀、电磁燃料阀、末级调压阀、汽化器等部件。燃料气系统工作过程：高压燃料气经过燃料过滤器，滤去所含杂质，经过安全阀后，进入前级调压阀，把燃料气压力调整到工作压力，如果是低压燃料气，则不用经过前级调压阀，直接进入电磁燃料阀，发动机停止时，电磁阀会自动切断燃料气，放空发动机内的燃料气。燃料气进入末级调压阀，再次经过压力调节后，进入汽化器与空气混合后，根据发动机工作的需要，分配到每一个气缸。

(一)问题分析

(1)燃料过滤器滤网堵塞造成机组燃料气供应不足，只能低转速运转。

(2)前级调压阀的阀芯变形，堵塞燃料气通道造成机组燃料气供应不足，只能低转速运转。

(3)燃料电磁阀控制电路的电子元件损坏，造成燃料阀控制失灵，发动机停机后不能切断燃料气源，不能放空发动机内的燃料气。

(4)末级调压阀的膜片破裂或控制机构松动，造成发动机燃料气混合比错误，降低发动机功率。

(5)汽化器薄膜破裂或薄膜与汽化器体接触处磨损，造成发动机功率下降，转速不稳，发动机启动困难。

(二)处理方法

(1)清洗燃料过滤器滤网。

(2)更换调压阀的阀芯。

(3)更换损坏的电子元件。

(4)更换破裂的膜片和重新紧固控制机构连接件。

(5)更换破裂的薄膜和修磨汽化器体磨损处或更换新件。

八、点火系统故障

点火系统主要包括：磁电机、点火转换器(高压线圈)、高压线、火花塞、线束五个基本部分。G399TAA 天然气发动机点火系统由两个磁电机控制，每个磁电机控制一侧的 8 个气缸的点火。

(一)问题分析

(1)磁电机的电子元件损坏，造成磁电机不能正常向外供电。

(2)磁电机的驱动联轴器的卡爪断裂，造成磁电机不能正常运转。

(3)磁电机的驱动联轴器轴的油封损坏，造成磁电机漏油。

(4)高压线破裂或接头氧化，造成漏电和火花塞点火弱。

(5)火花塞的电极烧蚀，造成火花塞点火弱。

(二)处理方法

(1)更换磁电机的线路板。

(2)更换磁电机卡爪。

(3)更换油封。

(4)更换高压线和清洁线接头。

(5)更换火花塞。

九、空冷器电机皮带故障

空冷器风机的运转主要依靠电机或发动机本体动力，通过皮带传递给风机皮带轮，驱动风机旋转，从而给增压后天然气和发动机、压缩机的冷却水进行降温。

(一)问题分析

(1)皮带发生打滑现象。

(2)皮带断裂。

(3)皮带发生高温、掉末现象。

(4)皮带抖动严重。

(二)处理方法

(1)调整皮带松紧度，选择合适周长的皮带。

(2)更换皮带，调整两皮带轮在同一平面。

(3)调整皮带松紧度。

十、发动机机组运转不稳的故障

机组运转不稳有多种原因，原因不能及时解决，将会造成机组无法正常运转，应分步骤进行查找，判断是发动机本体造成的，还是速度显示有问题。

(一)问题分析

(1)调速器失灵，自动调速性能不佳。

(2)调速器或联动装置调整不正确。

(3)气门间隙不合适或气门密封不严。

(4)个别缸不工作。

(5)点火时间不对。

(6)混合气比例不恰当。

(7)燃料气压力低或杂质多。

(8)负荷波动大。

(9)汽化器薄膜破裂。

(10)汽化器不同步。

(11)涡轮增压器压差不能控制阀门。

(12)水漏入气缸。

(13)铁屑覆盖在速度传感器探头处、速度传感器损坏或速度传感器安装造成。

(14)仪表控制箱内的速度传感频率传感器损坏或仪表控制箱内温度较低。

(二)处理方法

(1)更换调速器。

(2)正确调整联动装置或检查拉杆固定螺栓是否松动，如松动或脱落应进行紧固，检查拉杆球头是否磨损较大，如磨损严重应更换球头并加注润滑脂。

(3)重新调整气门间隙或更换缸盖和进排气门。

(4)用正时灯查找个别缸不工作，找出原因并分类处置。

(5)重新安装磁电机，用正时灯查看提前角度应调整到30°。

(6)重新标定混合比，或查找末级调压阀挂钩槽是否磨损严重，如严重应进行更换。

(7)调整燃料气调压阀，将燃料气压力调整到规定范围内，或清洗燃料气过滤器内的滤芯。

(8)合理调整开机台数，调整机组负荷。

(9)更换损坏的汽化器薄膜。

(10)重新调整拉杆长度。

(11)更换涡轮增压器压力控制阀、涡轮增压器。

(12)更换缸盖水封和缸床垫子。

(13)清洗速度传感器探头处铁屑，正确安装速度传感器。

(14)更换速度频率传感器或对仪表箱增加伴热系统。

十一、涡轮返气的故障

涡轮增压器包括废气叶轮和空气叶轮，两轮同轴，依靠废气能量带动废气叶轮转动，从而带动空气叶轮转动，将新鲜的空气源源不断送入气缸进行燃烧。

(一)问题分析

(1)气门间隙不合适。

(2)个别缸点火不正常。

(3)节流阀不同步。

(4)涡轮损坏。

(二)处理方法

(1)调整气门间隙。

(2)查找个别缸不工作原因并进行处理。

(3)重新调整拉杆长度，或更换汽化器薄膜。

(4)更换涡轮增压器。

十二、发动机排气烟色不正常

发动机燃烧后的废气通过废气集管进入到涡轮增压器，为涡轮增压器提供动力能源，然后通过排烟管经消音器排入空气中。

(一)问题分析

(1)冒黑烟：负荷过重，燃料气质量不好，重组分多，空气供给少，点火过迟。

(2)冒蓝烟：机油油位太高，油压太高，活塞环磨损，烧机油。

(3)冒白烟：混合气内含水，气缸内有水漏入。

(二)处理方法

(1)调整机组负荷，燃料气使用干气，减少气质中的重组分，调整机组点火角度到30°，检查空气滤芯并更换空气滤芯，提高空气的进气量。

(2)机油油位补加到油标尺中间位置，油压调整到0.28～0.60MPa，更换损坏的活塞环或涡轮增压器。

(3)检查燃料气气质，加强燃料气过滤，提高燃气质量，维修损坏的气缸，防止气缸内漏水。

第二节　压缩机常见故障与排除

一、压缩机排气温度高

压缩机的工作过程：膨胀—吸气—压缩—排气。影响压缩机排气温度的因素有吸气温度(吸气温度越高，排气温度越高)、压缩比(压缩比越大，排气温度越高)、压缩过程多变指数(一般冷却条件越好，多变指数越低，排气温度越低)。

(一)问题分析

(1)冷却不良、水道结垢、水泵坏、皮带打滑、空冷器工作不良。

(2)机组进气温度高。

(3)气阀坏。

(4)压缩比大。

(5)注油量不足。

(6)活塞环磨损，缸与活塞摩擦。

(二)处理方法

(1)冷却液不足应补加，检查水道是否结垢(应使用防冻液)，检修水泵，提高冷却液循环量、调整皮带松紧度。

(2)降低进气温度。

(3)用测温仪检查各气阀温度，更换损坏气阀。

(4)将压缩比调整到规定范围内。

(5)检查注油器注油量，将注油量调整到规定范围内。

(6)更换活塞环。

二、压缩机油压低

压缩机曲轴箱内润滑油通过主油泵进行增压，进入到机油冷却器冷却，在经过过滤器过滤完杂质后进入到主轴承油道，对主轴瓦进行润滑，润滑油通过油道进入到连杆大瓦油道，在进入连杆小头瓦油道后，进入十字头销进行润滑，对十字头滑板润滑后回到压缩机曲轴箱。如图 5－2－1 所示。

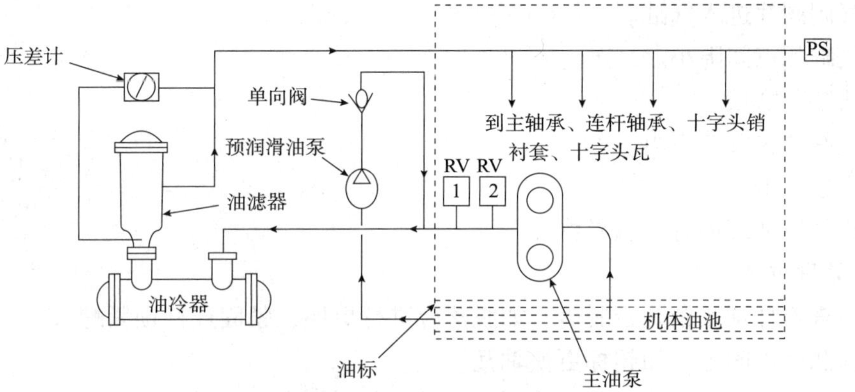

图 5－2－1　压缩机润滑系统油路图

(一)问题分析

(1)油泵失灵。

(2)转动件撞击油面而起油沫。

(3)油过滤器脏。

(4)油温高。

(5)轴承间隙大。

(6)油泵溢流阀高速？(高度)不合适。

(7)油压表或油压传感器损坏。

(8)吸油口堵塞。

(9)油压设定不合适。

(二)处理方法

(1)清洗或修理油泵。

(2)压缩机曲轴箱油位加到规定油位。

(3)清洗滤芯或更换滤芯。

(4)清洗水路或检修机油冷却器。

(5)检查轴瓦间隙，间隙超标更换轴瓦。

(6)调整油压安全阀阀口位置，不要面对曲轴箱呼吸阀处。

(7)更换油压表或油压传感器。

(8)清理吸油口堵塞物。

(9)调整油压至规定值。

三、压缩机缸内异响

压缩机气缸内发生异响，应立即停机检修，未查明原因不允许开机运行，以免发生机械事故。

(一)问题分析

(1)紧固件松动。

(2)轴承间隙大。

(3)气阀阀片进入气缸。

(4)气缸死点间隙小。

(5)活塞环磨损。

(6)气阀位置安装不当。

(7)产生液击。

(8)排气缓冲罐内有金属异物。

(二)处理方法

(1)检查连杆锁紧销是否脱落，如脱落应进行更换，紧固连杆锁紧螺母。

(2)检测轴承间隙，如超标更换轴瓦。

(3)用测温枪检测气阀温度，找到损坏的气阀并更换，找出损坏的气阀阀片，防止坏阀片进入气缸，造成拉缸事故。

(4)调整气缸死点间隙至规定值。

(5)更换活塞环。活塞环槽间隙偏大，应更换活塞。

(6)正确安装气阀，气阀扶正器应安装到位，转动灵活。带有气阀顶丝的阀盖应将顶丝紧固到位。

(7)加强机组洗涤罐排液次数，减少积液进入气缸。

(8)清除排气缓冲罐内的金属异物，防止异物窜入气缸。

四、压缩机机油乳化

压缩机机油乳化主要是因为机油冷却器损坏造成，机油冷却器内铜管腐蚀穿孔，冷却液进入润滑油内，造成机油乳化。发现不及时易造成主轴瓦、主轴、连杆瓦、十字头销损坏。

(一)问题分析

机油冷却器内铜管损坏。

（二）处理方法

更换机油冷却器。

五、活塞杆刮油环漏失

中体内装有刮油器，刮油器用螺栓连接在中体上，其结构如图 5－2－2 所示，刮油环组由三环一组的刮油环和两环一组的密封环组成，用于防止机体内的润滑油沿活塞杆漏失，并能防止气缸内的气体进入机体，污染机体润滑油。若设备长期停用，则不要装刮油环，因为环可能损伤活塞杆。

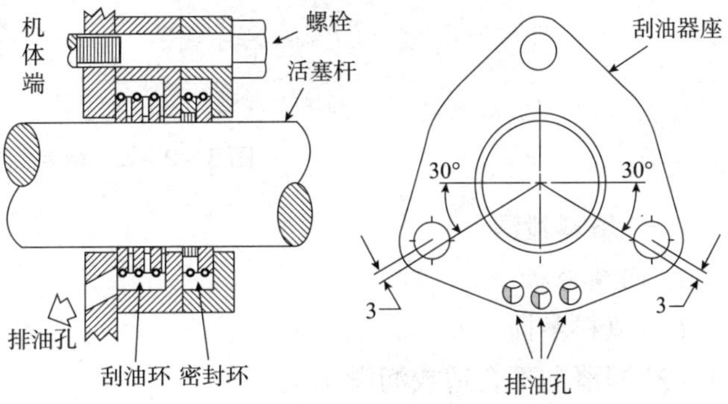

图 5－2－2　刮油环结构示意图

（一）问题分析

（1）刮油环磨损。

（2）刮油环组装不正确。

（3）活塞杆磨损或有划痕。

（4）环与活塞杆间隙配合不合适。

（二）处理方法

（1）刮油环只要定期清洗，一般不需多加注意。清洗的周期取决于操作条件。检查环的磨损时，将环套在活塞杆上，检查开口间隙。当环磨损严重，开口间隙接近零时，最好更换新环。

（2）刮油环的环片上均有配对标记，装配时相邻环片必须相配，三环一组的刮油环上开有径向槽，径向槽应朝向气缸，密封环面无方向要求。两环一组的密封环没有径向槽，但旧式的曾有径向槽，如果有的话，径向槽面应面对面装在一起。

（3）检查活塞杆有无磨损，若有轻微磨损，应用细砂纸打光。无论是新环旧环，组装之前均应对其检查，不得有毛刺飞边，表面光洁无污物。刮油环盒应清洁干净。如果是油润滑的机组，还应在环上和活塞杆上涂抹适量润滑油。

（4）检查刮油环和密封环在刮油环盒中的间隙。检查方法是将环组置于盒中，用卡尺的杆体靠在刮油环盒上，用塞尺测量杆体与环组的间隙，其值应为 0.05～0.1mm。

（5）安装各环时，先将弹簧箍到活塞杆上，然后逐个插入环瓣，环瓣的标记应正确。刮油环组上的径向槽应面向气缸，密封环面无方向。

（6）若间隙合格，拧紧螺栓，盖上中体侧盖。

六、过度的盘根漏失

压缩机填料主要用来密封气缸座与活塞杆之间的间隙，防止气体沿活塞杆方向泄漏。填料的泄漏会造成：排气量下降；易燃易爆气体外泄引发危险；有毒气体污染环境，危及人身安全；工作介质进入曲轴箱污染润滑油，引起润滑油的闪点降低及损坏主轴瓦和连杆瓦。通常的填料环由 PEEK 材料的减压环、特氟隆/铸铁材料的单作用填料环、完全为特氟隆材料的双作用填料环和铸铁材料的刮油环组构成。如图 5－2－3 所示。

图5-2-3　填料组成

(一)填料泄漏

1. 问题分析

(1)填料磨损。

(2)润滑油不合适或润滑不足。

(3)填料太脏。

(4)加载速度太快。

(5)填料组装不当。

(6)不合适的开口间隙或侧隙。

(7)填料排污口堵塞。

(8)活塞杆刮伤。

(9)活塞杆跳动超差。

2. 处理方法

(1)更换填料环。

(2)更换合适的润滑油，增加供油量。

(3)清洗。

(4)缓慢加载。

(5)按要求重装。

(6)调整或更换。

(7)清除堵塞物。

(8)修复或更换活塞杆。

(9)调整十字头垫片，纠正偏差。

(二)填料过热

1. 问题分析

(1)润滑系统失灵。

(2)润滑油不合适或润滑不足。

(3)冷却不充分(水冷时)。

2. 处理方法

(1)更换单向阀或注油泵。

(2)更换正确的润滑油或增加润滑油量。

(3)清洗冷却水道，安装过滤器，提高水压，降低水入口温度。

七、注油器无流量故障停机

注油系统主要由注油器箱体、注油泵、过滤器、爆破片、分配块、无流量停机开关、单向阀及管路接头等组成，对气缸进行润滑，减小填料、气缸及活塞环与支撑环的磨损。

(一)问题分析

(1)注油器损坏或注油泵内有空气。

(2)注油管线堵塞。

(3)分配器内有杂质，造成活塞活动不灵活。

(4)注油器无流量报警装置内电池损坏、无流量报警装置损坏。

(5)润滑油品不合适造成填料温度过高。

(二)处理方法

(1)卸松注油器观察窗顶部螺帽，排除空气，或检修更换注油器。

(2)疏通注油器油管。

(3)分解分配器并清除杂质。

(4)更换电池或更换注油器无流量报警装置。

(5)选择合适的润滑油。

八、气阀部件常见故障

气阀是压缩机的一个重要部件，进气阀只允许气体进入气缸，排气阀只允许气体离开气缸。气阀的质量及工作的好坏直接影响压缩机的输气量、功率损耗和运转的可靠性。活塞每上下往复运动一次，吸、排气阀各启闭一次，从而控制压缩机并使其完成吸气、压缩、排气等工作过程。气阀主要由阀座、阀盖(升程限制器)阀片和弹簧(网状阀还有缓冲片和升程垫)组成。按阀片形状分为环状阀和网状阀，环状阀因其阀片为薄圆环而得名，阀片与阀座上的密封口贴合形成密封，升程限制器上有导向凸台，对阀片升降起导向作用。

(一)气阀有大量的积炭

1. 问题分析

(1)润滑油过量。

(2)润滑油不合适。

(3)气阀损坏泄漏产生高温。

(4)气缸压比大产生高温。

2. 处理方法

(1)减少供油量。

(2)使用推荐的牌号。

(3)修理或更换零部件。

(4)清洗中冷器，检查气阀严密性，降低压缩比。

(二)阀片弹簧断裂

1. 问题分析

(1)使用寿命到未更换，弹簧腐蚀。

(2)气流偏吹，气缸内积液，气阀夹有异物。

(3)使用工况变化。

2. 处理方法

(1)气阀解体检查。

(2)排除异物，清理积液，更换新的气阀。

(3)按新工况重新调整气阀结构参数。

(三)阀座、升程限制器破碎

1. 问题分析

(1)气阀未压紧，气阀中心螺栓预紧力过大或松动。

(2)压缩介质具有腐蚀性。

2. 处理方法

(1)按规定力矩上紧螺栓，重新安装气阀，确保压紧。

(2)气阀材质选用耐腐蚀材料。

九、压缩机机身振动大

(一)问题分析

(1)十字头销、销端盖或十字头瓦松动。

(2)主轴瓦、连杆瓦、十字头瓦松动或磨损。

(3)油压低。

(4)油温低。

(5)润滑油型号不对。

(6)气缸敲缸。

(二)处理方法

(1)拧紧或更换松动零件。

(2)检查间隙，紧固或更换轴瓦。

(3)提高油压，修理泄漏处。

(4)机组加载前将油预热，减少机油冷却器水量。

(5)根据要求换用合适的润滑油。

(6)查找敲缸原因，并进行处理。

十、压缩机不启动

(一)问题分析

(1)电源断电(指电机驱动)。

(2)启动控制关闭(指电机驱动)。

(3)低油压保护开关故障。

(4)控制盘故障。

(5)气缸内有压力。

(6)运转齿轮被阻塞。

(7)启动装置被锁紧。

(8)不符合启机条件，压缩机联锁。

（二）处理方法

(1) 恢复供电。

(2) 检查电路。

(3) 用辅助泵检查油管处油压，调整或更换开关。

(4) 检查电线接头或设置情况。

(5) 泄压。

(6) 排除阻塞使其可旋转。

(7) 消除锁紧。

(8) 排除压缩机启机所需技术参数不正确的原因。

十一、控制面板按钮操作无反应

（一）问题分析

(1) 电源供电故障。

(2) CPU 工作模式不正确。

(3) 按钮接线虚接。

(4) 显示器损坏。

（二）处理方法

(1) 检查电源回路，排除熔断器、虚接或掉线故障。

(2) 模式开关应在“RUN”位置上。

(3) 检查按钮接线，排除虚接或掉线故障。

(4) 更换显示器。

十二、变送器数值显示不正确

（一）问题分析

(1) 变送器损坏。

(2) 显示变化无规律。

(3) 显示量程最低值。

(4) 压力显示值与实际值不符合。

（二）处理方法

(1) 更换变送器(需要更换同量程变送器)。

(2) 重新标定。

(3) 检查变送器至 PLC 信号线，排除断线故障。

(4) 检查引压管，排除堵塞故障，在控制屏上修改量程范围与变送器量程一致。

十三、显示器上故障不能复位

（一）问题分析

(1) 仪表本身故障未解除。

(2) 紧急停机按钮未复位。

（二）处理方法

(1) 复位现场振动传感器(先轻敲振动传感器，再进行复位操作)。

(2)确定各液位显示在规定范围内。

(3)复位紧急停机按钮。

(4)显示器断电检查，重新启动。

十四、控制箱工作不正常

(一)问题分析

(1)电源指示灯不亮。

(2)手动控制不工作。

(3)自动控制不工作。

(二)处理方法

(1)检查电源回路，排除熔断器、接线故障。

(2)复位热保护继电器，排除控制开关故障。

(3)观察PLC柜内对应控制继电器工作情况，若指示灯不亮，测量PLC输出继电器线圈电压。

(4)更换控制继电器。

(5)检查控制继电器触点至控制箱接线，排除接线故障。

十五、十字头故障

压缩机十字头带有垫片可调导向板，十字头销是全浮动的，装在两个与十字头联轴节热压配合的铝质(铜质)衬套上，与连杆小头相配合。压缩机的活塞杆拧入十字头，用防转销钉和锁紧螺母固定。

(一)十字头瓦合金烧损

1. 问题分析

(1)配合间隙过小。

(2)油压低。

2. 处理方法

(1)更换滑履，调整配合间隙。

(2)检查润滑系统，提高油压。

(二)十字头销处磨损，连杆小头衬套烧损

1. 问题分析

(1)长期磨损积累。

(2)十字头刚性不足。

(3)润滑油脏。

2. 处理方法

(1)清洗润滑系统。

(2)更换销及衬套。

(三)十字头与活塞杆连接螺纹损坏

1. 问题分析

(1)活塞杆紧固螺母松动。

(2)活塞杆安装不到位。

2. 处理方法

(1)更换十字头，按要求上紧活塞杆紧固螺母。

(2)检查活塞杆跳动量，应小于0.08mm。

第三节 故障检修

故障检修是发现设备工作问题的过程。本节说明的是压缩机运转中可能出现的问题，其根本原因和解决这些问题的建议方法。在所有的故障检修中必须遵从如下步骤：

(1)确定故障发生后所影响的总体区域是机体、气缸、润滑系统，还是其他。

(2)分析症状(线索)，查明发生问题的气阀、轴承等部件的准确位置。

(3)换新所有失效或损坏的部件。

(4)恢复系统运转，确认工作正常。

表5-3-1~表5-3-5列出了许多典型的故障前的征兆、造成原因和解决方法。

表5-3-1 压缩机机体故障检修

故障特征	可能原因	潜在危害	纠正方法
压缩机不能转动	压缩机机械卡死	十字头、活塞杆、主轴承	换新所有失效部件。检查压缩机对中、活塞杆静跳、润滑油系统运转情况
	停机保护装置动作	停机保护装置失效	检查控制系统及保护装置运行是否正常
	气缸中含有异物(水、非润滑填料等)	气缸划伤、气阀损坏、活塞或连杆发生弯曲变形	换新损坏部件，采取防止异物进入气缸的措施
	活塞端余隙不正确	可能造成活塞或活塞杆损坏	换新所有损坏部件，正确设定活塞端余隙
压缩机振动	对列气缸不平衡	地基裂缝、焊接断裂或基础螺栓失效	十字头、平衡螺母、活塞杆、连杆和活塞环的总质量与对列之总质量的差值必须小于3lbs(1.4kg)。更换平衡螺母或十字头以保持平衡
	轴承磨损	可能造成机体、连杆、曲轴或活塞杆损坏	确认曲轴对中、活塞杆静跳和轴承间隙。更换需要换新的轴承。重新确定对中和静跳
	压缩机安装或对中不正确	地基损坏、基础螺栓失效、灌浆裂缝、机体和曲轴断裂	重新对中压缩机
	天然气气体脉动振动	过度振动可造成焊接体、地基、灌浆和零件裂缝，也可导致地脚螺栓的折断	利用振动分析仪进行压缩机振动分析。在气缸连接法兰设置节流孔板，改变管线直径、气缸运转结构或转速
	气阀松动	阀座损坏、阀体或定位器断裂	拆下气阀和定位器；换新断损件；染色法检查阀座裂纹；装新阀紧至正确扭矩

表5-3-2　滑油系统故障检修

故障特征	可能原因	潜在危害	纠正方法
无滑油压力	缺少滑油	轴承、曲轴、十字头销和滑块划痕，可能造成压缩机卡阻	检查所有润滑面并更换需要换新的部件；添加滑油至正确位置
	滤器堵塞		检查所有润滑面并更换需要换新的部件；更换滤芯或滤网
	滑油泵或主动齿轮失效		检查配合面并更换需要换新的部件；检查油泵端点间隙
	空气进入吸入管线		根据需要排空
滑油低压	滑油低位	轴承、曲轴、十字头销和滑块划痕，可能造成压缩机卡阻	检查所有润滑面并更换需要换新的部件；添加滑油至正确位置
	滤器堵塞或过脏		检查所有润滑面并更换需要换新的部件；更换滤芯或滤网
	空气进入油泵吸入侧		查找并止漏
	调压阀黏着或调整不当		活络或调压
	主轴承和连杆轴承间隙过大		更换失效轴承
滑油高温	滑油冷却器堵塞或过脏	降低黏度，进一步削弱润滑和过滤功能	清洁冷却器
	冷却水不足		解决冷却水流量或温度问题

表5-3-3　气缸故障检修

故障特征	可能原因	潜在危害	纠正方法
不能输送气体	吸气管线或滤网限流	堵塞吸入滤器	如较脏，清洁吸入管线和滤网
	气阀失效或故障	气阀断裂部件落入气缸造成气缸损坏；级间排压异常造成活塞杆反向角不足，引起活塞销失效	更换失效的阀片、弹簧或其他任何磨损、断裂、发生缺陷的部件
	气阀积淀	可能造成阀片或弹簧断裂	清洁、换新所有发生缺陷的部件；检查使用滑油的种类和质量
	余隙囊开启或失效	可能导致活塞杆反向角不足、引起缸头机械损伤	若打开，加载压缩机；若损坏，换新失效部件
	活塞环失效	高排温	换环
压缩机排压低	活塞环磨损	活塞、活塞环、气缸过热	换环
	气阀失效或故障	活塞杆反向角不足，可能导致：过热引起的曲轴损伤、十字头销的卡阻，以及活塞杆、十字头和其导轨、连杆损伤，断裂件进入气缸造成间接损害	更换阀片、弹簧或其他任何磨损、折断、故障部件
	不可变余隙囊开启或可变余隙囊故障		如已损坏，修理或更换失效部件
	气阀松动	同上。另外，造成阀座、阀体和定位器损伤	拆开气阀和定位器，更换断裂件；利用染色法检查气缸阀座；安装新阀，按正确扭矩上紧阀盖

续表

故障特征	可能原因	潜在危害	纠正方法
压缩机高排压	余隙囊设定值不正确	活塞杆高负荷，反向角不足，排温超过最大允许范围	增大可变余隙设定值或开启固定余隙囊，直至排压降至正常水平；如不能减少压力，在曲轴端卸载。启动前打开所有余隙囊，始终保持压缩机运转在合理的性能曲线附近
	压缩机出口管线设置不对		开阀
	冷却器堵塞		冷却器清通
容量不足	吸入洗涤器过脏	可能导致气缸热量积累	清洁洗涤器
	活塞环磨损	活塞、活塞环和气缸过热	换环
	吸气管线或滤网限流	堵塞吸入滤网	如较脏，清洁吸入管线和滤网；若损坏，换新滤网
	气阀失效或故障	活塞杆反向角不足，可能导致：过热引起的曲轴损伤、十字头销的卡阻，以及活塞杆、十字头和其导轨、连杆损伤，断裂件进入气缸造成间接损害	更换阀片、弹簧或其他任何磨损、折断、故障部件
	不可变余隙囊开启或可变余隙囊故障		更换发生缺陷的部件
	吸入阀装进排出管线或排出阀装进吸入管线	所有气阀都装反会造成超压，引起气缸失效和人员伤害	正确安装气阀，更换所有损坏部件
	气阀松动	同上。可能造成阀座、阀体和定位器损伤	拆开气阀和定位器，更换断裂件；利用染色法检查气缸阀座；安装新阀，按正确扭矩上紧阀盖
级间高压	高压级缸余隙设置不当	低压级气缸连杆负荷超设计范围，造成活塞、连杆、十字头或曲轴损伤	减小高级气缸可变余隙设定值或关闭 固定余隙囊，直到级间压力降至允许水平
	高压级进气阀故障或失效		修理或换新高压级气缸进气阀
	高压级气缸活塞环磨损		换环
	安全阀故障		修理或换新故障部件
排气高温	排气阀故障	损坏垫片、O形圈，造成气缸过热	换新故障部件
	排出压力高	活塞杆超负荷；气缸压力大于最大工作压力，活塞杆反向角不足。高排温	减小高级气缸可变余隙设定值或关闭固定余隙囊，直到排压降至适当值；如不能减少压力，在曲轴端卸载；启动前打开所有余隙囊；始终保持压缩机运转在给您提供的性能曲线附近

续表

故障特征	可能原因	潜在危害	纠正方法
排气高温	吸入压力低	活塞杆反向角不足，可能导致：过热引起的曲轴损伤、十字头销的卡阻，以及活塞杆、十字头和其导轨、连杆损伤	尝试表中所列之压缩机低排压解决方法
	吸入压力高	进气阀泄漏造成进气阀损伤；压缩机汽缸过热	更换阀簧或阀片
	水冷效果不良	气缸润滑失效导致过热；气缸刮伤和气阀损伤	检查水泵流量是否合适，换热器冷却效果和水位是否正常；修理或清洁冷却水系统，根据需要加水

表5－3－4　异常声响的检修

故障特征	可能原因	潜在危害	纠正方法
滑油泵异响	吸入侧漏入空气	油泵转子、主齿轮和被润滑部件损伤	检查滑油吸入管线漏点并止漏，防止空气进入系统
滑油安全阀振动	滑油管线中含有空气	安全阀和被润滑部件损伤	检查滑油管线漏点并止漏，防止空气进入系统
气缸敲击	异物进入气缸(包括水)	气缸刮伤、气阀损坏、活塞杆和曲轴刮伤或弯曲，缸头爆裂	清除气缸中的异物；如天然气中含水，使用分离装置使水分离，检查自动排放阀工作情况
	活塞－气缸端余隙设定有误	活塞杆、曲轴弯曲变形	调整余隙至正确值
	气阀安装有误	活塞、活塞杆、销、十字头连杆或曲轴损伤	调整气阀安装方向
	气阀松动	阀座损伤、阀体和定位器断裂	拆下气阀和定位器。染色法检查阀座
	活塞锁紧螺母松动	缸头、活塞、十字头、气缸损坏	紧固锁紧螺母
	活塞－缸头间隙不当	活塞/活塞杆故障，十字头损伤	重新设定间隙值；检查活塞杆和螺栓有无拉伸变形，十字头锁紧螺母是否松动
	活塞或气缸刮伤	活塞咬死	检查并排除刮碰原因
	气阀松动	气缸或气阀阀座接触面损伤	上紧气阀，检查垫片
	填料松动	填料函座表面损伤	上紧填料函，检查垫片
	活塞松动	冲蚀活塞或气缸	上紧活塞杆锁紧螺母。检查螺栓有无拉伸变形
	积炭过量		清除积炭
	气缸中含有异物		清除异物并修理损伤部件、检查分离设备
	缸头松动	损坏垫片密封表面	上紧缸头
	可变余隙囊卸载装置松动	损坏垫片密封表面	上紧可变余隙囊
自由端齿轮异响	轮齿磨损、断裂或碎裂	齿轮损伤	修理齿轮
	齿隙设定有误	齿轮损伤	重新设定齿隙

表 5-3-5　一般故障检修

故障特征	可能原因	潜在危害	纠正方法
振动	管系支撑不当	管系故障	正确安装管路支撑，增大振动频率
	活塞或活塞杆松动	活塞卡阻，活塞与缸头接触；活塞杆弯曲，传动齿轮失效	更换所有损坏部件，正确上紧各部件
	气缸-机体安装螺栓松动		上紧螺母
	系统地基或横挡松动	管线产生应力	上紧
低排量	管系压差过大	供气损失	正确设计管系
	天然气计量方法错误	供气量明显损失	使用正确的检测手段
	系统机械条件较差	个别部件失效	恢复正常机械条件
	邻近缸发生气体脉动	造成气缸性能异常	调整管线，消除脉动
高负荷	排气容量过大	超负荷	确定原因并予以纠正
	系统机械条件较差	压缩循环失常导致超负荷	解决机械方面的问题
	邻近缸发生气体脉动	气缸耗功特性异常	调整管线，消除脉动
注油器无法注油	没有放气	填料损坏或过热，气缸内壁刮伤	注油器泵引液放气，确认滑油进入油泵
	滑油低位		添加滑油至正常位置
	注油柜透气孔丝堵未拆		取下丝堵
	油管漏泄或弯折		更换油管或恢复直度
	气缸上的单向阀故障		更换单向阀
	油泵冲程调整不当		重新调整
	油管或接头漏油		重新上紧接头或更换油管
冷却器高压	高压级气缸进气阀故障	冷却器损伤	更换相关进气阀
	压力表失效	压缩机操作不当	换表
高排温	气阀故障	气缸裂缝或损坏，活塞杆弯曲变形、活塞环或填料磨损	换阀
	活塞或缸套刮伤		修理损伤，换新破损件
	气缸润滑油不足		加大润滑油量
	填料过紧		检查活塞环间隙、填料与活塞杆间隙是否正常
	进气温度高		检查气阀、冷却器、流程管线
	高排压		检查气阀、流程情况。在多极系统中检查相邻之下一高级进气阀
	吸入压力低		检查各级流程
气缸中积液	级间管线低温导致冷凝出现	活塞杆断裂或弯曲，气缸裂纹	增加冷却水温度
	分离设备不能分离天然气里的液体		检查工质运行情况，检查分离设备和自动排液阀的运转情况

续表

故障特征	可能原因	潜在危害	纠正方法
气阀和弹簧断裂	气体工质过脏或含有异物	排温升高；可能造成活塞和气缸损坏	通过良好的分离或过滤进行清洁
	气缸中含有液体		寻找液体来源予以解决
	润滑油过量		减少润滑油量
	积炭		减少润滑油量。换用形成积炭少的滑油
	安装错误		重新正确组装
	控制压力不足；可变余隙卸载装置有压或密封漏		检查控制可能的压力漏泄点
压力爆破片破裂	爆破片选型错误	填料过热或损坏；气缸内壁刮伤	追踪观察爆裂爆破片的管线情况，处理故障
	滤器堵塞		更换滤器
	滑油主管线堵塞		清堵
	滑油副管线堵塞		清堵
	分配体不能循环		清洁分配体内部

第四节　压缩机组故障案例分析

一、G3512 压缩机组故障案例分析

G3512 压缩机组具有自动启机、停机、加载、卸载及电子点火、自动调速等功能，实现了压缩机组重要数据的实时监测，故障停机等。与 G399 机组相比，自动化程度高、控制精度高，只需一人控制几个按钮就可以实现整个机组的启机、停机、升速、降速等操作。图 5－4－1 是整个机组控制电路工作过程图。

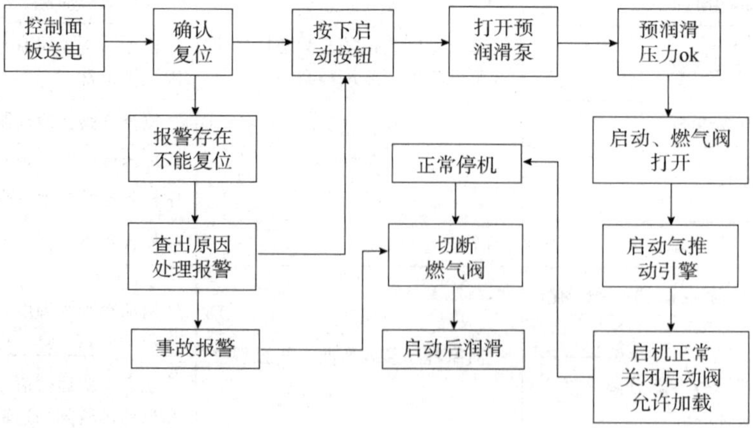

图 5－4－1　控制电路工作过程图

随着自动化程度的提升，智能元器件的增加，也给机组的维修保养带来了问题，以前积累的维修经验搬到新机组上不能发挥作用，每个新问题都需重新分析梳理。随着运行时间的增加，机组检测与控制部分的故障也相继出现，为了便于对 G3512 压缩机组的维修，迅速找到机组存在的问题，把近两年机组遇到的问题进行归纳、总结，编写 G3512 机组故障库。故障库的编写既为工作人员排除故障提供帮助，也可以成为工作人员学习的材料，对于相同型号或者相近型号的机组都可以借鉴参考。

(一) G3512 机组无流量报警，无法启动

1. 问题描述

机组运行时，显示注油器无流量，提示机组存在报警故障，实验模式结束后停机。

2. 原因分析

图 5－4－2 为无流量报警器外观图和内部结构图。

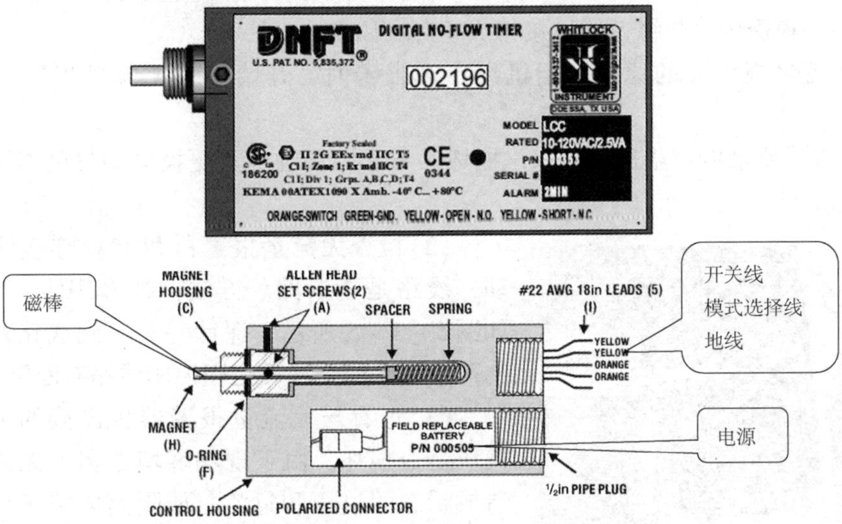

图 5－4－2　无流量报警器

无流量报警器接入整个系统的方式有两种：一种是开环模式；另一种是闭环模式，可以根据需要自行选择。开环模式的原理如图 5－4－3。

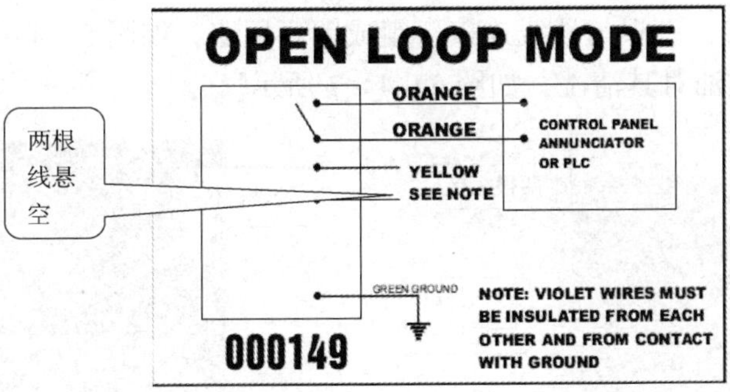

图 5－4－3　开环模式

两根灰色的电源线分别悬空选择的就是开环模式，绿色的地线接地。开环模式时，两根橙色线为开关信号与 PLC 直接相连。

另一种是闭环模式，原理图如图 5－4－4。

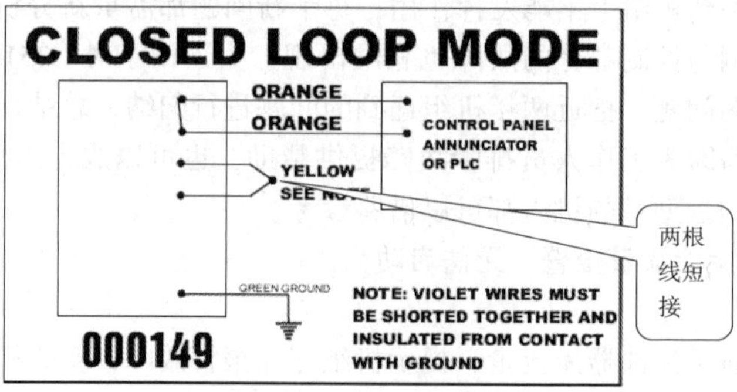

图 5－4－4 闭环模式

两根灰色的电源线连接就是闭环模式。闭环环式时，一根橙色线为开关信号与 PLC 直接相连，另一根橙色线与绿色线连接组成闭环回路。

根据无流量报警器的原理，当机组出现报警时，开始检查无流量报警系统的各个模块：

(1)检查无流量报警器是否堵塞、损坏。方法：清洗或者更换同型号的报警器，看故障是否消除。

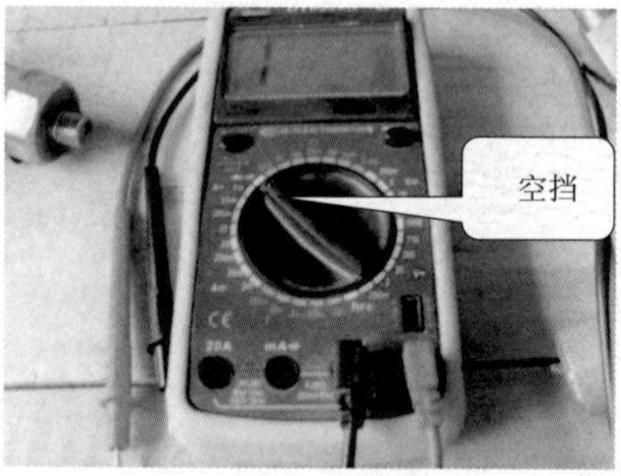

图 5－4－5 万用表空挡

(2)检查无流量报警器和 PLC 连接线是否有松动，线路是否断路。方法：把万用表打在空挡上，如图 5－4－5 所示，探针一头接到线路两端，有蜂鸣声说明无断路，反之则说明线路有断路。

(3)查看与无流量报警器相连接的 PLC 的 I/O 模块是否损坏。由于现场环境恶劣，无流量报警器造成瞬态的过压和过流，如隔离电路不起作用，就会烧坏 PLC 的 I/O 口。

3. *解决方法*

(1)无流量报警器损坏，应更换同型号报警器。由于 G3512 机组使用的 DNTF 是闭环连接的模式，所以要把 DNTF 的两根电源线短接，一根数据线与 PLC 连接，一根与地线连接，组成闭环回路，如图 5－4－6 所示。

如堵塞，用轻质油对其清洗，如图 5－4－7 所示。

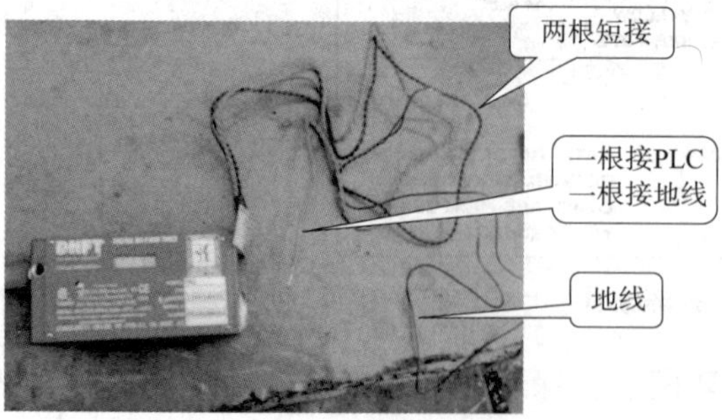

图 5－4－6 DNTF 闭环接线方法

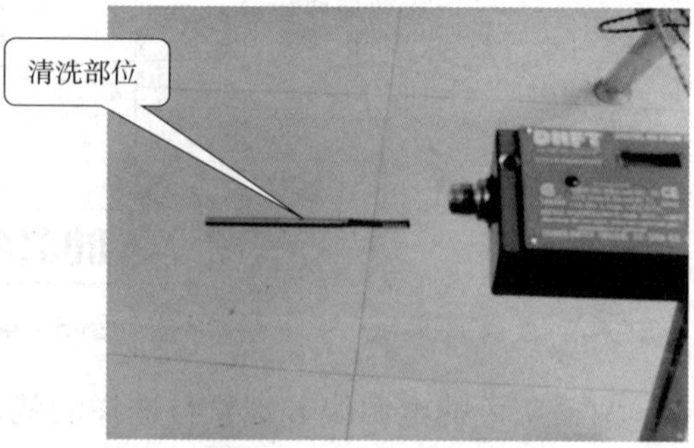

图 5－4－7 清洗部位

(2)线路断路，重新连接报警器与 PLC 之间的线路。

(3)PLCI/O 口损坏，更换 I/O 口。

(二)温度显示不正常

1. 现象描述

G3512 机组的 1#缸排温、2#缸排温、压机油温等，用测温枪测试无异常，机组显示存在报警故障，无法消除，影响机组正常运行。

2. 原因分析

G3512 机组使用的温度变送器，量程为 -200～200℃，输出为 4～20mA 电流。测温电路如图 5-4-8 所示。

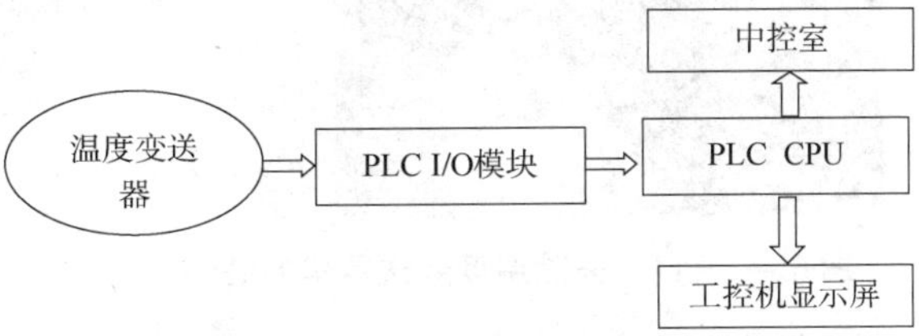

图 5-4-8　测温原理图

机组对应的温度显示异常，则从以下原因进行分析：

(1)首先排除机械故障，如：进、排气阀有无泄漏，活塞底隙、余隙在正常范围，加载阀门关闭完好，冷却系统、润滑系统完好无故障等。

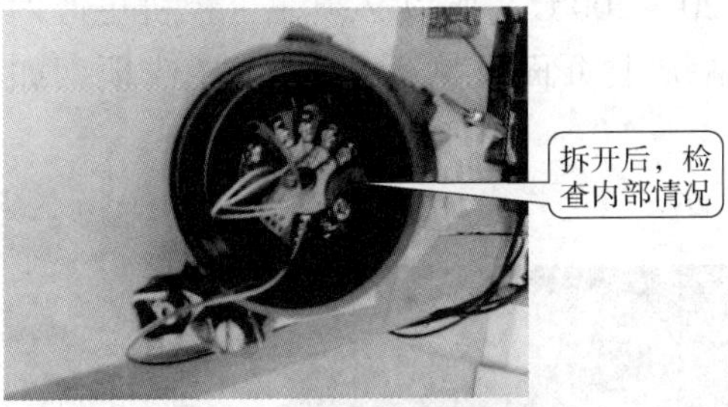

图 5-4-9　拆检温度变送器

(2)切断机组电源，拆开温度变送器上盖，看信号线有无短路，内部有无进水、脏物等，如图 5-4-9 所示。

(3)检查温度变送器是否损坏。

把温度传感器正负信号线连接到 250Ω 电阻的两端，首先用万用表测出两端电压，测出的电压值和理论值对比，如果能对应上，则说明温度变送器完好，反之，则变送器损坏或者发生偏差。如图 5-4-10 所示，在室温 26℃ 的情况下，测出直流电压为零，而算出的结果不为零，则该温度变送器是损坏的。

(4)检查变送器与 PLC 直接的接线有无短路、断路，方法：把万用表打在空挡上，两个触头分别放在两根信号线的端口，如有蜂鸣声，说明短路，然后分别把两个触头放在同一个信号线的两端，如有蜂鸣声，说明信号线完好，无断路。

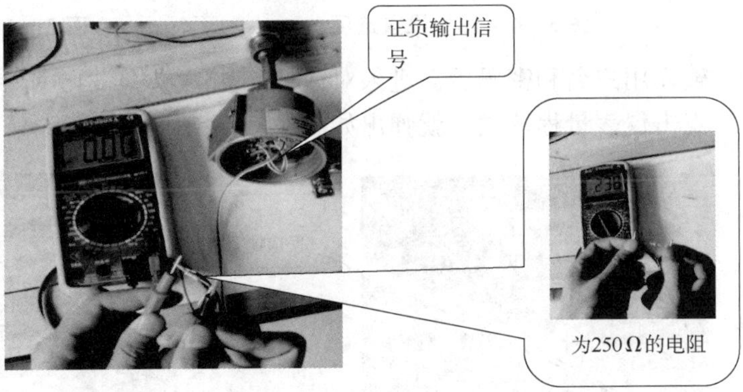

图 5-4-10　检测温度变送器

(5)检查与对应变送器相连接的 PLC 的 I/O 模块是否损坏。

3. 解决方法

(1)如温度变送器进水进油，拆开温度变送器上盖，清除里面的脏物，除掉接线板上的锈蚀。如图 5－4－11 所示。

(2)温度变送器损坏更换方法：可以整个拆掉更换，但拆卸比较麻烦，如果外壳没有机械方面的问题，可以只更换温度变送器内芯的敏感元件，如图 5－4－12 所示。

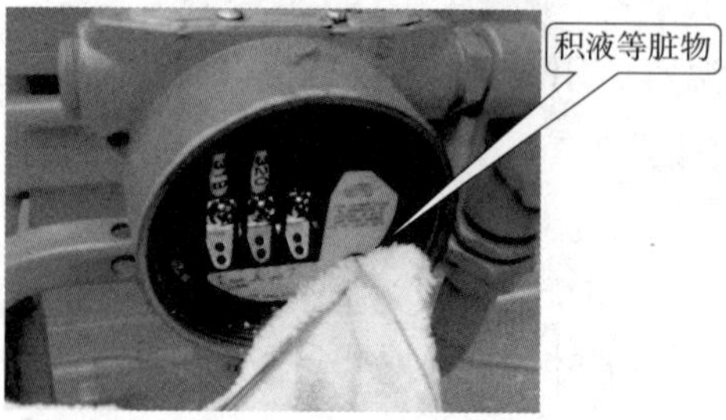

图 5－4－11　去除温度变送器里的脏物

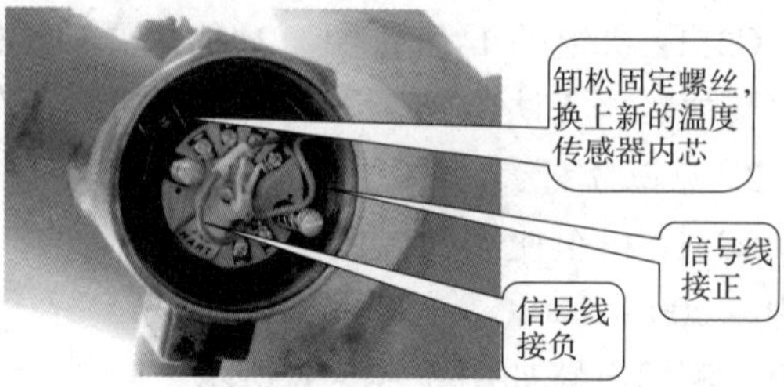

图 5－4－12　更换内芯

接线时一定注意不能正负信号线接反，一般灰色为负。更换好以后，用万用表检测是否连接正确，确定无短路、断路。如更换同型号的变送器，或者输出量程一致，则不需更改工控机上压力表的默认量程，如果更换的温度变送器量程与以前使用的不同，则需要更改工控机上对应的表的量程，更改方法：以 4#机 1#缸排温为例，以前温度变送器的量程为－200～200℃，更换的温度变送器的量程为－20～200℃，所以必须在工控机更改对应的参数。首先打开机组电源，进入机组监控系统主页面，然后点击设置选项，如图 5－4－13所示。

点击设置选项，弹出对话框如图 5－4－14 所示。

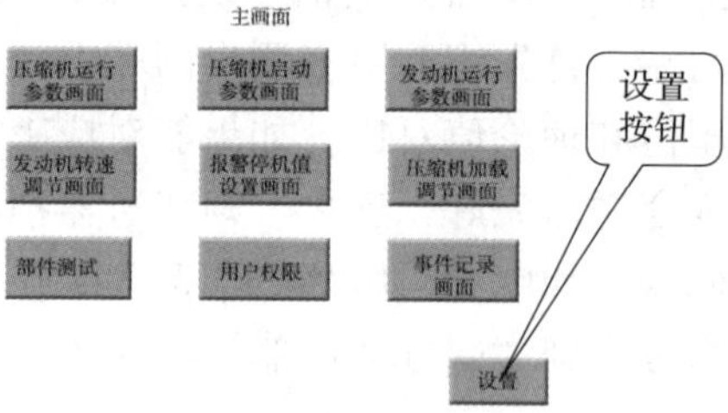

图 5－4－13　设置选项

图 5－4－14　用户和密码

输入用户名和密码后，进入对话框，如图 5－4－15 所示。

点击仪表量程选项，就弹出如图 5－4－16 所示页面。

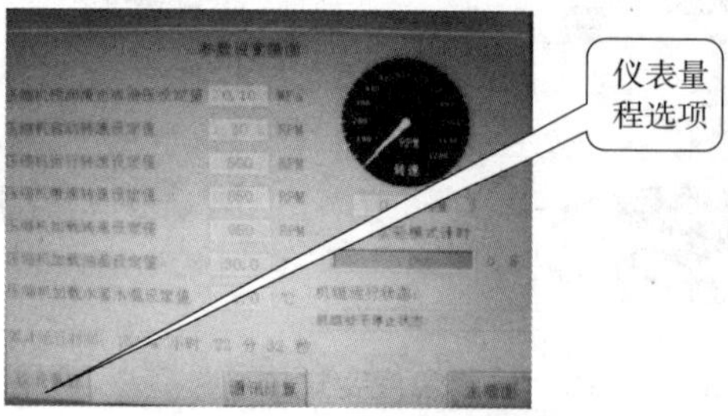

图 5－4－15　仪表量程

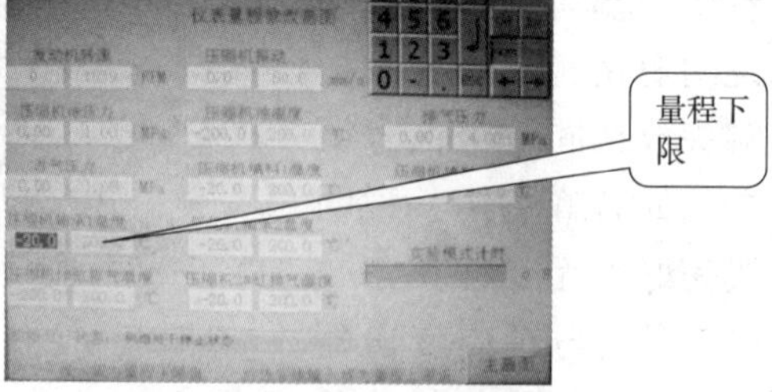

图 5－4－16　量程修改

1#缸排温后面修改量程为－20～＋200℃，修改完毕后，温度就会正常显示。

(3)如变送器与 PLC 之间的接线有短路或者断路，则重新连接信号线，接好后重新检查。

(4)如对应的 PLC 的 I/O 模块损坏则需要更换。由于是插槽式的，因此直接拔掉旧的，重新用一新的接线后插上即可。

(三)G3512 机组压力显示不正常

1. 现象描述

G3512 机组存在压力低或高报警故障，机组无法正常运行。实际压力不高，但由于测压系统故障而显示压力高而非正常停机。

2. 原因分析

G3512 机组的发动机与压缩机的测压点有几十个，下边以发动机油压低为例来分析压力系统出现的问题。

发动机油压低的原因很多：曲轴箱液位低，润滑油黏度不合适，润滑油被污染，润滑系统损坏，压力变送器损坏和测压系统故障等，目前遇到的电子方面的故障主要是测压系统和压力变送器损坏。

G3512 机组测量压力的传感器是：量程为 0 ~ 4000kPa 或者 0 ~ 1000kPa 的压力变送器，如图 5 - 4 - 17 所示。

测压示意图如图 5 - 4 - 18 所示。

图 5 - 4 - 17 机组压力变送器

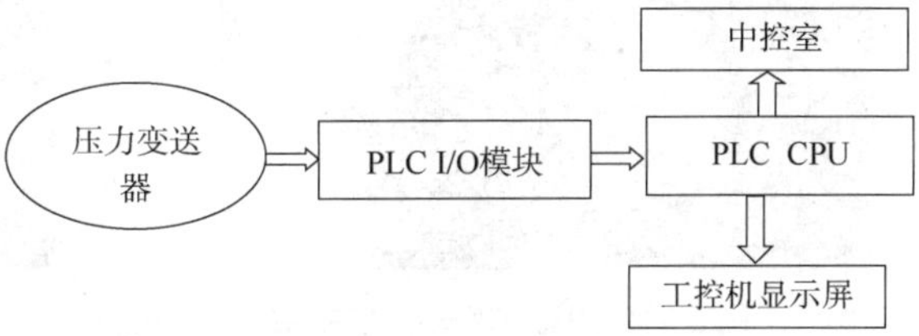

图 5 - 4 - 18 测压示意图

测压系统故障的原因主要从以下几方面分析和检查，下边以压缩机油压显示不正常为例进行说明。

(1)首先检查引压管是否堵塞或者断流。

(2)切断机组电源，拆开压力变送器上盖，看信号线是否短路，内部是否有脏物，如图 5 - 4 - 19 所示。

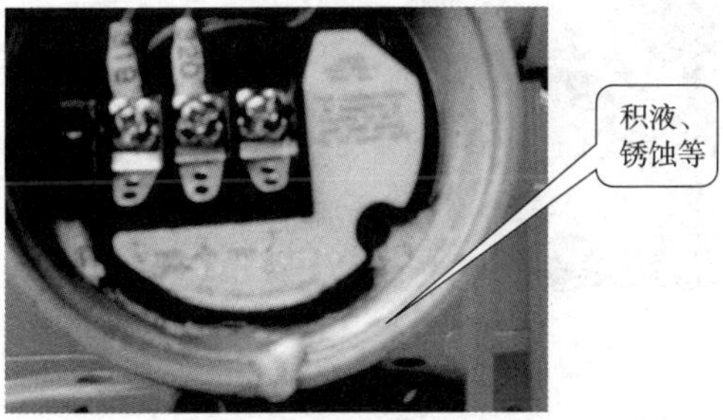

图 5 - 4 - 19 积液

(3)检查压力变送器是否损坏。

首先，可以用替换法检测压力变送器的好坏。

如果无配用的压力变送器，也可以用以下方法查看变送器是否损坏。如图 5 - 4 - 20 所示，是两线制压力变送器接线图。

要检查压力变送器的好坏，用独立的 DC24V 的电源和万用表，接上变送器的正负信号，就能查看压力变送器的好坏，判断方法可参看温度变送器的检测方法。

(4)检查变送器与 PLC 的接线有无短路、断路，方法参考温度变送器的接线检查。

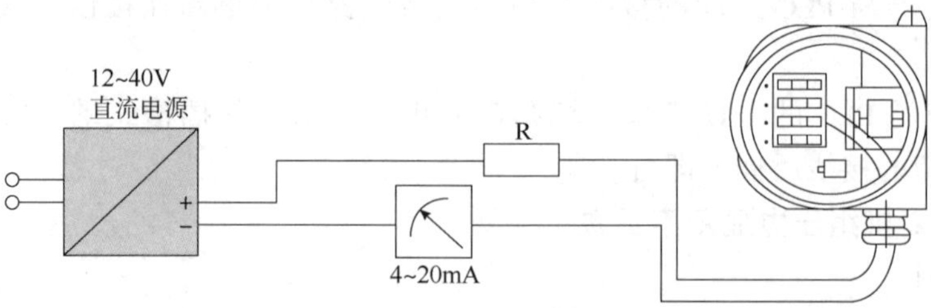

图 5-4-20　两线制压力变送器接线示意图

(5) 检查与变送器相连接的 PLC 的 I/O 模块是否损坏。

3. *解决方法*

(1) 引压管堵塞，则卸掉引压管，用高压空气进行吹扫，并且用轻质油进行清洗。

(2) 如压力变送器进水进油，拆开压力变送器上盖，清除里面的脏物，除掉接线板上的锈蚀，看压力显示是否正常。

(3) 压力变送器损坏，更换方法：整个压力变送器拆掉，重新安装检测的变送器，首先确认短接头安装正确，如图 5-4-21 所示。

其次，用丝堵把变送器接口一端堵上，如图 5-4-22 所示。

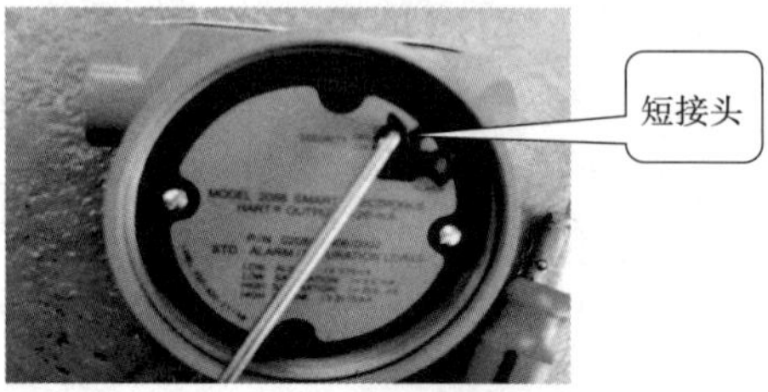

图 5-4-21　变送器短接头

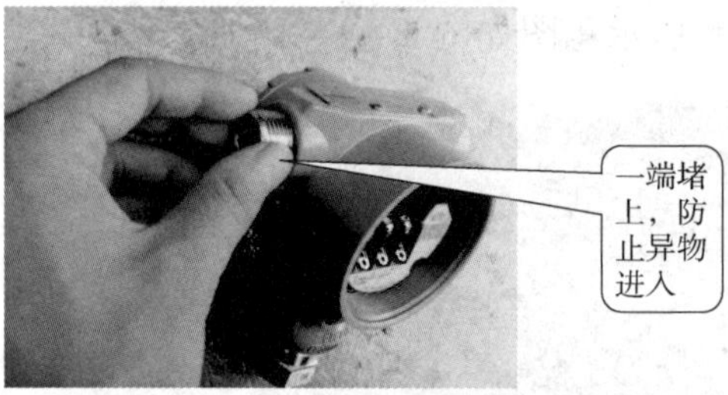

图 5-4-22　变送器接口封堵

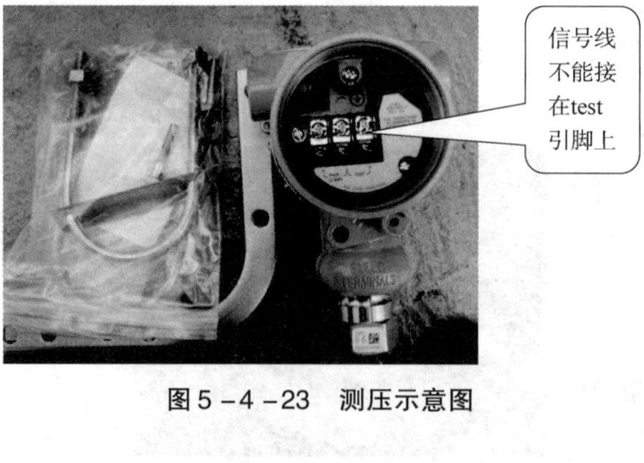

图 5-4-23　测压示意图

最后拆卸已经损坏的变送器，换上新的压力变送器。安装时要注意信号线正负的连接不可接反、短路，否则很容易烧坏传感器。最后信号线不能接到 test 信号上，如图 5-4-23 所示。

同更换温度传感器后一样，如果更换的压力传感器量程与以前的一样则不需更改工控机上压力表的默认量程，如果量程与以前使用的不同，则需要更改工控机上对应的压力表的量程，更改方法同更换不同量程的温度变送器方法相同(参考温度变送器异常的处理)。

(4) 如变送器与 PLC 之间的接线有短路或者断路，则重新连接信号线，接好后重新检查。

(5) 如对应的 PLC 的 I/O 模块损坏则需更换。

(6) 如检查整个测压系统都无问题，还是显示不正常，就可能是上位机组态程序中相应的系统文件被人误删除，导致程序无法调用所需参数，必须重新安装应用程序。

(四)发动机与压缩机振动显示不正常

1. 现象描述

机组运行一段时间，正常运行时故障停机，显示原因为压机或者发动机振动过大，拆掉振动传感器机组恢复正常；在启机之前工控机显示的振动值为振动传感器的满量程值，无法启机。

2. 原因分析

排除由于机械振动引起的振动显示异常以外，开始检查G3512机组振动系统的电路，原理如图5－4－24所示。

要排除整个系统每个部分的故障，需要从以下几方面分析：

(1)所用的振动变送器型号为NE3502DEX1－R050－08－5－2－050，量程为0～50.8mm/s，如图5－4－25所示，确定变送器无故障，可以用替换法，也可以用万用表检测变送器的输出信号。

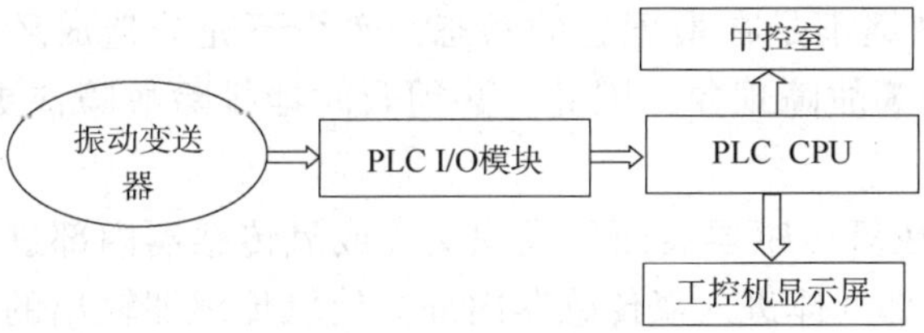

图5－4－24　原理图

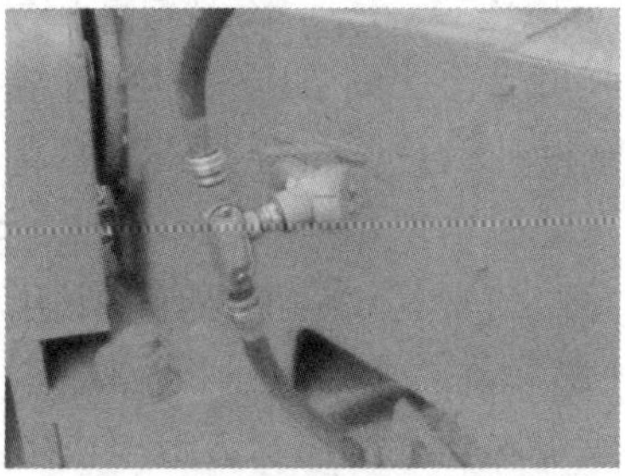

图5－4－25　振动传感器

(2)切断机组电源，拆开变送器上盖，检查信号线，查看内部是否有脏物、锈蚀等。

(3)检查变送器与PLC的接线有无短路、断路，方法参考温度变送器的检查方法。

(4)检查与变送器相连接的PLC的I/O模块。

3. 解决方法

(1)更换同型号的振动传感器，更换方法有两种，一是整个变送器都拆掉，从接线板的上部拆掉接线头，然后安装上新的变送器后把对应的信号线接上。第二种方法是只拆掉变送器的内核，从接线板的下部拆掉线头，换上新的内核后，把对应的信号线接上，这种方法比较方便。如图5－4－26所示。

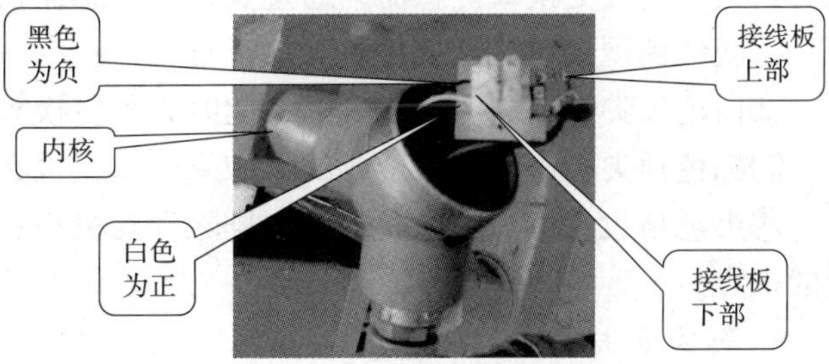

图5－4－26　接线方法

如果现场无同型号的振动传感器，使用其他型号的传感器也行，不过一定要注意更换不同型号的传感器后必须重新设置仪表量程，方法可参考温度变送器量程设置。

(2)如变送器与PLC之间的接线有短路或者断路，则重新连接信号线，接好后重新检查。

(3)如对应的PLC的I/O模块损坏则应更换。

(4)如检查整个振动系统都无问题，还是显示不正常，就可能是上位机组态程序中相应的系统文件被人误删除，导致程序无法调用所需参数，必须重新安装应用程序。

(五)废气氧含量异常

1. 现象描述

在G3512机组运行时，出现报警故障，提示为氧含量异常，更换同型号的氧传感器，机组恢复正常。

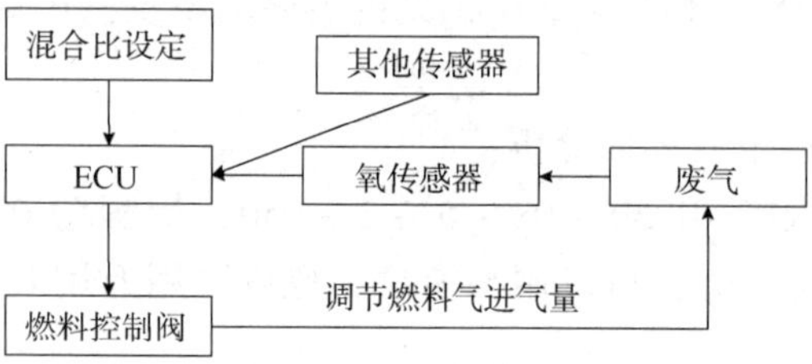

图5－4－27　氧反馈回路工作原理

2. 原因分析

如图5－4－27所示，在排气管中安装氧传感器，用以检测排气中氧的浓度，并向ECU电子控制模块发出反馈信号，ECU根据废气中的含氧量判断气缸中的燃烧状态，含氧量大则增加燃料控制阀的开度，含氧量小则减小燃料控制阀的开度，以此控制燃料气的进气量大小，调节废气中的含氧量。氧传感器一旦出现故障，将使ECU得不到排气管中氧浓度的信息，将会造成气缸内的燃烧不是在最理想的状态，燃烧不充分造成环境污染，发动机出现怠速不稳、缺火、喘振等故障现象，因此，必须及时地排除故障或更换。氧传感器的常见故障主要有以下几种：

(1)积炭：由于发动机燃烧不好，在氧传感器表面形成积炭，或氧传感器内部进入了油污或尘埃等沉积物，会阻碍或阻塞外部气体进入氧传感器内部，使氧传感器输出的信号失准。产生积炭，主要表现为耗气量上升，排放浓度明显增加。此时，若将沉积物清除，就会恢复正常工作。

(2)氧传感器陶瓷碎裂：氧传感器的陶瓷硬而脆，用硬物敲击或用强烈气流吹洗，都可能使其碎裂而失效。因此，处理时要特别小心，发现问题及时更换。

(3)氧传感器内部线路断脱。

(4)氧传感器外观颜色检查。

从排气管上拆下氧传感器，检查传感器外壳上的通气孔有无堵塞，陶瓷芯有无破损。如有破损，则应更换氧传感器。通过观察氧传感器顶尖部位的颜色也可以判断故障：

①淡灰色顶尖：这是氧传感器的正常颜色；

②白色顶尖：由硅污染造成的，此时必须更换氧传感器；

③棕色顶尖：由铅污染造成的，如果严重，也必须更换氧传感器；

④黑色顶尖：由积炭造成的，在排除发动机积炭故障后，一般可以自动清除氧传感器上的积炭。

3. 解决方法

(1)首先连接ET，对氧传感器进行标定，标定过程如下：正确连接ET，连接好后，打开机组故障程序，选择标定按钮，开始标定；等待30min左右，标定结束；标定结束后，调整机组的功率螺栓(调整机组的含氧量)直到含氧量在8%左右。

(2)氧传感器损坏，更换步骤如下：首先拆掉传感器的下接头，接着拆掉氧传感器，如果是刚停机时间不长，要防止高温烫伤；安装新的传感器，连接上传感器下接头后，先对传感器进行标定，最后安装新的氧传感器到排气口位置。

(六)机组自动加载困难

1. 现象描述

机组在进气压力大于0.18MPa的情况下，选择自动加载后，机组自动加载到70%左右时机组转速开始急速下降，机组卸载，加载失败，如果卸载速度慢，机组直接停机。

2. 原因分析

自动加载失败原因较多：进气压力大、发动机转速低、功率小、混合比过高，单双缸有火花塞不点火，缸压低等。根据已有经验，G3512机组自动加载困难碰到的原因主要是混合比过高。

图5-4-28是机组的燃料气和空气系统的工作原理，通过调节末级调压阀来调节燃气系统的混合比。

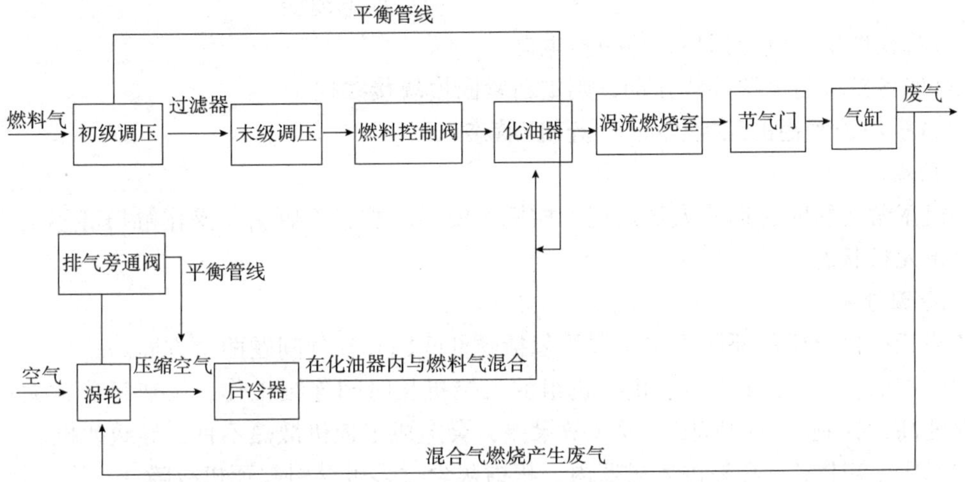

图5-4-28　机组燃料气系统

3. 解决方法

(1)对发动机的混合比进行测量，测量方法如下：机组处于停机状态时，打开燃料气管线和空气管线的取压口，在燃料气与空气的取压口处分别连接U形管的两侧，未启机之前保证两边无压差的平衡状态；安装好U形管，按照正常的步骤启机，提高机组转速到高速状态(960r/min)，待机组平稳运行时，读出U形管的水柱即为发动机的混合比。

(2)机组高速运转时混合比超过150mm水柱则需调整，调整方法如下：在停机状态下，打开机组的末级调压阀。要降低混合比，需要逆时针旋转末级调压阀内的丝扣，根据经验值，转动5圈大约可以改变压差10mm水柱。旋转好丝扣后，安装好末级调压阀的上盖，重新启机测量混合比，不到正常值就需要再停机重新调整，反复几次，直到达到技术要求。

(七)G3512机组旁控制面板加不上电

1. 问题描述

工控机以及整个控制面板都无电源显示，无法正常启机；有时是工控机能够正常启机但是监控软件不动作，无法更新数据，触摸屏处于死机状态。

2. 原因分析

(1)配电室到机组的电路出现故障，用万用表检测机组总电压，判断线路是否有断路。

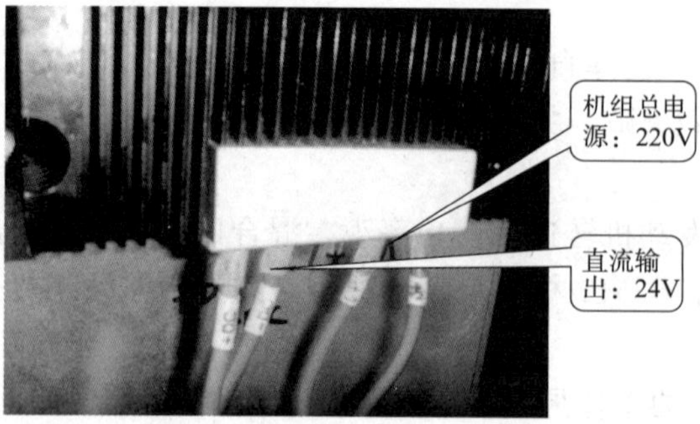

图 5-4-29 线性稳压电源

(2)查看机组电源模块是否损坏，用万用表查看电源模块输入是否为 AC 220V、输出是否为 DC 24V，图 5-4-29 机组电源为线性稳压直流电源。

(3)查看各模块与机组电源接线是否正确，是否出现接线松动、断路、短路等。

3. 解决方法

(1)若配电室到机组的线路出现故障，应更换电缆线。

(2)若线性稳压电源损坏，应更换电源。

(3)如各模块与电源接线松动，则重新紧固模块接线柱。

(八)机组控制柜的工控机处于“死机”状态

1. 问题描述

机组正常运转时，巡检人员发现工控机触摸屏的数据不更新，操作触摸屏不反应，工控机处于死机状态。

2. 原因分析

造成工控机死机的原因很多，主要包括硬件问题和软件问题两个方面。

硬件方面：(1)散热不良，由于机组的工控机长时间连续工作，发热量非常大，夏天外界温度高，控制柜空间有限，通风效果差，会造成工控机散热不良，导致死机。

(2)现场灰尘多，容易进入机器内，积攒灰尘过多也会引起死机故障。

(3)内存条故障，如果控制柜长期振动引起内存条松动、内存条质量存在问题等造成工控机死机。

(4)如果压缩机组长时间振动过大，造成工控机内部器件松动，从而导致接触不良，引起死机，所以应当避免控制柜剧烈振动。

软件方面，由于控制柜中的工控机只运行压缩机组监控程序，不存在硬盘剩余空间太少或碎片太多问题。初始化文件遭破坏，系统文件的误删除等引起的死机，在此不多分析。

3. 解决方法

(1)出现工控机死机，首先可以在不停机的状态下拔掉工控机电源，如图 5-4-30 所示，然后重新插上，看系统是否恢复正常，然后停机，取下工控机进行检查。

图 5-4-30 接线方法

(2)如果触摸屏过热，可以打开控制柜通风，降低温度。

(3)检查工控机内部，如果 CPU 风扇处灰尘过多，可以用毛刷将灰尘扫去，或用棉签蘸无水酒精清洗积尘元件。注意不要将毛刷和棉签的毛、棉留在电路板和元件上而成为新的死机故障源。

(4)查看内存条是否松动，将内存条取下，擦拭后重新安装。

(5)如果机器内部器件松动，板卡、外设接口松动导致死机，仔细检查各 I/O 插槽插接是否正确，各外设接口接触是否良好。线缆重新连接好后，把控制柜加固，防止长时间振动。

二、ZTY470H 13×8×4 机组故障案例

(一) PLC 显示故障

1. 故障现象

在机组运行时，压缩机 PLC 控制柜突然断电，机组停机，供电恢复后发现压缩机有 6 个数据显示始终为 0，值班室监控电脑全部数据都不显示。

2. 查找原因

通过观察显示异常的数据发现，这 6 个数据分别由 2 个 PLC 模块控制，故判断这 2 个模块损坏，值班室 PLC 显示同现场显示一致，而监控电脑无数据显示，说明远传信号线无问题，判断为通信卡失灵。

3. 解决方法

(1)更换损坏的 2 个模块。

(2)更换损坏的通信卡。

4. 故障原因分析

造成 PLC 显示故障，在 2008 年 8 月 11 日和 2011 年 4 月 30 日发生过两次，这两次都发生在强雷电天气下，雷电进入 PLC 控制系统，将 PLC 模块和通信卡烧毁。因此要避免此类事故主要是要预防好雷击，在现场做好避雷设施。另外，损坏的模块如果是主模块，则所有参数均不能显示，此时不但要更换主模块，还要将程序重新写入模块；如果是部分参数无法显示，则根据无法显示的参数更换相应的子模块即可，更换后不必重新写入程序。更换通信卡和传输模块后，要设置好相应的通信协议，计算机才能正常显示数据。

(二)压缩机动力缸拉缸

1. 故障现象

在机组运行时，突然出现声音异响，机身振动值急剧升高，从而导致机身振动超标停机，在 2008 年 4 月、5 月和 2009 年 10 月发生过三次。

2. 故障原因查找

通过查看机组数据历史曲线，发现机身振动值急剧升高(最高达到 160mm/s)，某动力缸温度达到 400～440℃，经盘车发现较为阻滞，甚至无法盘动。则基本可以判断为动力缸已经拉伤，温度上升明显的缸可能就是拉伤的动力缸。

3. 解决方法

(1)如果缸壁拉伤严重，则需要更换动力缸，如果拉伤较轻，可以用油石打磨缸壁，以缸壁光滑，无划痕、毛刺为标准。

(2)更换损坏的动力活塞和全部活塞环、支撑环。

(3)更换动力缸填料。

(4)检查十字头、轴瓦等有无损伤，有则更新。

4. 故障原因分析

造成动力缸拉缸主要有三个原因：一是动力缸内进入杂物，二是动力缸内润滑油烧结或润滑量不够，三是动力缸内积炭过多。因此，要避免动力缸拉缸需做好以下几个方面：

(1)按时清洗或更换空气滤芯。

(2)及时调节注油器注油泵的注油量，按时化验润滑油，发现不合格立即更换。

(3)按时保养动力缸，及时清除动力缸积炭，按时更换活塞环和动力缸填料。

(三)发动机动力缸温度异常，难以调节

1. 故障现象

某一个动力缸温度出现忽高忽低，调节较困难，调节后变化很快，造成三个动力缸温度差距较大。

2. 故障原因查找

某一个动力缸温度出现忽高忽低，无疑是因为这个缸的燃料气进气量不稳定，有两种情况可能导致这一现象。一是喷射阀调节旋阀锁紧螺钉松动，机身振动使喷射阀调节旋阀来回旋转，导致进气量忽高忽低；二是喷射阀密封圈密封不严，气门开度时大时小；三是电路有问题，点火不正常。

3. 解决方法

如果是上述第一种情况，则上紧锁紧螺钉，调节好缸温即可。若是第二种情况，则需要更换喷射阀密封圈(共3处)，如果仍不能解决，则说明喷射阀本身已损坏，难以密封，需要更换喷射阀。如果是第三种情况，则需要检查线路，更换高压线圈、磁电机和火花塞。

4. 故障原因分析

在2009年5月29日、2010年9月4日、2013年9月7日、2014年11月15日共出现过4次该情况。其中，第一、三次是出现在动力三缸，第二次是出现在动力二缸。第一、三次是由于喷射阀内部密封不严导致，更换密封圈后不见好转，更换喷射阀后恢复正常；第二次则是由于锁紧螺钉松动导致，上紧螺钉后即恢复正常；第四次是由于三缸高压线圈损坏，点火不正常导致，更换高压线圈后恢复正常。

因此，要预防此类故障，应做好两方面工作：一是巡检时认真检查喷射阀，发现锁紧螺钉松动立即上紧；二是定期保养喷射阀，按时更换密封圈。

(四)发动机动力缸水温高停机

1. 故障现象

动力缸水温突然升高，至停机值85℃时，压缩机自动报警停机。

2. 故障原因查找

动力缸水温突然急速上升分两种情况：一种是压缩缸温度升高，水温也随之急剧上升，另一种情况是压缩缸温度升高而水温变化不大。如果是第二种情况，那么无疑是动力缸部分出现问题，需要查找并解决动力缸的问题，这里不做讲述。如果是第一种情况，那无疑是水路循环系统或冷却系统出现问题，需从以下方面查找原因：

(1)检查水泵皮带、冷却风扇皮带是否断裂，如任一条断裂则都会引起动力缸水温升高。

(2)检查节温器工作是否正常。

(3)检查高位水箱液位是否正常。

(4)检查水泵工作是否正常，有无泄漏。

3. 解决方法

根据以上四点原因，相应的解决方法如下：

(1)更换断裂的水泵皮带、冷却风扇皮带。

(2)维修或更换节温器。

(3)高位水箱液位如果是正常消耗，自然减少，没有及时补充，那么只要补充足够冷却液即可；如果是突然急剧减少，则压缩机水路必定有发生泄漏之处，一定要找到，将其修复后才能开机运行。

(4)修理或更换水泵。

4. 故障原因分析

在2009年6月1日—2010年3月24日出现过多次该情况。主要都是由于风扇或水泵皮带断裂所引起的。

要预防此类故障，应做好几个方面工作，一是认真检查皮带使用情况，发现松动或过紧及时调整，发现皮带损坏严重则及时更换，避免出现断裂造成高温停机；二是认真保养水泵、风扇及其轴承；三是及时补充冷却液，使液位在正常范围之内。

(五)三个发动机动力缸工作不平衡，且难以调节

1. 故障现象

在机组运行时，出现三个动力缸工作不平衡，缸温相差较大，并且通过调节喷射阀很难调至平衡，或调节至正常范围后很快又变得温差较大，工作不平衡。

2. 故障原因查找

造成发动机动力缸工作不平衡，主要有两种情况：一是混合阀损坏，通常是混合阀片断裂，也可能是混合阀弹簧损坏或定位销损坏；二是火花塞损坏或积炭过多。

3. 解决方法

(1)如果混合阀损坏，则修理混合阀。更换断裂阀片，更换全部弹簧(某个或某些弹簧损坏，需更换该混合阀的全部弹簧，以保证该混合阀上的弹簧弹力相同，混合阀的开度相同)，更换损坏的定位销等。

(2)如果火花塞损坏则修理或更换火花塞，如果火花塞积炭过多，则清理火花塞积炭。

4. 故障原因分析

要避免此故障应做好以下几方面工作：

(1)按时保养和检查混合阀，按时更换混合阀片和混合阀弹簧，发现定位销损坏也要及时更换。

(2)按时检查火花塞，及时清除积炭，调整好间隙，发现问题及时维修或更换。

(六)压缩机轴瓦烧瓦

1. 故障现象

在机组运行时，突然出现异响，机身振动值急剧升高，导致机身振动超标而停机，在2008年4月、5月和2009年10月发生过三次。

2. 故障原因查找

通过查看机组数据历史曲线，发现机身振动值迅速升高，导致机组自动停机，经盘车发现较为阻滞，用启动空气转动压缩机，曲轴箱处有明显异响。基本可以判断为曲轴轴瓦损坏。

3. 解决方法

更换轴瓦。测量曲轴、轴瓦间隙，更换后，测量曲轴轴向间隙、飞轮径向跳动和端面跳动等配合间隙，发现不适合的间隙则做相应的调整。

4. 故障原因分析

造成曲轴轴瓦烧瓦主要有三个原因：一是曲轴箱内进入杂物，二是曲轴箱内润滑油位偏低，三是压缩缸拉缸导致曲轴受力不正常导致烧瓦。

因此，要避免压缩机轴瓦烧瓦应做好以下几方面工作：

(1)按时检测曲轴箱润滑油，发现油品不合格立即更换。

(2)注意观察曲轴箱油位和高位油箱油位，发现油位偏低立即补充润滑油。

(3)按时保养压缩缸，及时清除压缩缸积炭，按时更换活塞环和压缩缸填料，防止压缩缸拉缸。

(七)压缩机压缩缸无油流报警停机

1. 故障现象

在机组运行时，出现压缩缸无油流报警停机，在2009年11月19日、2014年3月12日发生过两次。

2. 故障原因查找

压缩机压缩缸无油流报警，有两种情况：一是注油器内有油而报警停机，另一种是注油器内无油而报警停机。造成第一种情况有两种原因：一是注油泵失灵，二是分配器失灵。第二种情况主要是由于注油器浮子开关失灵造成。

3. 解决方法

(1)如果注油器内有油，则先检查注油泵是否工作正常，如果注油泵工作不正常，则维修或更换注油泵。如果注油泵工作正常，则检查分配器(重点检查触发弹簧是否完好)，如果损坏则维修或更换分配器。如果分配器也正常，则检查各油路管线、接头等有无堵塞，如果堵塞则疏通堵塞处即可。

(2)如果注油器内无油，则检查注油器浮子开关，检查浮子是否工作正常，检查滤网是否堵塞。如浮子开关无问题，则检查高位油箱到注油器一段管线是否通畅。

4. 故障原因分析总结

要避免此故障应做好以下几方面工作：

(1)按时保养和检查注油泵、润滑油分配器。

(2)按时检查注油器、浮子开关滤网是否堵塞。

(3)巡检时认真检查注油器油位和注油泵工作情况，发现问题及时处理。

(八)压缩机无法启动

1. 故障现象

在机组启动时，发动机动力缸不能正常点火，压缩机组不能运行，或者机组启动后某一动力缸无法点火运行。

2. 故障原因查找

发动机动力缸无法正常点火，通常有两方面的原因：一是点火系统电路的问题，二是燃料气注气系统的问题。电路问题包括磁电机、接线盒、高压线圈、高压线和火花塞方面，如果发现火花塞不点火则需要依次检查这些部件。如果是燃料气注气系统的问题，则要检查燃料气电磁阀、调压阀、燃料气进口转阀以及喷射阀和液压系统等。

3. 解决方法

(1)如果检查发现火花塞不点火，则首先检查火花塞是否积炭、是否间隙过大或过小，排除火花塞后再依次向上游排查，找到故障部位，进行维修或更换。

(2)如果火花塞点火，则要检查燃料气注气系统的问题，另外，检查液压油的油位是否偏低。如果检查都无问题，则要更换全部液压油，并进行排空后再启动机组。

4. 故障原因分析总结

要避免此故障应做好以下几方面工作：

(1)按时保养和检查点火系统、燃料气注气系统，按时清除火花塞积炭，调整火花塞间隙。

(2)巡检时认真检查液压油箱油位，发现油位偏低立即补充。

(3)按时检查更换液压油。

(九)压缩机转速不稳定，超速停机

1. 故障现象

压缩机转速不正常或无法调节，甚至超速停机。

2. 故障原因查找

压缩机转速不稳定主要有四种原因：

(1)点火系统故障，某一缸工作不正常。

(2)燃料气进气转阀或转阀操纵机构失灵。

(3)仪表风气源压力不足或仪表风管路不通。

(4)调速器失灵。

如果转速不稳定，时快时慢则可能为第(1)、(2)、(4)种情况；如果转速越来越低(直至怠速)且无法调节，则一定为第(3)种情况；如果出现超速停机，则基本肯定为第(4)种情况。

3. 解决方法

根据以上原因，相应的解决方法如下：

(1)检查并修复点火系统，首先检查火花塞，火花塞损坏的可能性最大，其次是高压线、高压线圈和永磁电机。通过缸温观察，哪个缸缸温不正常，先检查哪个缸的点火系统。

(2)维修或更燃料气进气转阀或转阀操纵机构。

(3)将储气罐的气压充至不低于0.6MPa，如果是仪表风管线堵塞，则先疏通管线。

(4)修理或更换调速器。

4. 故障原因分析

在2010年8月20日出现过调速器失灵、超速停机故障，更换调速器后恢复正常。转速不稳的情况出现过多次，经更换火花塞后恢复正常。

要预防此类故障，应做好以下几方面工作：一是按时检查火花塞，调整好间隙，及时清除积炭；二是保证储气罐的气压不低于0.6MPa，要及时充压；三是按规定保养好调速器。

三、储气库某型号压缩机组的故障案例分析

储气库压缩机是储气库地面工程最核心的设备，储气库夏注冬采，主要承担应急调峰保供任务，压缩机组依照储气库的特性而设计，具有排量大、注气压力高等特点。注气压缩机是储气库运行时间最长，也是操作最为频繁、维护维修工作量和难度最大、维护成本最高的设备。为保证安全，减少非计划停机和减少维护工作量，要求采用机组及配套系统简单，可靠性高、易维护的压缩机。

储气库某型号压缩机，采用二级压缩，一级压缩将上游天然气压力由5~8MPa提升至

17MPa，二级压缩将压力提升至最高34.5MPa。表5-4-1为机组参数。

表5-4-1　储气库某型号压缩机组参数

压缩机进气压力/MPa	5.0~8.0(设计点7.0)
压缩机进气温度/℃	5~25(设计点10)
压缩机排气压力/MPa	18~34.5(设计点34.5)
冷却后的出口温度/℃	≤65
设计转速/(r/min)	995
压缩级数	2
一级气缸数量/缸径/(个/mm)	3/175
二级气缸数量/缸径/(个/mm)	3/120
活塞行程/mm	150
单机设计点排量/($10^4Nm^3/d$)	≥150
单机轴功率/kW	3812
防爆等级	ExPzdeIICT4
驱动电机功率/kW	4500

(一)压缩机组排气缓冲罐取压接头出现裂纹

1. 问题描述

机组开机运行13h，巡查时发现一级排气缓冲罐取压管短接从螺纹处出现漏气，卸载停机后发现螺纹接头处存在裂纹。

重新更换合格短节后，2#机组再次加载运行近4h，巡查时发现一级排气缓冲罐取压点短节在上次断裂相同位置处有漏气现象，卸载停机后发现螺纹接头处又出现裂纹。

2. 原因分析

调查发现机组在加载运行时取压管端有较明显的水平方向摆动，同时也发现一级排气缓冲罐底部支撑及罐体捆绑支撑螺栓出现松动现象。经综合分析后认为螺纹短节开裂的主要原因是取压管线发生高频振动导致的疲劳裂纹(图5-4-31)。

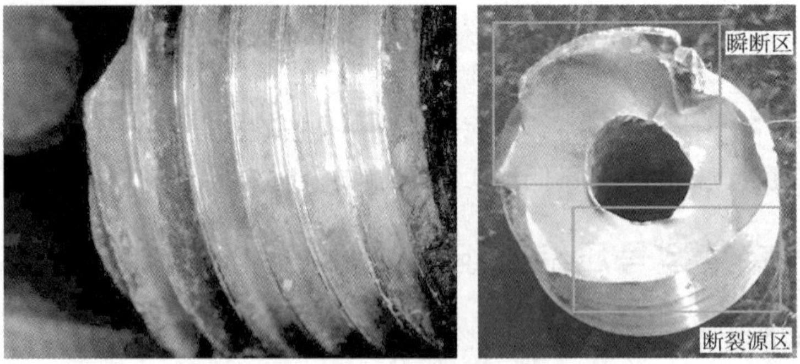

图5-4-31　短接断裂区情况

3. 解决方法

(1)再次对与一级排气缓冲罐相连的2、4、6列气缸的中体支撑进行了检查，并重新对反弹量超标的支撑进行了调整，同时对一级排气缓冲罐下的支撑进行了紧固，以进一步降低整组及一级排气缓冲罐的振动(图 5－4－32)。

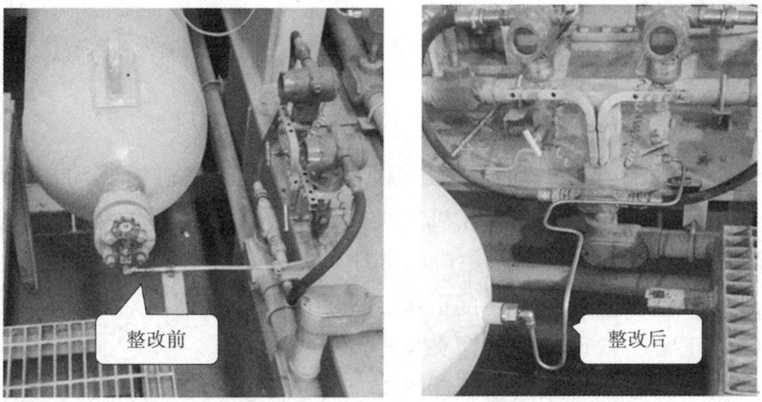

图 5－4－32　整改部位

(2)为了避免先导压缩机长期运行时一级排气缓冲罐悬臂法兰与封头相焊的短管出现疲劳裂纹的风险，经与容器厂家进行交流与沟通，将悬臂法兰整体去掉，减少取压管路悬臂的长度及重量，以改变管路的固有频率，规避共振现象的发生。

(二)注油系统二级气缸断流停机

1. 现象描述

压缩机停机，机组控制系统就地控制柜 HMI 报警信息显示：注油系统二级气缸断流停机。

2. 原因分析

判断压缩机二级高压注油回路断油超过 120s 而引起的机组无油流停机。通过对压缩机组二级高压注油系统进行检查，首先拆卸检查高位油箱端向注油泵端管路，检查油路正常。对注油泵手动泵油，发现注油泵卡滞，注油回路不畅。拆检二级气缸注油泵，注油泵及凸轮轴正常，未见磨损。拆卸二级气缸注油泵至注油器分配块管路接头，检查注油泵向分配块端注油正常，注油通畅。检查二级气缸注油器油量安全阀，检查无憋压泄压、起跳情况。检查 DNFT 无油流报警开关线路正常、反应正常，手动泵油期间指示灯正常闪烁。

对二级气缸注油器分配块总成进行逐步拆检，检查第四块分配块出现卡滞情况，第四分配块分别对 2 缸、6 缸高压填料端注油，对柱塞进行拆检发现内部存有微小机械杂质。检查发现分配块螺纹处破损，第四块柱塞卡滞原因为螺纹处机械杂质脱落，卷入柱塞内(图 5－4－33)。

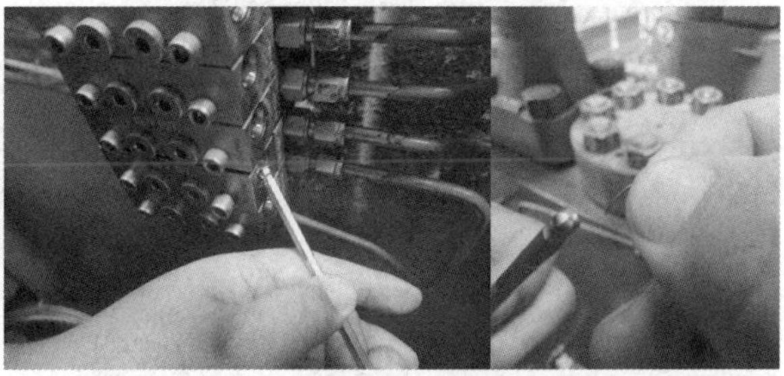

图 5－4－33　对分配块柱塞进行拆检和更换

3. 解决方法

(1)该压缩机组二级气缸注油器分配块已累计使用 3641h，此次机组注油系统断流停机原因为第四块分配块疲劳磨损导致右侧螺纹丝扣脱落，从而造成分配块卡滞。

(2)更换二级气缸第四块分配块，并对其余分配块均进行拆检，检查柱塞无卡滞、分配块内无杂物，手动泵油对分配块总成进行排空。启机后故障消除。

(三)压缩机驱动端振动高报警停机

1. 现象描述

压缩机停机，机组控制系统就地控制柜 HMI 报警信息显示：压缩机驱动端振动高报警停机。

2. 原因分析

查看中控室压缩机组所有振动值历史趋势图，显示压缩机组驱动端振动存在明显尖刺，而其他数值均较为平稳，基本排除机械类故障。压缩机组驱动端振动值最高到 17mm/s，超过报警停机值 12mm/s。同时，主电机非驱动端 Y 轴振动值存在轻微峰值。对 PLC 控制柜传感线路进行检查，检查线路连接正常，无断裂及破损情况。对驱动端振动传感器进行拆检，检查线路正常，发现传感器探头反应异常。

机组驱动端振动升高主要原因为驱动端振动传感器探头失灵引发机组报警。探头失灵原因分析：①自投运以来，该压缩机组驱动端振动探头并未出现更换记录，已持续使用 11816h。②受环境温度影响，机房内环境温度过高，加速各项元件老化。

3. 解决方法

(1)对压缩机组驱动端振动传感器探头进行更换。根据历史曲线图，主电机非驱动端 Y 轴振动值也存在轻微峰值现象。为防止类似故障的再次出现，提前更换了主电机非驱动端 Y 轴振动传感器。

(2)更换压缩机组两块振动传感器探头后，手动复位机组报警页面，检查发现报警消除，给予探头轻微外界刺激，报警值无异常升高情况。测试 PLC 控制柜数据显示正常，传感器反应正常，无异常升高及变动趋势，启机后运行无异常。

(四)压缩机气缸排气温度异常升高

1. 现象描述

巡检人员对机组气缸温度进行持续监测，当日 22:00 机组该气缸与其他气缸排气温差值达到 7℃，22:30 温差达到 9℃，同时对机组填料温度监测，检查发现填料温度随时间增长呈持续增长趋势，在机组温度达到报警值之前，现场人员申请手动卸载停机。

图 5-4-34　损坏的气阀和气缸阀盖附着的杂质

2. 原因分析

查看中控室压缩机组排气温度趋势图，当日 21:40 左右气缸排气温度持续升高，22:30 达到峰值。23:00 巡检人员手动卸载停机后该缸温度仍高于其他二级气缸。检修人员拆卸机组气缸活塞、填料、内侧排气阀等，检查发现气缸填料环、填料盒破损，气缸内侧排气阀阀盖表面附着大量杂质(图 5-4-34)。

该机组为填料改造试验机组，并对原厂填料盒进行维修。通过现场拆检确认填料、排气阀存在较大磨损。判断故障原因为机组运行过程中气缸填料破损，填料环碎片掉落至气缸排气阀，引发气缸排气温度和填料温度异常升高。

3. 解决方法

(1)对机组内产生的杂质进行清理。

(2)停止填料改造试验，损坏的部件全部更换为原厂部件。

四、压缩机气阀、填料故障案例分析

(一)气阀外泄漏

1. 现象描述

某化工行业 NEA 4SVL320 新氢压缩机，四级压缩。正常更换各级气阀，重新投入运行后，三级排气压力及三级压比较高，引起三级十字头反向角报警；测量各级进、排气阀盖的表面温度，四级进气阀盖表面温度轴侧 49℃、盖侧 52℃，明显高于进气温度，而其他阀盖则接近进气或排气温度。表 5-4-2、表 5-4-3 分别为设计运行参数和实际运行参数。

表 5-4-2　设计运行参数

设计运行参数		一级	二级	三级	四级
进气压力	bar	16.96	43.09	98.88	201.24
排气压力		43.27	99.21	202.31	388.46
进气温度	℃	35	35	35	35
排气温度		120	120	120	110
压缩比		2.55	2.30	2.05	1.93

表 5-4-3　实际运行参数

实际运行参数		一级	二级	三级	四级
进气压力	bar	18.5	36.6	88	206
排气压力		37.0	89.4	207	375
进气温度	℃	14	33	33	34
排气温度		111	127	117	99
压缩比		2	2.44	2.35	1.82

2. 原因分析

初步判断四级进气阀泄漏，经检查，四级进气阀没有阀片断裂，且阀片与阀座密封面完好，显示四级进气阀状态良好；进一步检查发现，四级进气阀存在严重的外泄漏；NEA 压缩机气阀一般没有垫片，采用硬密封，即，气阀与阀窝的安装面为精加工面。经检测，气阀及压缩机阀窝安装面的精度，均符合硬密封的要求，而该用户气阀安装，顶丝也是严格按照压缩机手册要求的扭矩上紧，但实际情况显示，硬密封面仍然存在泄漏。

3. 解决方法

增加垫片或增大顶丝的安装扭矩。最终采用增大 5% ~10% 的顶丝安装扭矩；压缩机重新投入运行后，四级进气阀盖的表面温度 34 ~35℃，运行参数见表 5-4-4，气阀外泄漏解决。

表 5-4-4　重新投入运行参数

重新投入运行参数		一级	二级	三级	四级
进气压力	bar	17.14	39.9	95.6	196.9
排气压力		40.33	96.73	197.3	381
进气温度	℃	14.5	32.4	32.8	33.72
排气温度		105.9	125.9	115.7	105.6
压缩比		2.35	2.45	2.064	1.935

(二)填料泄漏

1. 现象描述

某用户 6M16-1.74/44 氧压机填料故障：该压缩机 OEM 是华西通用，机型 6M16-1.74/44，6 缸四级压缩。四级填料装机运行仅三周，即出现填料泄漏明显；四级填料刚装机运行时，有一定泄漏，按照惯例，磨合一段时间后，泄漏量会逐渐好转，填料进入稳定运行周期；但用户反映，该机四级填料并没有逐渐好转的情况，而是逐渐恶化，且泄漏气体夹杂大量黑色粉末；到现场时，漏气排放管泄漏明显，但黑色粉末已大为减少。

填料解体后，泄漏原因一目了然，填料由于严重磨损而泄漏。四级填料由一组减压环、六组主填料及一组漏气密封组成，主填料带阻流环，其中密封环为 PTFE 材料，阻流环为碳环；经检验，减压环及漏气密封磨损情况正常，六组主密封环磨损严重，特别是第一组以及第六组，切向环的直切口部分已基本磨光，其余四组在活塞杆上检测，切向环已没有切口间隙，不起密封作用。

进一步检查发现：活塞杆上有比较严重的拉痕，而且表面呈焦黄色，明显有高温的痕迹，经仔细观察并测量，填料环各相关间隙符合标准，但发现一些异常情况：压力侧的第一组主填料的阻流环，内孔有严重磨损(磨损量约 2.5mm)，并有偏磨；该阻流环内孔边缘有破损，与杯槽接触的侧面有些亮点，明显有挤压的痕迹；阻流环接触的杯槽面，与其他阻流环接触的杯槽面，也存在差别，明显受到挤压。

继续检查现场情况发现：活塞杆拉毛的部位，不是整个填料的行程段，而是在靠活塞体侧 1/2 的行程段；拉毛痕迹也不是整个圆周分布，而是一侧比较集中；仔细测量拉毛的起始部位与填料总成的相对位置，活塞杆拉毛的起始位置，正是当活塞运动到下止点时，第一组阻流环的位置；测量拉毛部位的长度，与压缩机的行程吻合。

2. 原因分析

种种迹象表明，是第一组主填料的阻流环将活塞杆拉毛。这一组填料在杯槽内，轴向受到挤压，填料在杯槽内不能自由浮动，相对较硬的阻流环拉毛活塞杆，自身内孔也出现不正常磨损；测量结果显示，填料环与杯槽的轴向间隙正常，正常情况下，填料环不会受到轴向挤压；第一组主密封的阻流环，其内孔边缘破损的痕迹反映出了这一组填料环受到挤压的原因；填料环安装时被撞伤，碎片落入环与杯槽的间隙，压缩机运行后，加上一定的热胀，使该组填料在杯槽内胀死，出现一系列异常的磨损；由于活塞杆拉毛，造成填料环过快磨损。

第六章 压缩机安装要求与调试技术

压缩机安装之前应做好充分的准备工作，主要包括技术资料、施工组织措施、施工方案的编制、安装施工现场的清理、安装记录、压缩机的开箱检验及保管、基础的中间交接，垫铁、地脚螺栓、千斤顶以及安装所需工机具等的准备。

各种结构形式的往复式压缩机的安装程序和具体方法也不尽相同，但是基本的安装程序和技术要求，仍然有章可循。

安装调试前的注意事项：

(1)确认压缩机原始设计图纸、制造图纸、P&ID 流程图要有注册工程师盖章，并且符合合同技术要求。

(2)出厂前要严格按照图纸及合同要求进行验货，对压缩机零部件进行确认，缺漏项做好记录。

(3)出厂装箱时，必须有人全程跟踪记录，做好标记，避免漏发货物/备件。

(4)到达现场后，按装箱单开箱验收，并做好缺损项记录。

严寒地区冬季施工、抢投产工期项目注意要点：

(1)主撬二次灌浆施工及养护。

(2)发动机夹套水及辅助水、启动气、燃料气、压缩机工艺气、机组仪表风系统等的吹扫。

(3)压缩机组主撬之外，现场施工单位负责的辅撬管线支撑制作及一二次灌浆、管卡制作及现场调整紧固。

(4)各工艺气总管的低点及分离器等排污管线伴热保温。

(5)润滑油、防冻液选型及管理。

第一节 压缩机安装

压缩机的基本安装方式有两种：基础框架或底撬安装和直接的 BLOCK 式安装。基础框架或底撬安装最为常用，因而可将全部安装设备作为一个整体组装成套，然后再运往现场，置于地基之上。对于单体安装来言，由于在压缩机和地基之间没有中间段(基础框架)，因此压缩机是直接安装在地基上的，此种方式也更具有固定性。

如果要选择压缩机的安装处所，请挑选那些地表下层及其周围坚实并且所有时间都能保持干燥的场所。填土、潮湿的黏土、松散的沙石子或是类似的土是不能提供充分支撑的。要确定有足够的维修保养空间，例如，必须具备可从外端气缸取出活塞或连杆装置的富裕空间。要看看是否可以安装承载垂直吊车的设备，或在拆卸或安装重要的部件和装置之时能否将便携式起重设备放置到位。电源插座、照明设备和清洁情况则是其他的重要因素。对于操作人员的安全和健康来说，保持足够的通风也极其重要。

一、基础预制

在任何有必要增加标准的最小地基尺寸的场所，要必须加大基础面积以此减少土层的负荷以及摇摆的可能性。当可能出现极低温度时，基础要在地基工程师所预计的最低冻层下获得良好支撑(图 6 -1 -1)。

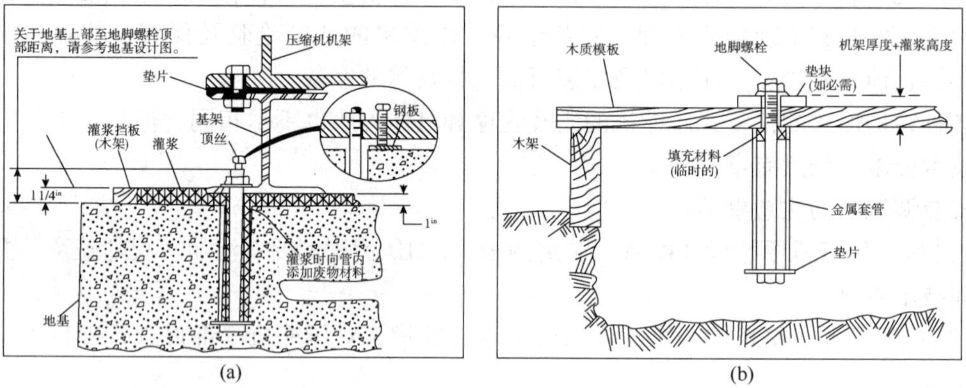

图 6 -1 -1　单体安装

二、地脚螺栓

定位地脚螺栓的位置时，要根据地基布置图的尺寸制作一个可以临时摆放螺栓的木质模板。把模板放置在压缩机将要占据的精确位置，同时要按图中指明的那样为灌浆留出空间(图 6 -1 -1)。将模板位置固定结实。下一步是将螺栓连接到模板上，从而可以打在地基里。这时有两点非常重要的因素要予以考虑：

(1)确认螺栓穿过机架定位孔的长度在带上螺母后还露有两道全螺纹，要预留出灌浆、机架、螺母等的厚度。

(2)为螺栓的失中调整留出余量。

在每根螺栓上套装 $2\frac{1}{2}\sim3$in(6 ~ 8cm)的金属管，就可以避免螺栓被灌注在某一固定位置，也就能够对机架定位孔内的螺栓进行少许移动，即对中调整了。在管子的上部填装纸或破布，防止在灌浆时水泥进入其内部。在地基加工图上标出了螺栓埋入基础内部的长度。

三、放置和调平

在地基建造完成、混凝土已经经过充足时间的固化后，就可以准备将系统放置到基础上了(图 6 -1 -2)。

首先，移开模板，为了在基础上获得更好的坚固的灌浆结合层面，可去除地基的上层灌注水泥和沙子。然后，彻底清洁地基表面。在灌浆之前，要将上述表面浸泡数小时。在确认没有积水后，取下基础定位螺栓的添加物，并在螺栓顶部周围放置围栏（高度要延伸到螺栓套管部分），以避免浆液与螺栓任何部分的接触。下一步，通过机架上的顶丝将机架撑起至高于地基 1～1.5in 的（2.5～3.8cm）的位置。调平、对中和灌浆的准备工作已经就绪（在每个定位螺栓处都必须有顶丝）。

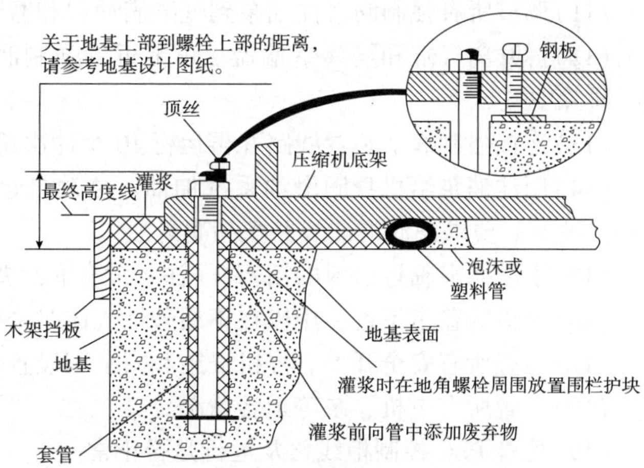

图 6－1－2　基础框架/底撬安装

在顶丝支撑压缩机的状态下检查其水平情况。在机架上部放置水平仪，要求各角在横、竖方向都要保持水平。可通过顶丝进行水平调整，所有顶丝要保持轻微的贴紧受力状态。在完成调平工作后，地基定位螺栓要用螺母固定但不可上紧。系统对中尽量精确是相当重要的，要达到灌浆或垫片调整结束后可将定位螺栓自由压下的效果。浆体彻底凝固后，旋松顶丝并均匀上紧所有基础定位螺栓螺母。要确定利用千分表检查对中时，不会出现下压螺母产生阻力的情况。

第二节　压缩机调试与启动

压缩机的性能及运转情况的好坏，直接影响着生产和经济效益，若因使用和维护保养不善，或采取措施不正确，不但会降低压缩机的使用寿命，还将引起事故。

一、压缩机安装完成后的首次调整、检查

（1）在驱动装置和压缩机间对中或找正。

（2）核实基础螺栓扭矩是否合适。

（3）拆掉压缩机顶盖、隔离室偏盖。用毛巾纱布彻底擦拭压缩机内部以除去在运输或储存过程中的积水或外来物质。

（4）检查曲轴变形偏差。

（5）检查活塞杆跑偏。

（6）检查十字头与滑道间隙。

（7）除去每个压缩机气缸端部。

（8）检查所有气缸的活塞余隙。

（9）按有关说明给润滑油滤清器加润滑油。

（10）检查强制润滑装置清洁度且油位要合适。

(11)调整所有强制润滑注油泵到气缸满冲程和磨合油封。

(12)拆开离气缸和隔离室偏盖尽可能近的强制润滑线路的末端。给润滑线路手动注油，排除空气。

(13)连接强制润滑装置线路并再运行10个冲次给气缸和活塞杆密封强制润滑。

(14)用注油泵给机身润滑油系统加油。注油泵运行速度100冲次/min或运行自动预润滑注油泵。要求把润滑油线路灌满润滑油。

(15)手动润滑临近密封的活塞杆(注：没有润滑要求的不适用)。

(16)隔板的盖子不盖，用以在不用酸性气体时来检查启动时的密封泄漏。

(17)检查所有安全开关、停机设施和安全阀设置是否合适，是否运转。

(18)检查所有电机、泵等运转情况。

(19)检查PLC控制柜线路及运行是否正常。

(20)检查所有开关、阀门是否灵活可靠。

(21)核实所有防护装置是否到位。

表6-2-1列出了机组各部分检查的项目。

表6-2-1　机组各部分检查项目

序号	发动机检查项目	序号	压缩机检查项目
1	空气进气系统及控制	1	曲轴箱检查及箱体找平找正
2	排气系统	2	空冷器就位找平
3	涡轮增压器系统及控制	3	气缸部件检查，安装
4	夹套水系统	4	气缸支撑调整，活塞杆跳动检查
5	辅助水系统	5	工艺配管连接与调整，过滤网安装
6	油水外循环加热系统	6	气缸、盘根注油润滑系统
7	曲轴箱油底及润滑系统	7	机身润滑系统
8	曲轴变形、间隙检测	8	ARIEL规定检查科目91条
9	机身及地脚螺栓检查	9	配套与脉动/振动分析吻合度确认
10	控制系统检查，执行器调整	10	空冷器部件安装
11	电气系统检查，接零接地线	11	辅撬管线支撑、管卡调整紧固
12	启动系统检查		
序号	机械部分	序号	仪控部分
1	整撬精找平找正	1	传感器测试检查
2	联轴器粗对中	2	发动机模块测试检查
3	二次灌浆及养护	3	电器测试检查
4	联轴器精对中	4	模拟量、开关量及控制回路测试
5	系统吹扫	5	报警、停机门限值初设
6	气密性试验	6	PLC控制盘逻辑检查
7	模拟启动	7	系统联锁检测、调试
8	空载、加载测试	8	负载运行中的报警、停机功能测试
9	发动机压缩机工况复核及污染物排放检测		
10	振动检测		

二、压缩机试运行的前期准备

(1)站场设备设施、仪表及控制系统、通信、供电、给排水、排气(放空)、排污系统等辅助系统应根据图纸及规范的要求安装调试完毕，其中包括计量装置安装验收合格。

(2)站场消防设备、设施和消防器材及防爆工具配备齐全、完好，可燃气体报警仪、安全控保装置、含氧测定仪经校验合格。

(3)通过厂调度室协调好供气，确保来气压力符合需求。

(4)生产岗位人员必须经过严格的培训，熟悉工艺流程，懂设备性能，熟悉岗位各项操作，正确预防和判断管线及设备故障，会处理各种故障和应急事故，上岗人员须经考试合格，取得上岗证，特殊工种取得主管部门颁发的合格证。

(5)试运行前要求生产单位对试运行操作人员进行安全技术教育，了解并掌握天然气的物性及安全防范措施，同时加强岗位技术练兵，熟练掌握各种消防及灭火器具的使用方法，保证试运行过程中各项操作过硬，不出现误操作，不发生事故。

(6)生产管理单位建立健全以下规章制度：

①生产岗位操作规程。

②设备检修、维护保养规程。

③生产岗位安全责任制、巡回检查制度、交接班制度。

④生产岗位试运行及日常生产记录报表。

⑤站场工艺流程图、阀门编号、走向标识。

三、试运目的

(1)全面检验压缩机组是否达到设计所规定的各项性能指标。

(2)考核压缩机组的仪表及自控报警安全保护装置的安装、调试质量及可靠性、灵敏度。

(3)考核压缩机组的制造和装配质量。

四、压缩机组试运的准备、检查

(1)压缩机安装、调整工作已结束，其他辅助设备及相应的水、电设施均已安装完毕，并经检查合格。

(2)全站管线、装置、设备敏感性试验及严密性试验合格，且完成吹扫和置换。

(3)安全防护措施落实，有突发事故处理应急预案，防毒面具、消防器材放置适当，照明、通信设备等备齐，并定专人负责，现场监护。

(4)测试仪器、仪表、检修工具的性能可靠，备齐待用。

(5)配齐新机组操作人员，并进行培训，考试合格后并掌握设备性能，工艺流程，配合调试。

(6)编制操作规程，机组记录报表准备齐全。

(7)完成机组工艺气、润滑油、冷却液、仪表风管线及配套散件的安装并检查合格。

(8)完成控制系统接线并检查电/气动逻辑控制的标定及机组启停逻辑测试。

(9)检查空冷器百叶窗开度并达到合适位置。

(10)机组检查:

①检查压缩机各主要螺纹连接部位达到设计要求。

②检查压缩机各运动部位装配间隙。

③确认机身油池内、注油器内油量充足。

④检查压缩机润滑油管路系统组装后是否清洗干净。

⑤再次复核压缩机每个气缸的余隙。

⑥调整好压缩机气、油的安全保护系统。

⑦清理试车现场，设置安全区域，无影响操作人员工作的因素。

五、往复式压缩机启动前注意事项

压缩机启动时首先明确是否具备进入运转状态的条件，再按启动要求的顺序进行启动。

(1)检查有关部件是否已调整合适。

(2)检查润滑油箱的油量、润滑油的清洁度、水分及固态物。

(3)冷却水水量调整及分配调整。

(4)检查气缸用注油器油量。

(5)检查放泄阀、旁通阀全开与否，是否可以进行无负荷运转。

(6)用手转动注油器，给气缸、填料注油。

(7)启动润滑油泵，检查油压，判断油泵是否工作正常。

(8)用盘车装置进行盘车，完毕后将盘车装置返回原位。

(9)入口阀门全开。

六、启动压缩机的检查工作

(1)操作人员必须对压缩机流程、操作比较熟练，且佩戴好劳保及防爆工具。

(2)操作人员对机组及周围现场认真检查清理，要求主机及附属设备整洁，零、附件齐全完好，压力表手阀微开，周围现场无杂物。

(3)开机前将用电设备送电。检查远传仪表、联锁系统、工艺气、仪表风、循环水是否有异常，如有异常及时处理。

(4)检查润滑系统。

①检查润滑系统压力表、温度计等就地指示仪表齐全完好。

②检查机身油池润滑油情况，油质应清澈明亮，无明显杂质，无乳化现象，如不合格应更换新油，油位应控制在稍高于油视窗的1/2～2/3处(以确保运转后的油位正常)。若冬季油温低于规定值时应启动电加热器，至规定值时停止加热器。

③检查注油器供油箱油位及自身润滑油位，若低于规定值应及时补充，检查注油泵工作状况。

④检查高压电机前后径向轴承润滑油情况，油质不合格应更换新油。

⑤检查辅助油泵完好待用。

⑥以上确认无误后将润滑油系统流程开通。

(5)检查冷却水系统。

①检查冷却水系统压力表、温度计等就地指示仪表应齐全完好。

②水箱水质应清澈透明，不发黑不发黄；不合格应将水放净，补充新水置换。

③水箱液位应控制在60%～80%之间(首次进水管路系统补水运行一段时间后，若水箱液位下降，应补水至正常操作液位)。

④检查主辅水泵完好。

⑤以上确认无误后将循环冷却水系统流程改通，打开主管放空排水，若水质清澈无杂物，关闭放空阀，并将压缩机冷却器循环水系统投用。

(6)检查主机系统。

①检查确认压缩机在无负荷状态。

②检查系统流程是否畅通，阀门开关位置是否正确。

③盘车：无论发动机或电机驱动的压缩机都必须盘车2圈以上，确定无卡滞现象。

④注油器手动泵油，确认无油流开关闪亮。

⑤检查辅助系统。检查空冷器风扇电机运转是否正常，传动带松紧是否合适。进气洗涤罐是否有液位，撬外出口阀门是否打开等。

⑥检查压缩机控制屏显示是否正常，各个参数及安全设置是否正确，有无报警和停机信息，如有需检查排除。

以上步骤确认无误后准备启机。

七、压缩机预启动

(1)打开压缩机冷却系统的供应水阀(如果要求)。

(2)在低转速(发动机转速为600RPM)的情况下无负荷启动运转压缩机。检查润滑油油压，当压缩机开启后，必须在5秒钟内使润滑油油压到20psi(138kPa)，否则立即停机。

(3)以600RPM速度运转2～5min。如果驱动装置是恒速电动马达则压缩机只需运行1～2min。

(4)关闭系统检查所有的轴承和密封温度是否过高。

(5)除去隔离室盖板，检查所润滑表面是否高温。

(6)检查油水线路是否泄漏。

(7)再次启动系统和压缩机约运行20～30min。运行时往曲轴箱加润滑油，油位到液位计中部。停机再重复上述检查。

八、压缩机无负荷试车操作程序

(1)拆下各级吸排气阀，不接通各级气体管道。

(2)启动预润滑油泵，确认润滑油压力正常。

(3)对压缩机盘车，盘车1～2转，确认运动部件无异常。

(4)机组启动。

①确认压缩机具备开机条件，按下启动按钮，启动机组。

②检查机组辅助系统运行状态，确认正常后进行空负荷运行。

(5)空负荷运转过程中，要密切注意机器各点温度是否超温，检查确认压缩机、驱动机各运转部位声音、振动、温度、油压等是否正常，管线有无振动。若设备出现过度振动、噪声、高温或任何其他危险情况等故障应立即停机。

(6)经常检查分液罐的液位，防止液位超高。

(7)压缩机组连续运转半小时。

(8)压缩机无负荷试车期间应完成下列检查和调整工作：

①检查压缩机内外表面的清洁情况。

②检查各运动摩擦副的润滑情况，循环油的压力在要求范围内。

③检查并消除不正常的声响和振动。

④检查各连接部位的紧固情况。

⑤检查各摩擦表面是否接触均匀，摩擦部位的温度应符合表6－2－2的规定。

表6－2－2　各摩擦部位的温度表

摩擦部位	主轴承	十字头滑道	连杆大头瓦	活塞杆
温度/℃	≤65	≤60	≤70	≤70

九、压缩机的吹扫运转

在确认压缩机空负荷运转无任何故障后，即可进行压缩机的吹扫运转。安装各级气缸的进排气阀，除各级吸气管段外，逐级连接气体管道和辅机进行吹扫，吹扫过程中要经常敲打管线，以便把管道中的氧化物及焊渣震下来排除掉。吹扫试验一般不规定时间，直到吹扫干净为止。在吹扫过程中，要特别注意以下几点：

(1)任何一级吹扫的脏物严禁带进下级气缸内，因此，在吹扫时各级进气管口与气缸必须分开进行，排出管路可与气缸同时进行。

(2)吹扫前必须拆除系统中所有的仪表、安全阀、止回阀等，用临时管段、丝堵等代替或敞开，一般阀门若不拆除时应全开，吹扫合格后，将各阀门、仪表复位。

(3)吹扫后应将各气阀彻底清洗干净，为负荷运转做好准备。

十、压缩机负荷试车

(1)压缩机经吹扫运转合格后，将机组内部管路全部接通。

(2)经全面检查无异常现象时，即可启动压缩机。

(3)逐步增压：逐步增压(以末级的排气压力为准)，对压缩机进行逐步增加负荷，各步骤间升压应平缓进行。

经增压到合适压力后必须运行1h，机器无任何异常现象。停车后，对机器进行检查，合格即认为压缩机组负荷试验合格。否则，重新开始试验。

(4)压缩机负荷运转的检查，结果应达到下列要求：

①运行中如发现运动副部件温度偏高，声音异常，应对曲轴各轴颈、活塞杆、十字头、活塞环、填料、气缸工作表面、主轴承、连杆大头瓦、小头衬套、气阀、阀片、弹簧

等进行检查。

②摩擦部位温度不应超过规定值。

③进、排气压力和温度应符合规定。

④润滑系统供油正常，循环油压力稳定、温度正常。

⑤填料密封可靠，不应有可见雾状渗漏，各密封点无泄漏(通过检查填料排污管线的温升，也可判断填料密封情况)。

⑥测量仪表灵敏可靠。

⑦主机运转平稳，无异常振动及不正常声响。

十一、压缩机负荷试车后的正常启动与停机

(一)正常启动

(1)检查启动环境，使之符合运行条件，保证机组无负荷启动。

(2)手动打开强制润滑注油泵运行 10 个冲次(确保润滑油管满)。

(3)用手动注油泵或自动注油泵给机身润滑油系统注油 40 个冲次(以防止轴承缺油，延长压缩机使用寿命)。

(4)打开冷却水系统。

(5)启动压缩机，检查润滑油压。

(6)低速、无负荷运转几分钟；检查强制润滑器的液位计；检查圆形液位计的液位。

(7)到额定转速，加载。

(二)正常停机

(1)降低转速到合适值(仅用于发动机驱动的装置)。

(2)通过打开一级吸入到最后一级排出管线的旁通来给压缩机卸载。

(3)关掉压缩机驱动装置。

(4)关掉吸入和排出截止阀。

(5)关闭冷却水系统。

(6)通过排出压缩机气缸、吸入管线和排出管线的气体释放压力。

(三)紧急停机

遇有下列情况之一者，应紧急停机：

(1)冷却水中断，管路刺漏或空冷器出现故障。

(2)管路连接处松动，严重漏气。

(3)压缩机各温度，压力超过规定范围，经调整无效，且无触发报警和自动停机。

(4)润滑系统压力低，刺漏包括注油器工作不正常或某注油管断裂且无触发报警和自动停机。

(5)驱动机发生故障。

(6)压缩机发生不正常声响。

十二、压缩机组热对中调试

(1)确定机组冷态曲线基准对中。按照厂家提供的冷态对中基准曲线找正，找正工作

一旦结束，厂家提供的冷态对中也就完成了使命。对于本机组来说，不会再用它了，热运后的机组再也回不到原始的冷对中基准曲线，因为机组热运后都会出现不可预见的释放与收缩的塑性变形。

(2)实测机组热运后的实际偏差值。当机组压力达到满负荷，运行一段时间，做好停机检测准备工作，确认各级压力指标，各级温度稳定正常后停机，以最快的速度，保持机组热态下将两个联轴器的同心度(径向偏差、轴向偏差)记录下来，作为热态运行时的原始依据。

(3)确定机组冷却后的基础依据。当机组热运完全冷却后，将联轴器同心度再次记录下来，作为热运后的冷态依据，也是下步冷态找正时的基础依据。

(4)在基础依据的基础上加减热运偏差。根据现场具体情况，再以一个不动的机组作为基准基座，根据热态运行时的偏差值原始依据，依次在冷态后的基础依据上，往下加或减，重新找正，得出的冷态对中曲线，将是比较准确的热态对中曲线。

最终的对中冷态曲线 = 在热运冷态后的“基础依据”上 ± 热态运行后的“原始依据”。

十三、物料准备

(1)油品：压缩机燃气机油、强制润滑注油、空冷器风扇轴承用锂基脂。

(2)冷却液：冷却液。

(3)常用工具：活动扳手、手钳、螺丝刀、手电、毛巾纱、清洗剂。

(4)专用工具：扭矩扳手、链钳、气阀拆除器等专用工具。

(5)设备：数字万用表、测温表、振动表。

(6)常用备件：滤芯、垫片、密封圈、进气阀等。

第七章　状态监测诊断技术

研究表明80%的非计划性停机是由于气阀、活塞/活塞杆、填料、活塞环/支承环故障引起的。考虑往复式压缩机的工作特点，通过对气缸压力、活塞杆沉降、气缸/十字头振动、气阀温度、轴承温度以及曲轴箱振动等参数进行状态监测，可方便地掌握和评估压缩机的运行状态，同时可以提前预知预判压缩机故障，减少停机时间和故障的发生率，而且能够为运行或检修提供依据，开展视情维修，降低维修费用，对提高压缩机工作的安全可靠性和生产的高效经济性具有重要的现实意义。

第一节　往复式压缩机常见故障

往复式压缩机受其工作原理的影响，把曲轴的旋转运动转化为活塞的往复运动，运动形式较为复杂；工作过程中受振动冲击载荷较大，导致易损部件较多；因其结构复杂，相应的故障形式也多种多样。

往复式压缩机常见故障分类：

(1)按照故障发生部位分类：气阀类、传动部位类、密封组件类等。

(2)按照故障类型分类：磨损类、断裂类、松动类、冲击类、泄漏类、堵塞类等。

往复式压缩机常见故障，具体见表7－1－1。

表7－1－1　往复式压缩机常见故障汇总

故障类型	故障部位(件)	故障名称
部件磨损	活塞环	活塞环磨损严重
	活塞杆	活塞杆磨损
	填料	填料磨损严重
	支撑环	支撑环磨损严重
	缸套/缸体	拉缸
部件断裂	进气阀	进气阀阀片断裂
	排气阀	排气阀阀片断裂
	沽塞	活塞断裂
	活塞杆	活塞杆断裂
	连杆	连杆断裂

续表

故障类型	故障部位(件)	故障名称
部件断裂	连杆螺栓	连杆螺栓断裂
	缸体螺栓	缸体螺栓断裂
部件松动	连杆大头螺栓	连杆大头螺栓松动
	活塞杆紧固螺栓	活塞杆紧固螺栓松动
	缸体螺栓	缸体螺栓松动
冲击类	气缸缸体	撞缸/液击
	进排气管路	管路共振
泄漏类	进气阀	进气阀泄漏
	排气阀	排气阀泄漏
	注油器	注油器泄漏
	进排气管路	进排气管路泄漏
堵塞类	空冷器风机	润滑油路堵塞
	注油器	注油器过滤器堵塞

图7－1－1　进气阀阀片断裂

一、气阀故障

气阀作为往复压缩机重要的工作零部件，是最容易发生故障的零部件，主要体现在阀片的疲劳和断裂等方面，气阀类的故障在压缩机故障的占比可以达到30%～40%。气阀故障照片具体见图7－1－1所示。

二、传动部件故障

运动件在做往复运动过程中，难免会产生两种硬质材料的摩擦，导致运动件磨损，导致活塞杆的下沉、机身的振动等现象。如果活塞与气缸间隙过大，不但会引起活塞杆的下沉，还会发生气体泄漏现象，从而引起进、排气压力的变化。

连杆大小头瓦做旋转运动，摩擦比较均匀，但压缩机在换向过程中，会出现压力波动，压力的波动对两者产生冲击，致使大小头瓦局部磨损量过大，导致连杆大小头瓦间隙过大。当出现间隙过大时，会在压缩机换向过程中产生较大振动冲击，致使活塞杆沉降量有突变特征。

曲轴、连杆、十字头、活塞杆作为往复式压缩机的传动部件，由于受交变应力的作用，容易出现疲劳、断裂以及磨损等故障。故障照片具体见图7－1－2、图7－1－3所示。

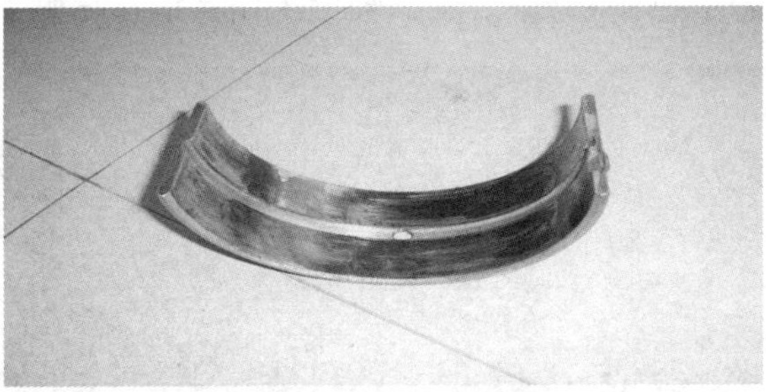
图7－1－2　连杆瓦磨损

图7－1－3　活塞杆断裂

三、气缸和活塞组成件故障

作为往复式压缩机的核心工作部件，气缸和活塞组件的主要故障类型包括活塞断裂、气缸缸套损坏、活塞环磨损、拉缸、支撑环磨损等，具体如图7－1－4所示。

四、管路故障

作为往复式压缩机而言，受管网气流脉动和机组振动的交互影响，管道出现整体或局部振动过大，导致管线断裂、连接法兰出现裂纹等故障问题。

五、辅助系统故障

往复式压缩机组的辅助系统包括冷却、润滑、过滤等系统，其能够保证往复式压缩机正常工作。因润滑不好，导致十字头上下滑道故障，如图7－1－5所示。

图7－1－4　气缸缸套损坏

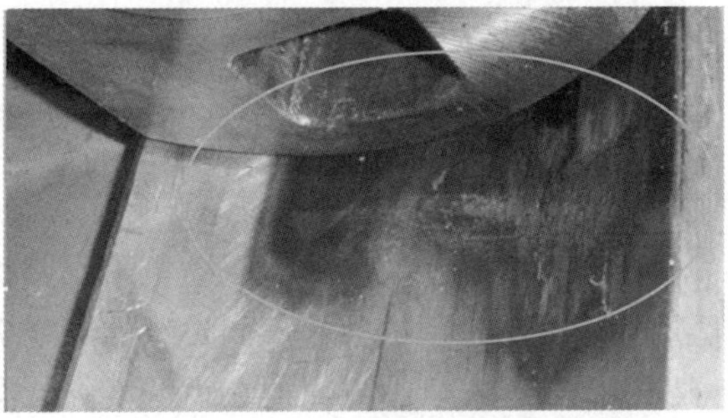
图7－1－5　十字头滑道润滑不良

第二节　往复式压缩机状态监测布点

往复式压缩机通过曲轴、连杆及十字头将旋转运动变为活塞在气缸内的往复直线运动，并由此使工作容积做周期性变化，周而复始地完成膨胀、吸气、压缩、排气四个循环。

对于气缸盖侧工作容积，活塞由外止点向曲轴方向移动时，进气阀开启，排气阀关闭，气体通过进气阀进入气缸；活塞由内止点向外止点移动时，进气阀和排气阀均关闭，随着气缸内的气体被压缩压力逐渐升高，当压力超过排气阀外的气体压力时，排气阀开启，高压气体排出气缸；活塞移至外止点时，排气结束。气缸轴侧工作容积与盖侧工作过程相反。对于多级压缩机，上一级排出的气体经冷却分离后被送到下一级，再进行压缩，最后一级排出的气体经冷却分离后输出，向用户提供压缩气体。通常活塞上有活塞环来密封气缸和活塞之间的间隙，气缸内有润滑油润滑活塞环。

图7-2-1 往复式压缩机外形图

往复式压缩机结构主要包括：机身、曲轴、连杆、十字头、接筒、气缸、活塞、密封填料、气阀、刮油环等，其外形见图7-2-1，基本结构见图7-2-2。

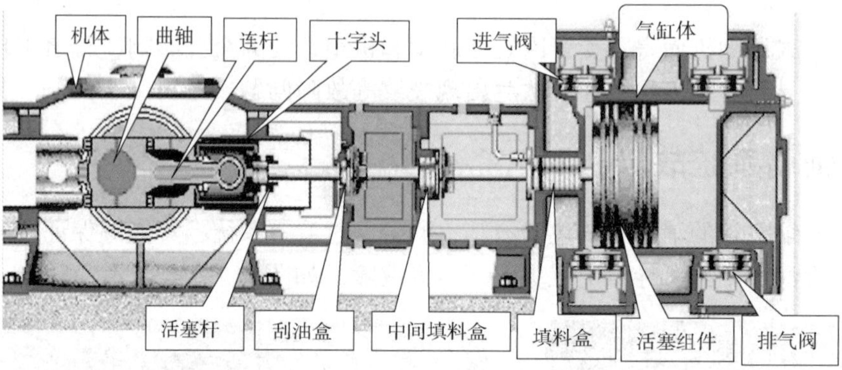

图7-2-2 往复式压缩机基本结构

根据往复式压缩机的结构，状态监测项目采取如下布点原则：

(1)科学性。能客观反映出影响压缩机组安全状况的主要因素。

(2)适用性。适用于评价各种不同类型的压缩机组。

(3)可操作性。能安全、方便地在现场实施状态监测。

故障分析的监测信号包括：键相信号、压力信号、振动信号、温度信号、泄漏信号等，具体如下：

(1)键相信号：采用键相传感器，键相传感器的作用是将曲轴的旋转运动转换成电信号，可在曲轴旋转时生成单脉冲信号来追踪曲轴运动，采集曲轴转动键相信号。

(2)压力信号：采用压力传感器，通过示功阀，采集气缸内部动态压力信号。

(3)振动信号：采用加速度/速度传感器，采集缸体、十字头壳体、曲轴箱壳体、气阀阀盖等振动信号。

(4)温度信号：采用温度传感器，采集气阀阀盖温度信号。

(5)泄漏信号：采用超声波传感器，采集缸体、气阀泄漏信号。

往复式压缩机状态监测传感器布点安装，具体见表7-2-1。

表7-2-1　往复式压缩机状态监测传感器布点安装

传感器名称	传感器监测项目/参数	布点安装位置	往复式压缩机部件
键相传感器	键相	联轴器/飞轮上粘贴反光条	联轴器/飞轮
压力传感器	气缸动态压力	示功孔安装压力传感器	示功孔
振动传感器	振动	缸体表面安装加速度传感器	缸体表面
		十字头壳体中间正上方安装加速度传感器	十字头壳体中间正上方
		曲轴箱壳体安装加速度传感器	曲轴箱壳体
		气阀阀盖安装加速度传感器	气阀阀盖
温度传感器	温度	气阀阀盖表面安装温度传感器	气阀阀盖
超声波传感器	泄漏	缸体表面安装超声波传感器	缸体表面
		气阀阀盖安装超声波传感器	气阀阀盖

第三节　往复式压缩机状态监测项目和参数

一、往复式压缩机状态监测项目

状态监测项目主要包括：压力、振动、温度和超声波。

压缩机状态监测项目汇总见表7-3-1。

表7-3-1　往复式压缩机状态监测项目

监测类别	监测项目	主要诊断信息	评价标准
压力监测	在气缸体布置压力传感器	(1)进气阀：咬住、流通面积小、漏气； (2)排气阀：咬住、流通面积小、漏气； (3)活塞环泄漏咬住； (4)进气管流通面积小； (5)排气管流通面积小	示功图历史比较
振动监测	(1)在曲轴箱体布置振动加速度传感器； (2)缸体、进气阀/排气阀的阀盖等部件振动	(1)十字头：磨损、螺栓松动、轴承损坏； (2)连杆：裂纹、螺栓松动； (3)进/排气阀损坏； (4)气缸、活塞环/支承环磨损	(1)振动趋势对比分析； (2)频谱特征分析
温度监测	进气阀/排气阀的阀盖布置温度传感器	(1)气阀漏气； (2)气缸内温度； (3)水套状态； (4)中间冷却器状态	温度趋势对比分析
超声波监测	缸体、进气阀/排气阀的阀盖布置超声传感器	(1)缸体的泄漏； (2)进气阀/排气阀的泄漏	超声波特征分析

通过这些传感器，系统可以实时监测不同型号的压缩机中重要部件的各项参数(如气

缸压力、曲轴箱振动、气缸/十字头振动等），并将获取的数据进行处理分析，得到实际 $P-V$ 图、气缸的进气/排气压力、压缩机的性能等数据图表。这些数据用于分析壳体、气阀、十字头、活塞等的工作情况，为机组的安全运行和适时检修提供可靠的依据。

二、往复式压缩机状态监测参数

包括键相、压力、振动、温度和超声波等信号，分析往复式压缩机零部件包括压力变化、振动、温度、超声波和频谱趋势等参数。

(1)键相：键相信号以确定各信号与活塞位置之间的关系。

(2)压力：压缩缸的吸气压力、排气压力及缸内压力变化。

(3)振动：十字头滑道振动、曲轴箱振动等。

(4)温度：吸气阀、排气阀温度、轴瓦温度等。

(5)超声波：吸气阀、排气阀、缸头端、曲轴端等。

第四节　状态监测诊断技术——键相信号

图 7-4-1　标记上止点

一、标记上止点

打开气缸缸盖，在活塞顶端放置挡块，手动顺时针旋转曲轴，直到活塞端到达挡块位置，然后在飞轮上做出第一个位置标记。逆时针旋转曲轴，直到活塞到达挡块位置，在飞轮上做出第二个位置标记。取两次位置标记中间位置，即为上止点的位置，在上止点的位置处贴反光条。

标记上止点，具体见图 7-4-1。

二、键相监测

在无线传输器里装配上专用电池，连接键相传感器套件与多事件编码器、无线传输器等部件。

采用键相传感器对准上止点反光条进行监测，当无线变送器接口旁的 LED 灯发出慢速闪烁的亮光时，说明其在 360/512 个脉冲每转的运行状态下监测；当发出快速闪烁的暗光时，表示其正在以单脉冲每转运行状态下监测。当飞轮旋转时，键相传感器将周期性地产生脉冲信号。键相监测现场布点，具体见图 7-4-2。

图 7-4-2　键相监测现场图

三、键相信号分析

往复式压缩机是典型的往复设备，由于关键运动部件的周期性往复运动，曲轴旋转的角度与进气阀/排气阀的开启和关闭状态、活塞在气缸的位置、气缸内的压力状态是对应的，同时机组的振动信号也与往复运动息息相关。因此，可以将时间域转换为角度域，将曲轴转角作为分析基础的角域分析方法应用于往复式压缩机状态监测诊断。利用键相信号，能够对往复式压缩机开展0°～360°角域分析。

在压缩机状态监测中显示的是曲轴转角，具体见图7－4－3。

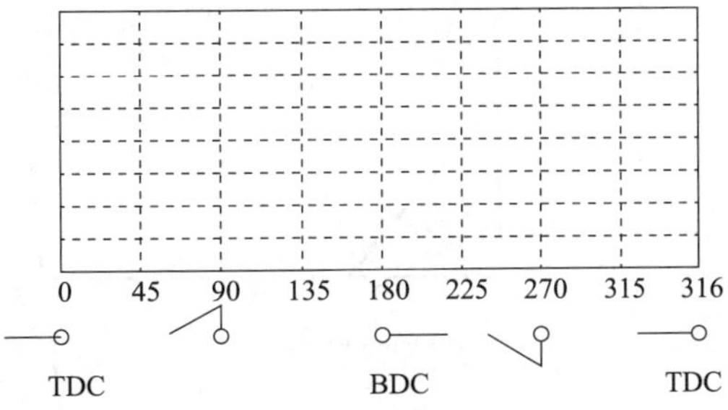

图7－4－3　曲轴转角图

第五节　状态监测诊断技术——压力信号

一、安装示功阀

进口大型压缩机每个气缸两端对应余隙位置处以及缓冲罐均有通向缸内的通孔（备注：国产压缩机无此通孔，可以通过开孔改造部件），正常状况下通孔是用丝堵密封。用专用扳手将每个通孔丝堵更换为专用示功阀，在安装的过程中确保无泄漏，保证监测数据准确。

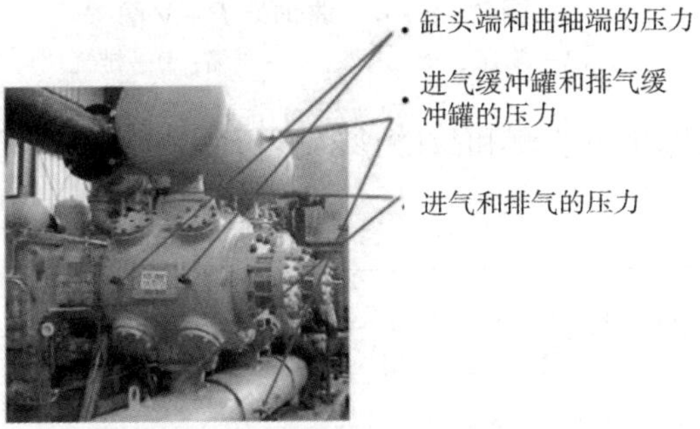

图7－5－1　压力监测现场布点图

二、压力监测

将压力传感器连接到已安装好的示功阀上，以相位信号为参考基准，采集多个周期的压力曲线。

压力监测过程中压力传感器布点见图7－5－1。

三、压力信号分析

压力与曲轴转角的现场监测数据图见图7－5－2。

示功图是指在往复式压缩机的一个循环运动中，气缸内气体动态压力随着活塞位移而变化的循环曲线。循环曲线所包围的面积可以表示为压缩机所做的功或者消耗的功。在往复式压缩机工作过程中，进气管道中的低压气体由进气阀进入，并在气缸内被压缩，然后压缩的高压气体由排气阀排出到排气管道，整个循环过程包括进气、压缩、排气、膨胀四个过程。缸头端和曲轴端压力动态示功图见图7－5－3、图7－5－4。

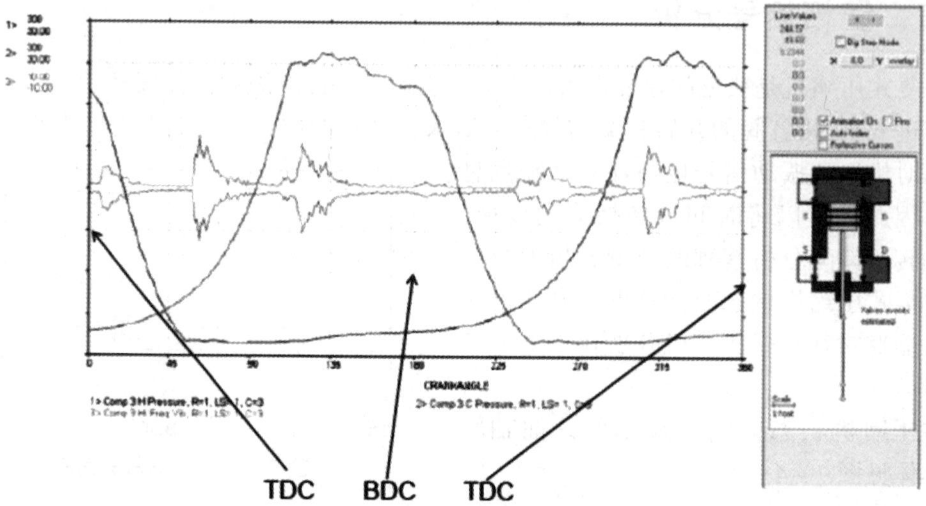

图 7-5-2　压力与曲轴转角的监测数据图

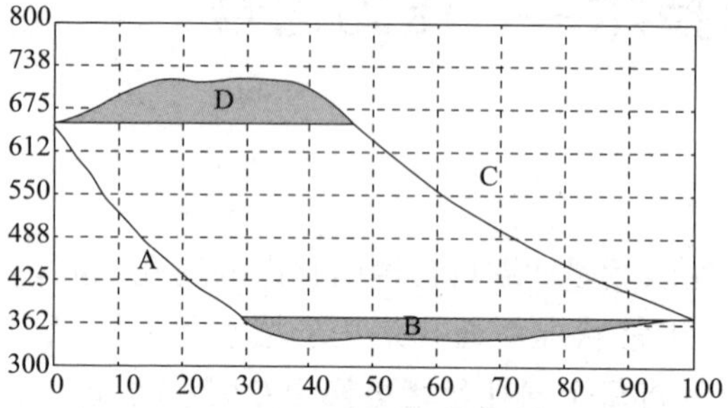

图 7-5-3　缸头端 *P*-*V* 图

A—膨胀；B—进气；C—压缩；D—排气

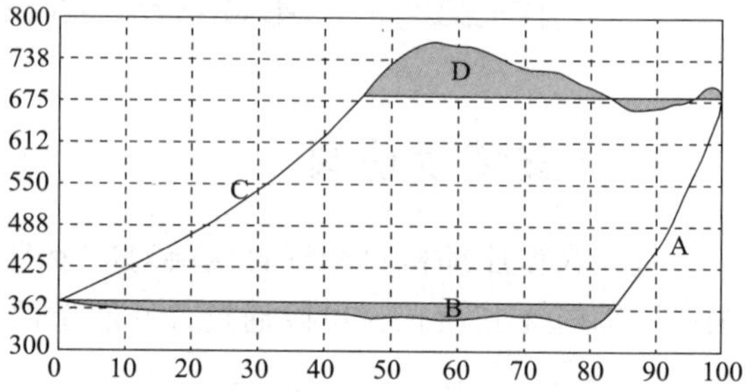

图 7-5-4　曲轴端 *P*-*V* 图

A—膨胀；B—进气；C—压缩；D—排气

基于动态压力监测的示功图是往复式压缩机状态监测和故障诊断分析的重要工具。具体见图 7-5-5。

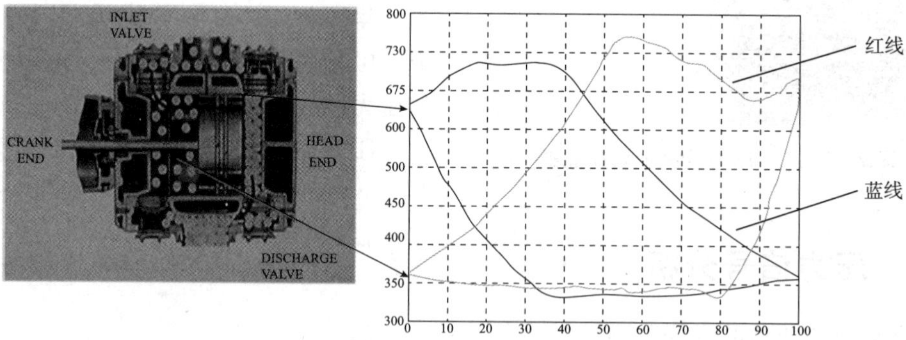

图 7-5-5　*P*-*V* 图(1)

红色曲线：缸头端压力曲线；蓝色曲线：曲轴端压力曲线

在双作用往复式压缩机中，同样的规律发生在曲轴端或缸头端。当气缸的曲轴端在进气压力时，气缸的缸头端正处在排气压力，刚排出了一定体积的气体。活塞正处在上止点位置。具体见图 7-5-6。

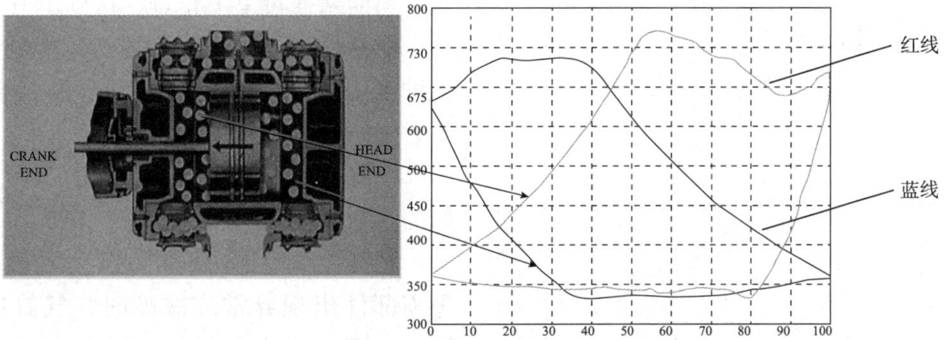

图 7 -5 -6　*P-V* 图(2)

红色曲线：缸头端压力曲线；蓝色曲线：曲轴端压力曲线

当活塞向曲轴端移动时，在曲轴端气缸中的气体正在被压缩。当压缩开始时，进气阀立即被关闭，因为曲轴端气缸中的压力略高于进气管路中的压力。同时，气缸缸头端的气体开始膨胀。具体见图 7 -5 -7。

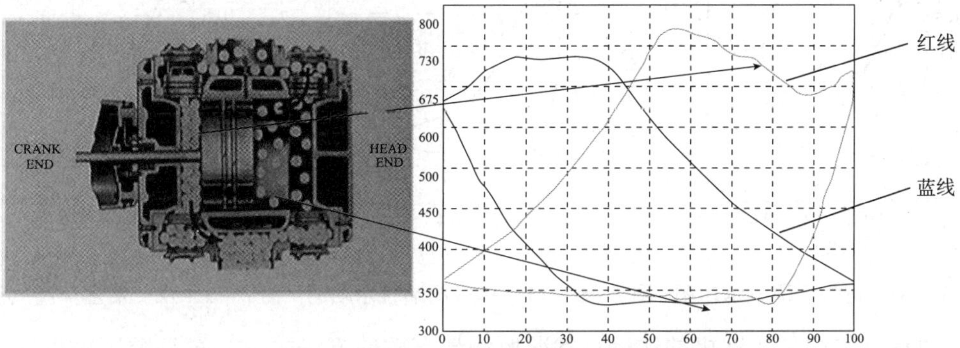

图 7 -5 -7　*P-V* 图(3)

红色曲线：缸头端压力曲线；蓝色曲线：曲轴端压力曲线

当气缸缸头端的压力降低到进气管路压力以下，压差引起了进气阀开启，并以进气压力向气缸缸头端充气。在气缸曲轴端，压力升高，当压力略高于排气压力时，排气阀打开，开始排气。具体见图 7 -5 -8。

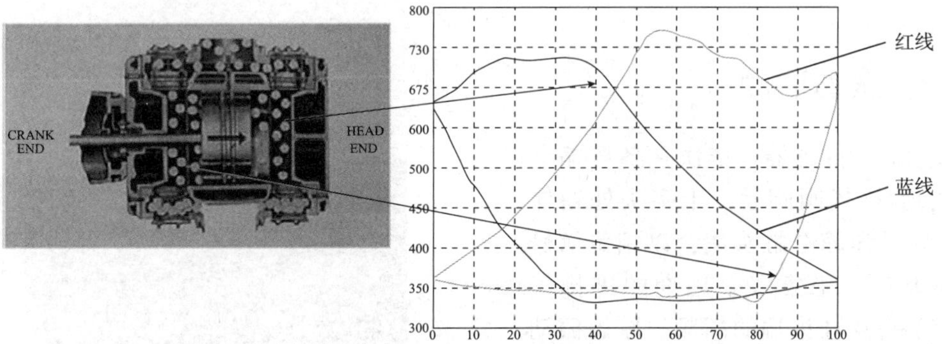

图 7 -5 -8　*P-V* 图(4)

红色曲线：缸头端压力曲线；蓝色曲线：曲轴端压力曲线

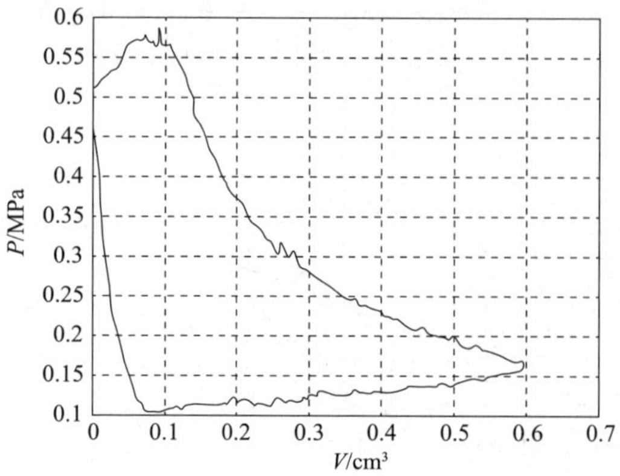

图7-5-9　正常示功图 P-V图示例

当活塞通过了上止点，达到了气缸缸头时，活塞达到了压缩缸头端气体的最大行程和排气压力，同时曲轴端气体膨胀到进气压力。

往复式压缩机正常示功图的示例，具体如图7-5-9所示。

当往复式压缩机的气缸、活塞、气阀等零部件出现异常或故障时，气缸内气体压缩过程中会出现异常，导致示功图表现出不同形状。进气阀漏气、排气阀漏气、活塞环漏气的示功图，分别如图7-5-10～图7-5-12所示。

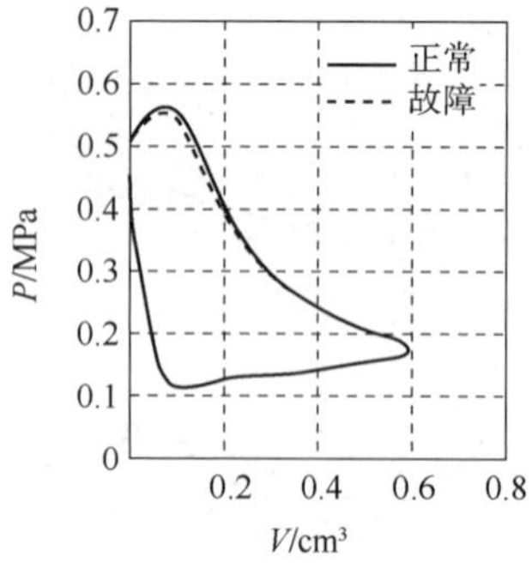

图7-5-10　进气阀漏气示功图

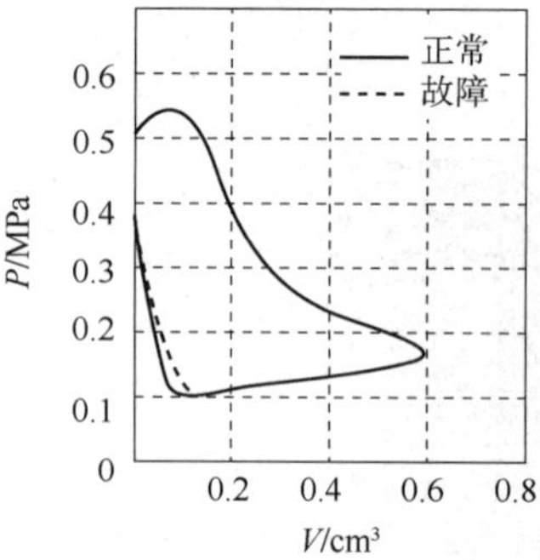

图7-5-11　排气阀漏气示功图

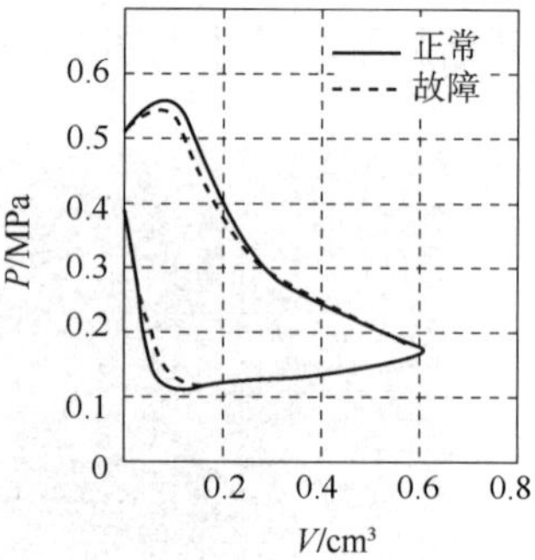

图7-5-12　活塞环漏气示功图

压力动态监测是压缩机整体运行状况监测最有效的方法之一，对每个压缩机气缸等的内部压力进行监测，可以实现对气缸压力、压缩比等的连续监测，从而可以获得进气阀、排气阀、活塞环和十字头销的状态信息和故障信息。

第六节　状态监测诊断技术——振动信号

一、振动监测

采用振动传感器，依次在各压缩缸的进气阀/排气阀阀盖、十字头处箱体外表面以及压缩缸缸头端，以相位信号为参考基准，采集多个周期的进排气阀、十字头及缸头端的高频、原始振动曲线。

振动监测现场布点如图7-6-1所示。

图7-6-1　振动监测现场布点图

(一)十字头振动

安装于十字头上的加速度传感器能监测出由冲击所引起的机械故障，如十字头松动、液体吸入气缸或连杆与套筒间隙过大。

由于冲击引起的是高频振动、因此加速度传感器比速度式传感器更适合于冲击类的机械故障测量。

在正常情况下，其振动很小，当产生冲击时，其振动增大，振动波形在每次冲击中表现出典型的振铃响应。通过观察加速度波形，可以很明显地看到每次冲击时振动幅值的大幅度增加。

十字头振动监测主要功能：是否有液体吸入气缸；十字头间隙过大；十字头螺母或螺栓松动；活塞销圈间隙过大；整体动力压缩机的动力缸爆裂等。

(二)壳体振动

对称平衡式压缩机上的气缸作用在曲轴上的力从物理上讲能相互抵消，但是当过程发生变化，如阀门损坏、刮缸、泄漏等故障时，其作用在机器上的力会产生不平衡。

这些力经过轴承传送到壳体，使曲轴在1倍或2倍的机器运行速度上振动。其机械转速的1/2倍频到2倍频的谐波上也会产生同样的影响。这些倍频处的幅值过大显示了机器有机械或运行问题。加速度(速度)传感器可对这种往复式压缩机旋转振动传送到压缩机壳体的机械振动提供理想的监测。

壳体振动监测主要功能：由于压差异常或惯性失衡而产生的不平衡；基础松动(如砂浆或垫片损坏)；连杆负荷过大引起的力矩过高。

(三)气阀振动

气阀阀片运动过程中与阀座、升程限制器发生碰撞，采用振动加速度传感器能够对气阀阀片工作状况进行监测。

往复式压缩机组振动出现异常时，能够从振动曲线上发现明显变化。

二、振动信号分析

振动与曲轴转角的现场监测数据图如图7－6－2～图7－6－4所示。

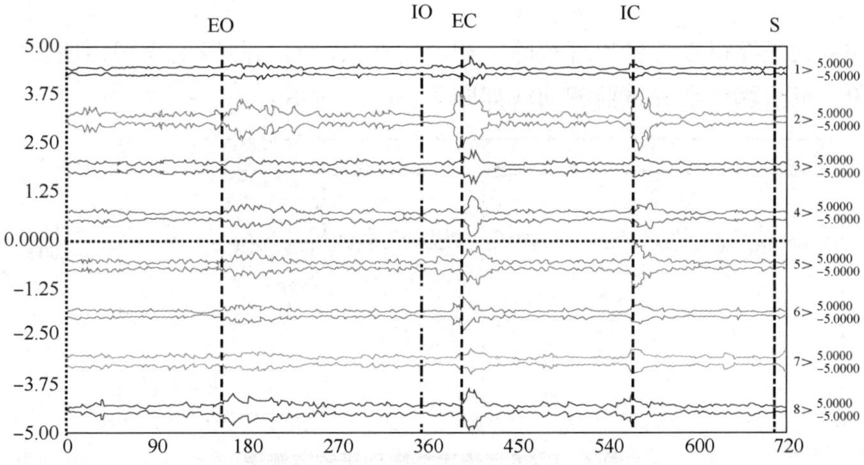

图7－6－2 高频振动与曲轴转角监测图(包络)

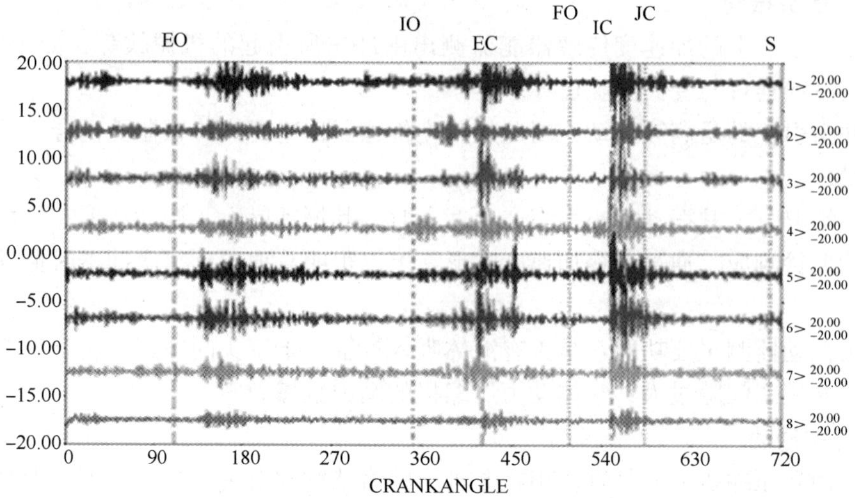

图7－6－3　原始振动与曲轴转角监测图

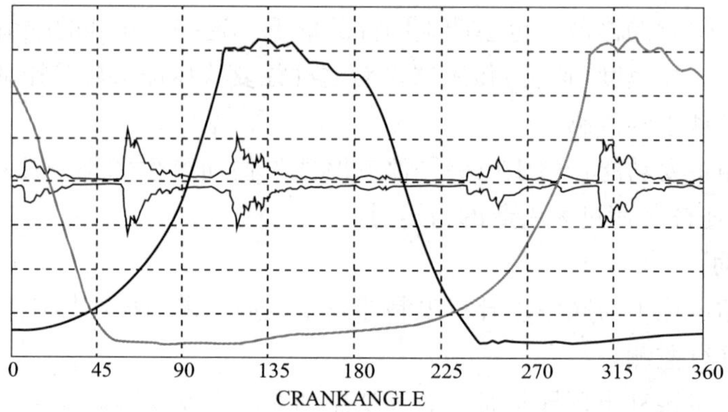

图7－6－4　压力与振动和曲轴转角现场监测图

往复式压缩机正常运转时，壳体、十字头等零部件的振动监测曲线明显是一致波动的，无大的冲击和变化。十字头和缸头端振动正常监测曲线如图7－6－5、图7－6－6所示。

如果往复式压缩机零部件出现故障，相应的在振动监测曲线上表现出明显波动不一致和冲击现象，缸头端振动异常监测曲线如图7－6－7所示。

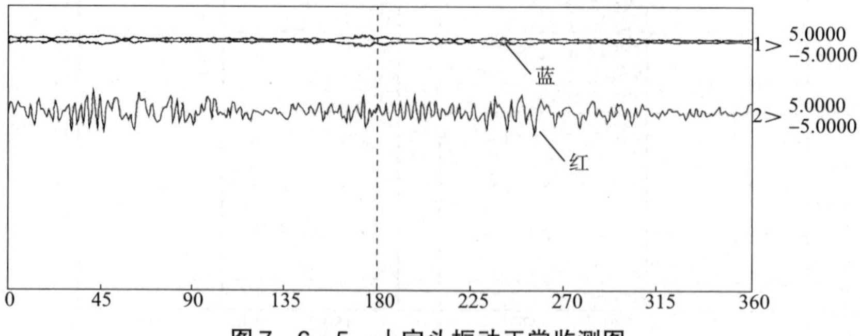

图7－6－5　十字头振动正常监测图

蓝色曲线—高频振动曲线；红色曲线—原始振动曲线

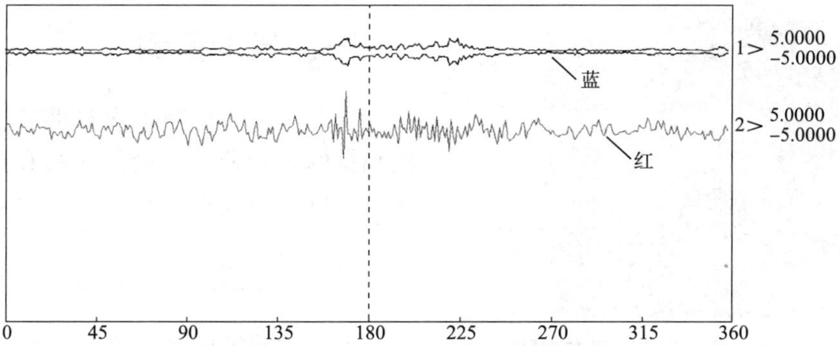

图7-6-6 缸头端振动正常监测图

蓝色曲线—高频振动曲线；红色曲线—原始振动曲线

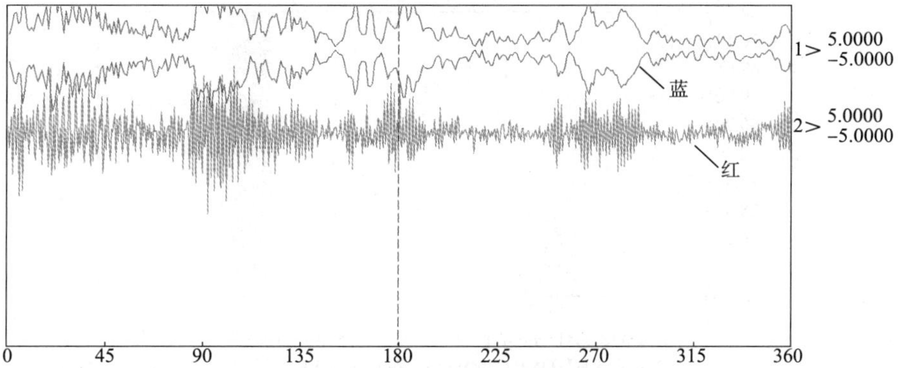

图7-6-7 缸头端异常振动监测图

蓝色曲线—高频振动曲线；红色曲线—原始振动曲线

第七节 状态监测诊断技术——温度监测

红外测温原理是将物体发射的红外线具有的辐射能转变成电信号，红外线辐射能的大小与物体本身的温度相对应，根据转变成电信号的大小，可以确定物体的温度。

气体在气缸内经过压缩会使气体温度升高，进气阀泄漏后，高温气体回流进气管道经过进气阀，会使进气阀本身温度升高；排气阀泄漏后由于气体会回流至气缸内，也会使排气阀本身温度升高。另外气阀泄漏也会导致压缩机自身进、排气压力参数发生变化。如果是由于阀片震颤或阀片断裂导致的气阀泄漏，除了上述表现特征外，还会引起气阀开启与关闭过程中动力参数变化。

气阀主要由阀座、阀片、弹簧及升程限制器组成，其中阀片、弹簧是气阀故障的主要原因。作为往复式压缩机故障频率最高的零部件，气阀出现故障会明显降低往复式压缩机的排气量和效率。阀片破损或断裂后碎片会掉进气缸，可能引起气缸、活塞和活塞环等零部件损坏，严重的会引发拉缸、撞缸等故障，甚至会导致压缩机爆炸等灾难性事故。因此，及早发现和准确判断气阀故障是非常重要的。

受往复式压缩机工作状况的影响，当气阀正常工作时，无论是进气阀还是排气阀，气阀温度具有一定的波动一致的特点。但是当某个气阀发生故障时，会导致该气阀温度偏离自身气阀温度而升高，同时与其他气阀温度不再保持正常时波动一致的特点。

图 7－7－1　温度监测现场布点图

一、温度监测

采用温度传感器依次对准各压缩缸进气阀和排气阀阀盖，监测进气阀和排气阀的温度。温度监测现场布点如图 7－7－1 所示。

二、温度信号分析

温度与曲轴转角的现场监测数据图如图 7－7－2 所示。

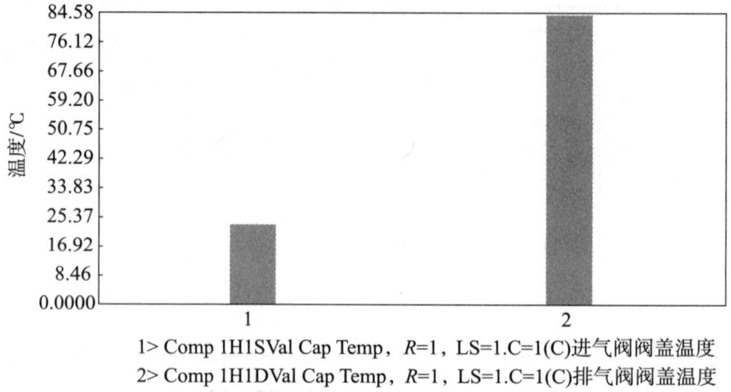

图 7－7－2　温度和曲轴转角现场监测数据

开展往复式压缩机的气阀温度状态监测时，可以进行连续监测气阀温度，并进行气阀温度趋势分析。以两个气阀为例，气阀正常时气阀温度趋势图如图 7－7－3 所示，从图上可以看出气阀之间具有波动一致的特点。

从气阀故障时气阀温度趋势图，会发现气阀温度趋势图出现波动不一致的现象，具体如图 7－7－4 所示。

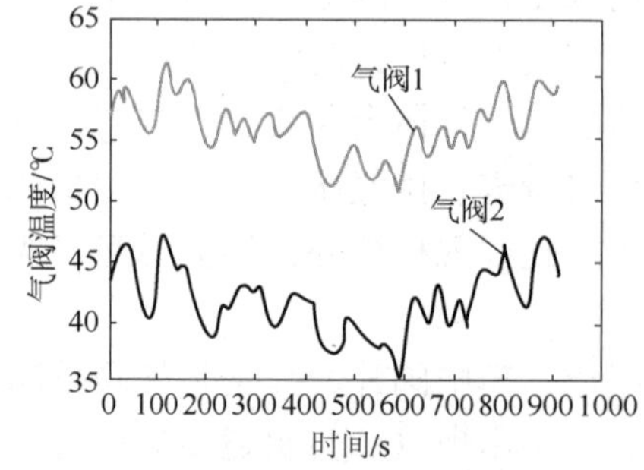

图 7－7－3　气阀正常时气阀温度趋势图

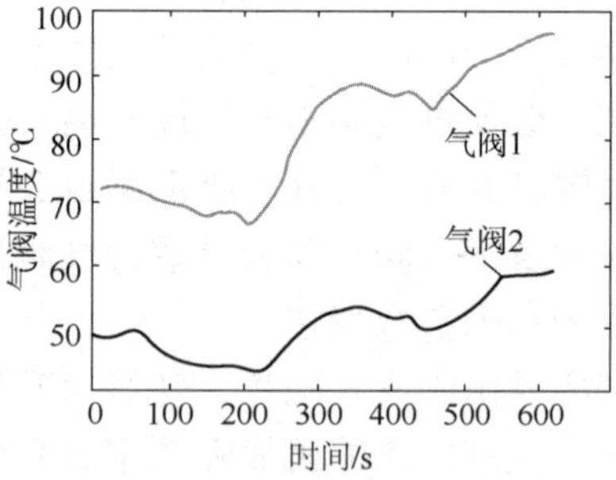

图 7－7－4　气阀故障时温度趋势图

第八节　状态监测诊断技术——超声波信号

在往复式压缩机气阀打开状态时，气缸内的气体打开气阀时会产生紊流现象，关闭时则没有。紊流能够产生超声波，利用超声波传感器可以将超高频的声音和机械能量转换为电信号。通过监测气阀阀盖上的噪声，把噪声波形图和压缩机曲轴运转的角度结合起来，进行气阀泄漏监测。

一、超声波监测

采用超声波传感器，依次在各压缩缸进气阀和排气阀阀盖、各压缩缸缸壁以及缸头端，以相位信号为参考基准，采集多个周期的进气阀和排气阀、压缩缸以及缸头端的超声波曲线。超声波监测现场布点见图7-8-1。

图7-8-1　超声波监测现场布点图

二、超声波信号分析

超声波与曲轴转角的现场监测数据图如图7-8-2所示。

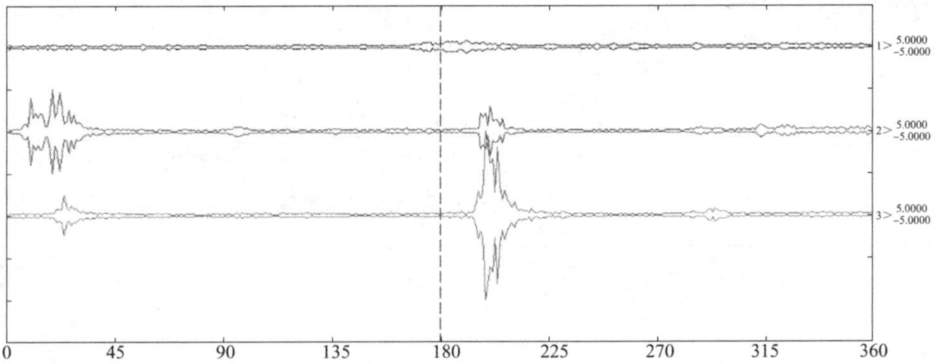

图7-8-2　超声波与曲轴转角监测图

泄漏仅能从高气压向低气压发生，气阀仅在关闭时才能发生泄漏，如果气阀关闭时的超声波监测图比打开时更嘈杂，则说明气阀很可能发生泄漏了。缸头端的进气阀与曲轴端的排气阀的泄漏很相似，曲轴端的进气阀与缸头端的排气阀的泄漏很相似。具体如图7-8-3所示。

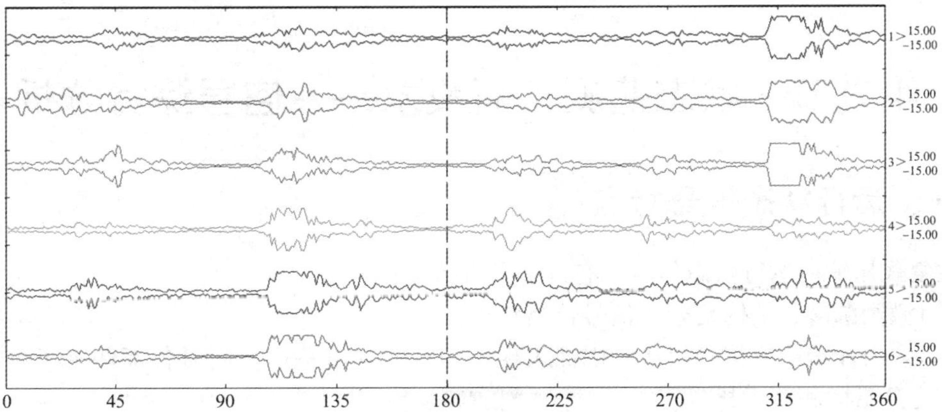

图7-8-3　气阀正常时超声波和曲轴转角现场监测图

往复式压缩机气体泄漏，具体示意如图7－8－4所示。

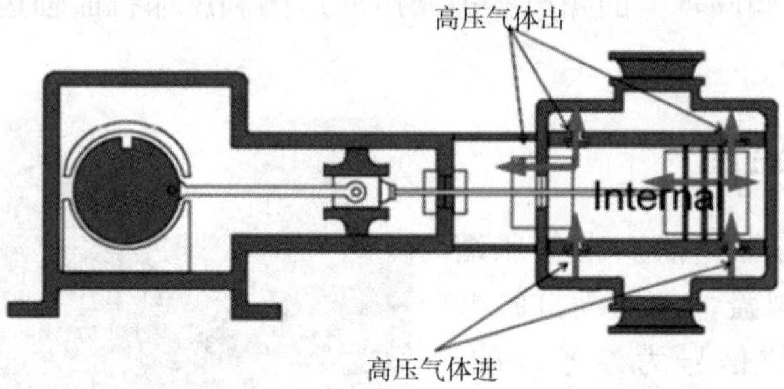

图7－8－4　典型泄漏示例图

在对往复式压缩机的气阀开展超声波监测时，如果气阀出现泄漏等故障，相应的超声波监测曲线会出现较大的波动，具体气阀泄漏时超声波监测如图7－8－5、图7－8－6所示。

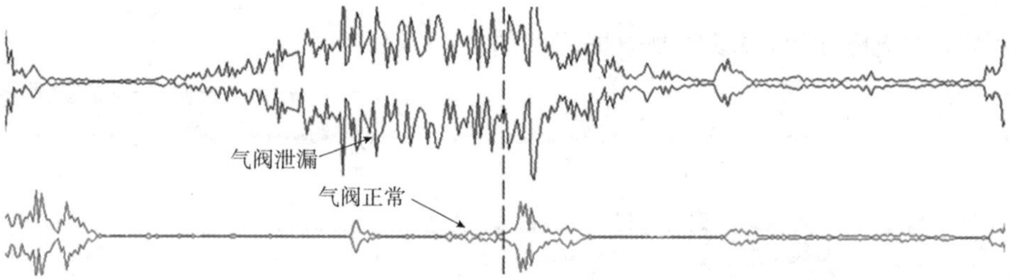

图7－8－5　气阀泄漏超声波监测图

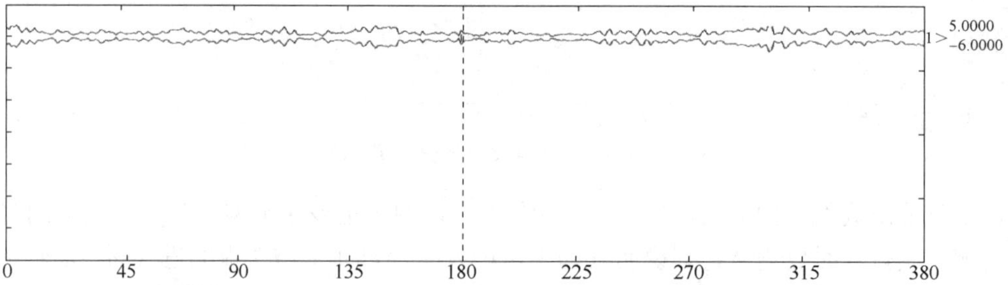

图7－8－6　气阀故障时超声波和曲轴转角监测图

第九节　状态监测诊断技术——信号综合分析

一、运行状态信号特点

往复式压缩机运行状态信号具有以下基本特征：

（1）激励源多、结构复杂、信号传播路径多。

（2）多由冲击响应信号组成，因而表现出明显的冲击特征，同时各部件所产生的信号之间存在严重的相互干扰。

（3）运动具有周期性，且周期均为曲轴旋转周期或其倍频。

二、状态监测评价分析

目前评价方法多以单一参数数值的高低作为判断故障的依据，用作故障诊断时缺乏对故障定位的准确性及预测性，经分析研究，把监测信号放在一个做功周期内进行比较判断。与旋转设备故障诊断不同的是，不再以振幅高低作为判断故障的依据，而是以信号波形在正常位置出现缺失、移位、不该出现位置而出现异常信号作为判断故障的依据，如图7-9-1所示。

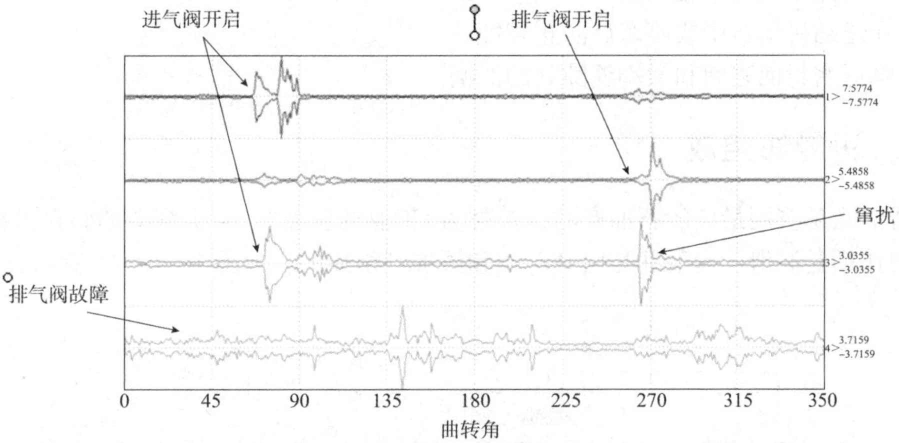

图7-9-1　往复式压缩机状态监测信号综合分析

同时结合压缩机的运行参数，如压缩机自身系统中PLC控制柜上显示的运行状态参数等，参考压缩机使用说明书上界定的各项参数指标，特别是设备的报警值，系统地开展或进行压缩机运行状态的评价分析，及时预知预判压缩机设备的故障，确保压缩机安全高效长周期运行，为油田生产高质量发展提供设备保障。

第十节　压缩机润滑油监测技术

一、油田压缩机润滑油

油田常用压缩机主要分为往复式、离心式和螺杆式压缩机，压缩机组润滑系统使用的润滑油分别为：燃气发动机油、涡轮机油、螺杆空压机油，见表7-10-1。

表7-10-1　油田压缩机组在用润滑油统计

名称	油品标识
往复式天然气压缩机	美孚飞马805燃气机油、壳牌S3N40燃气机油、长城CI-4 15W/40柴油机油
往复式天然气发动机	美孚飞马805燃气机油、美孚飞马710燃气机油、壳牌迈施力S3N40燃气机油
离心式天然气压缩机	涡轮机油(VG32、VG46)
螺杆空气压缩机	英格索兰高级冷却液(VG46)、寿力空气压缩机油、美孚1025空气压缩机油

天然气压缩机一般用矿物型压缩机油润滑，压缩机和驱动机可以使用相同的润滑油，以保护设备不被含硫气体腐蚀，简化现场油品的使用管理；离心式天然气压缩机组，驱动机一般为电机，电机和压缩机均使用涡轮机油润滑；螺杆压缩机使用的润滑油一般为压缩机生产厂家的专用油，如英格索兰螺杆压缩机油、寿力螺杆压缩机油、美孚空气压缩机油。

压缩机的润滑油主要有以下功能：

(1)减少运动件之间的摩擦力。

(2)从摩擦副表面带走热量。

(3)在压缩机运行中或停车后防止腐蚀。

(4)降低密封面之间和微小缝隙处的泄漏。

二、润滑油组成

润滑油脂是应用最广的石油产品，被誉为“工业的血液”。各类润滑油脂在机械设备中最基本的作用是润滑。润滑油是由基础油和添加剂组成的，如图7－10－1所示。

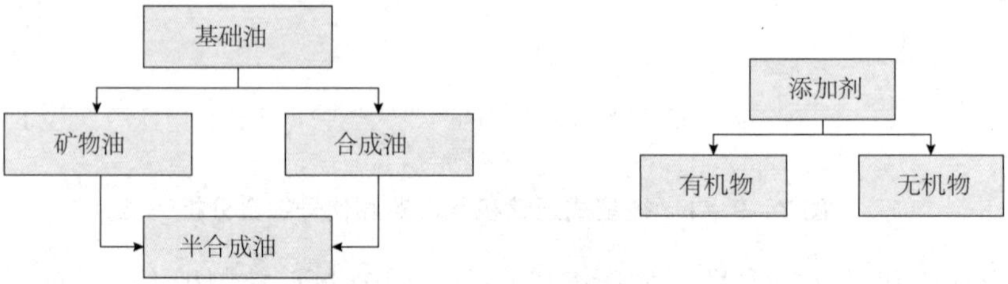

图7－10－1　润滑油组成

(一)基础油

基础油的功能主要是提供黏度以控制摩擦和磨损，提供抗腐蚀和抗氧化性能，传递和散发热量。美国石油学会(API)按照饱和烃含量、硫含量、黏度指数这三项指标将基础油划分为五类，见表7－10－2。

表7－10－2　基础油分类

类别	硫含量/%	饱和烃/%	黏度指数
Ⅰ	>0.03	<90	80～119
Ⅱ	≤0.03	>90	80～119
Ⅲ	≤0.03	>90	>120
Ⅳ	PAOs－聚a－烯烃油(合成油)		
Ⅴ	除Ⅰ～Ⅳ以外的其他基础油		

Ⅰ类基础油由溶剂精制加工工艺生产。

Ⅱ类基础油采用加氢精制工艺生产。

Ⅲ类基础油采用加氢异构工艺生产。

Ⅳ类基础油主要是聚a烯烃(PAO)，合成基础油。

除上述四类以外的基础油为Ⅴ类：合成酯、聚醚、烷基苯、甲基硅油、天然气制合成油等合成基础油。

（二）添加剂

添加剂主要用来提升基础油性能，抑制某些不需要的基础油性能，赋予油品新的性能。添加剂在润滑油中占有的比例一般不超过25%，分非功能添加剂和功能添加剂。

非功能添加剂主要指改善油品高低温流变及抗泡沫等通用性能的添加剂，如黏度指数改进剂、降凝剂、抗泡剂及抗乳化剂；功能添加剂指在润滑剂中强化或赋予某些方面特性的添加剂，如清净分散剂、抗氧剂、极压抗磨剂、油性剂、金属减活剂、防锈剂等。

三、压缩机润滑油监测

润滑油监测的意义：

（1）掌握油液的综合性能。

（2）掌握装备运行状态。

（3）预报早期装备异常现象和故障，降低维修费用。

（4）延长检修周期，避免非正常停机。

（一）取样

（1）允许天然气压缩机组开机运转状态下取样时，在机组运转状态时从润滑系统取样口或放油阀处采集样品。

（2）不允许天然气压缩机组开机运转状态下取样时，在机组停机后60min内，从润滑系统取样口或放油阀处采集样品。

（3）若油箱补加新油，机组需连续运转4h后方可取样。

（4）每次取样量应满足分析项目的要求。

（5）取样容器要求清洁、干燥。

（6）取样人员准确填写取样瓶标签，标签内容应包括：样品标记、取样数量、取样日期、设备编号、设备单位等信息。

（二）压缩机润滑油监测技术（图7－10－2）

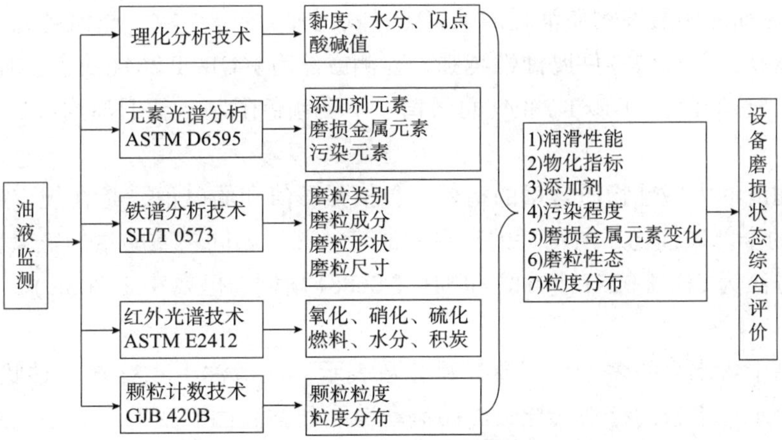

图7－10－2　润滑油监测技术

1. 黏度

黏度是衡量润滑油内摩擦力大小的指标，运动黏度是润滑油在重力作用下流动时内摩擦力的量度(适用牛顿流体)。黏度是润滑油最重要的质量指标，它是润滑油分类、分级、质量评定的基础指标，同时也是设备润滑油的选用、代用和更换的基础参数。黏度越小，油膜强度越弱，在摩擦副表面形成边界摩擦或干摩擦，从而加速磨损；黏度越大，油膜强度越高，流动性、渗透性、散热性越差，内摩擦力加大，增加设备功率消耗，也同样造成磨损加剧。因此，选择合理黏度的润滑油是摩擦副充分润滑的保证。检测方法主要有：GB/T265 和 GB/T30515。润滑油黏度的其他表示方法有：动力黏度、恩氏黏度、雷氏黏度、赛氏黏度。

动力黏度是润滑油在一定应力作用下流动时内摩擦力的量度，它既适用于牛顿流体，也适用于非牛顿流体。从理论上讲，动力黏度不适合测定在用油的黏度，但动力黏度测定方法很多，不同条件下，会得出截然不同的结果，国内外采用运动黏度监测在用油黏度。

2. 黏度指数

表示油品黏度随温度变化特性的一个约定量值。油品的黏度指数越大，其黏温性能越好，黏度随温度变化范围越小，油品质量越高。

3. 闪点

在规定条件下，加热油品所逸出的蒸气和空气组成混合物与火焰接触发生瞬间闪火时的最低温度称为闪点，以℃表示。分为开口闪点和闭口闪点。开口闪点的检测方法是《石油产品闪点和燃点的测定克利夫兰开口杯法》(GB/T 3536—2008)，适用于闪点高于 79℃ 的石油产品；闭口闪点的检测方法是《闪点的测定宾斯基—马丁闭口杯法》(GB/T 261—2021)。

闪点是表示石油产品蒸发倾向和安全性的指标，选用时应根据润滑油的工作条件和使用温度选择，一般认为润滑油的工作温度应低于闪点 20～30℃，在使用中，闪点下降很快，说明润滑油裂解，或存在燃油稀释。

4. 酸值

指中和 1g 油品中酸性物质消耗的 KOH(氢氧化钾)的毫克数。酸值越大，油品中含的有机酸含量越高，对机械零件腐蚀性越强。检测方法有：GB/T 264(浅色、强酸值)、GB/T 4945(浅色、总酸值)、GB/T 7304(总酸值、不受颜色限制、新旧油均可)。

5. 碱值

碱值是润滑油中碱性物质含量的指标，包括强碱值和弱碱值，是在规定条件下，中和 1g 润滑油中的全部碱性物质所消耗的高氯酸的量，并以相同物质的量的氢氧化钾毫克数来表示。检测方法为 SH/T 0251(新油)和 SH/T 0688(新旧、但要小于 70mg)。

6. 水分

表示油品中含水量的多少，用质量百分数表示。润滑油中水存在三种状态：游离水、乳化水和溶解水。水分的存在会导致油品流动性能和黏温性能变差，堵塞油路和滤器，水分还会造成设备锈蚀，并导致添加剂失效，产生沉淀。对变压器而言，水的存在会使介电损失角急剧增大，击穿电压急剧下降，以致引发事故。检测方法有 GB/T260(大于 0.03%)和 GB/TGB/T1133。

7. 水分离性

指油品遇水不发生乳化或虽然乳化但经过加热或静置能迅速实现油水分离的能力，检测方法 GB/T 7305。新油采用的是蒸馏水，在用油则要使用设备现场进入润滑油的水进行检测，否则检测结果不准确。

8. 倾点

是指在规定条件下，被冷却了的试油品开始连续流动时的最低温度，以℃表示，倾点和凝点一样都是用来表示石油产品低温流动性能的指标，检测方法为 GB/T 3535，通常滑油凝点要比实际最低工作温度低 5～10℃，检测方法为 GB/T 510。

9. 灰分

灰分指润滑油在规定条件下完全燃烧剩下的残留物，以质量百分数表示。

硫酸盐灰分是燃气发动机油的一项重要指标。燃气发动机油按照硫酸盐灰分大小分为无灰、低灰、中灰及高灰产品。无灰：小于 0.10%，低灰：大于 0.10% 小于 0.6%，中灰：大于 0.6% 小于 1.0%，高灰：大于 1.5%。一般要求硫酸盐灰分不大于 0.6%。

10. 氧化安定性

指润滑油在一定条件下抗氧化的能力，检测方法为 SH/T 0193，润滑油氧化变质后，生成各种酸、胶质和沥青质，使油品颜色变深，黏度增大，酸值升高，降低润滑性能，腐蚀设备，堵塞油路等。

11. 颗粒污染度

计数器最广泛使用于现场和实验室的润滑油固体颗粒污染度检测，它能提供准确的颗粒尺寸分布，特别适合于那些要求高清洁度的设备，诸如液压系统、汽轮机、压缩机等，采用较多的是遮光法(GJB420)。自动颗粒计数器能被油中的水滴(游离水和乳化水)，气泡以及烟炱等干扰，而给出不准确的结果，也能被油中硅基抗泡添加剂所干扰。

12. 机械杂质

是指润滑油中不溶于溶剂的沉淀物和固体杂质，主要来源于生产、储存、使用过程中的外界污染物、设备磨损和腐蚀产物。机械杂质的存在会破坏油膜、加速磨损，严重时会堵塞油路，造成供油不足引发事故。超过 0.2%，就应立即换油(GB/T 511)。

13. 红外光谱

利用红外光谱判断基础油是矿物型，还是合成型，分析油中所加的添加剂类型，还可以分析氧化、硝化、硫化等。检测方法为 ASTM D 2412。

14. 元素光谱

光谱分析是磨损颗粒分析技术，也是机械故障诊断中应用最早和最成功的油液分析技术之一。能在 30s 时间同时分析出 19 种元素的成分和浓度值，可以有效检测出油中磨损金属的含量、添加剂的损耗和油液的污染程度。检测方法为 ASTM D6595。

15. 铁谱分析

铁谱技术是借助铁谱仪把磨损颗粒从润滑油中分离出来，并按一定的规律将其排列起来，然后在铁谱显微镜下进行观察，得到有关机械设备的磨损程度、类型和磨损部位的信息。通过观察磨粒的形貌、尺寸大小，来判断磨损的类型、部位和程度，预报设备故障。

16. 运动黏度变化率

按式(7－10－1)计算：

$$\eta_1 = \frac{\nu_2 - \nu_1}{\nu_1} \times 100\% \qquad (7-10-1)$$

式中 η_1——运动黏度变化率,%；

ν_2——使用油运动黏度实测值，mm^2/s；

ν_1——新油运动黏度实测值，mm^2/s。

17. 碱值下降率

按式(7－10－2)计算：

$$\eta_2 = \frac{\chi_2 - \chi_1}{\chi_1} \times 100\% \qquad (7-10-2)$$

式中 η_2——碱值下降率,%；

χ_1——新油碱值实测值(以 KOH 计)，mg/g；

χ_2——使用油碱值实测值，(以 KOH 计)，mg/g。

四、油品监测结果的分析

天然气压缩机组换油指标和试验方法见表 7－10－3，当使用中的润滑油有一项指标达到换油指标时应更换新油。

表 7－10－3　固定式燃气发动机组换油指标和试验方法

项　目	换油指标	试验方法
运动黏度变化率(100℃)/%	> ±25	GB/T 265
闪点(开口)/℃	<180	GB/T 3536
碱值下降率/%	>50	SH/T 0688
酸值增值(以 KOH 计)/(mg/g)	>2.0	GB/T 7304
水分(质量分数)/%	>0.20	GB/T 265
氧化值/(A/cm)	≤25	ASTM E2412
硝化值/(A/cm)	≤25	ASTM E2412
积炭/(A/cm)	≤28	ASTM E2412
铁含量/(mg/kg)	>150	ASTM D6595
铜含量/(mg/kg)	>50	ASTM D6595
铅含量/(mg/kg)	>25	ASTM D6595
铝含量/(mg/kg)	>30	ASTM D6595
锡含量/(mg/kg)	>15	ASTM D6595
镍含量/(mg/kg)	>16	ASTM D6595
铬含量/(mg/kg)	>10	ASTM D6595
钡含量/(mg/kg)	>16	ASTM D6595

续表

项　目	换油指标	试验方法
钠含量/(mg/kg)	>130	ASTM D6595
硅含量/(mg/kg)	>40	ASTM D6595
硼含量/(mg/kg)	>10	ASTM D6595
钙含量/(mg/kg)	<800	ASTM D6595
磷含量/(mg/kg)	<180	ASTM D6595
锌含量/(mg/kg)	<260	ASTM D6595

五、HSE 要求

(1)固定式燃气发动机油取样应遵循现场安全操作规程。

(2)天然气压缩机组在用油质量变化不合格应及时更换。

(3)更换废旧润滑油应妥善处理，不应随意排放。

(4)润滑油具有一定的毒性，应做好操作人员安全防护工作。

六、压缩机润滑油监测事例

(一)压缩机轴瓦磨损故障

检测某站 3 号天然气压缩机时，发现铜和铅元素浓度值异常，且铜金属磨粒为异常切削磨损形态，数量较多，判定该压缩机润滑系统轴承合金等部件发生了严重异常磨损，建议停机检修。检修时发现 4 副连杆大头瓦和小头瓦均已严重磨损，更换之后恢复正常。如图 7－10－3 所示。

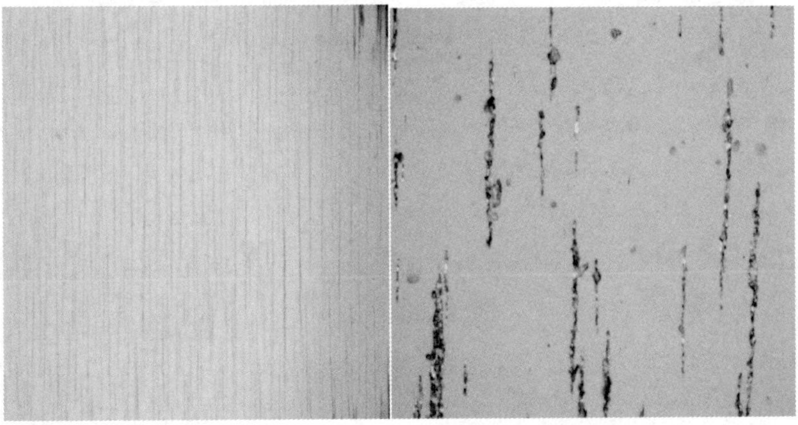

(a)正常磨粒图谱　　(b)正常磨粒图谱

图 7－10－3　机油磨粒图

(二)发动机凸轮轴磨损故障

监测某采油厂天然气压缩机组时，发现发动机在用油中铁元素浓度值为 245mg/kg，铜元素浓度值为 72.8mg/kg，均超过界限值(铁元素浓度值≤150mg/kg，铜元素浓度值

≤15mg/kg)，分析后对机组提出了停机检修的预警建议。经过现场检修，发现发动机的凸轮轴和滚轮严重磨损，压缩机连杆瓦异常磨损，现场进行更换后，机组恢复正常运行。图7－10－4为严重磨损的凸轮轴和滚轮。

图7－10－4　发动机凸轮滚轮磨损情况图

(三)压缩机润滑油质量劣化

油品在使用中，质量会逐渐发生劣变，主要体现在黏度、闪点等理化指标不合格，或添加剂元素衰减，润滑油失去润滑性能。某厂丙烷压缩机在检测中发现闪点不合格，由原来的191℃降低到86℃，检修时发现一个单向密封阀泄漏，致使丙烷漏入润滑油中，检修后恢复正常。

第八章　安全环保要求

第一节　基本安全要求

(1)遵守国家安全法律、法规及当地和压缩机场站的安全规章制度。

(2)进入压缩机运行现场，应关闭手机，严禁带火种。佩戴安全帽及其他保护装备，严禁穿化纤服装和带钉的鞋进入压缩机运行现场。在运转的机器部件旁不要穿宽松的衣服或暴露首饰以及长发。

(3)机房内外一定要有消防设施，如灭火器。压缩机的放空口应远离操作位置。

(4)操作者和维修人员应经过专门培训，熟悉设备的基本工作原理和安全操作规程。

(5)在对机组进行操作、使用或维修前，需熟悉设备，仔细阅读和理解设备启动和停机的相关内容。阅读并领会机组有关“安全”标记的内容。确认机组周围的工作环境是安全的，并能够意识到可能存在危险的情况。

(6)操作人员要熟知压缩机供电系统的结构与设备位置、各个电气设备的工作原理，知道总开关、各分开关的控制范围和线路布置情况。

(7)压缩机控制系统供电前，确认各电气设备接地线路符合国家相关标准，所有电源开关处于断开状态。

(8)压缩机控制系统供电顺序应由上而下逐级进行合闸，通过设备自带的电源指示灯、电压表或电流表观察供电情况，若无可直接观察仪表，需通过万用表测量确认。

(9)有压力的天然气与空气混合物可能会产生爆炸，造成人身事故！启动机组前一定要将易爆混合物置换干净。

(10)机组均配有进、排气安全阀以限制进、排气压力在一个安全范围内。在安全阀上游决不可安装截止阀，不得随意更改压缩机的结构。如果机组上的安全阀在操作期间损坏，应立即停机，检查原因并加以解决。

(11)在压缩机工作过程中，严禁打开机组上的防爆控制箱、防爆控制柜或防爆接线盒。

(12)维护操作时应当首先清洗地面以及设备的外表，去除会导致维护人员滑倒的油污。

(13)维修机组时，必须按正常步骤关闭机组，同时为防止发动机或电动机突然启动，应在相应的位置用“正在工作，请勿启动”的警告牌或类似的提示语进行标识。

(14)进行维护检修时，应采取防爆措施或使用防爆工具，严禁进行任何能产生火花的操作，所使用的操作工具必须状态良好。

(15)在压缩机进行保养期间，应保持绝对清洁，使用无绒毛的抹布。

(16)清洗压缩机部件的溶剂不可使用挥发易燃物，应使用安全溶剂，并且在部件完全干燥后再进行组装。

(17)机组完成保养后，必须在机组运行前用氮气吹扫整个工艺气系统，避免爆炸性混合气体的存在。

(18)压缩机检修后，应至少旋转一周，确保机组内部无任何卡阻现象。

(19)在对压缩机电气线路、电气设备、电气仪表维护或更换时必须保证在完全断电前提下进行，严格按照设备铭牌标识和产品使用说明书相关要求进行操作，且需要在电源开关处悬挂“禁止合闸”警示标牌。

(20)远离转动部件，在维护工作完成前不要移动防护器具。

(21)新发动机或刚完成维护的发动机进行首次启动时，应采取一定的预防措施以保证在超速情况下能够及时停止发动机。

第二节　基本安全技能

一、灭火的基本方法

燃烧必须同时具备三个条件：可燃物质、助燃物质和火源。只要能去掉一个燃烧条件，即能将火熄灭。从灭火斗争实践中，我们总结出了几种有效的灭火方法：

(1)隔离法：将着火的地方和物体与其周围的可燃物隔离或移开，燃烧就会因为缺少可燃物质而停止。

(2)窒息法；阻止空气流入燃烧区或用不燃烧的物质冲淡空气，使燃烧物得不到足够的氧气而熄灭。

(3)冷却法：将灭火剂直接喷射到燃烧物上，以降低燃烧物的温度。当燃烧物的温度降低到该物的燃点以下时，燃烧就停止了。

二、火灾时人员的逃生方法和救援技术

(1)如果身上的衣物由于静电的作用或吸烟不慎而引起火灾时，应迅速将衣服脱下或撕下，或就地滚翻将火压灭，但注意不要滚动太快。一定不要身穿着火衣服跑动。如果有水可迅速用水浇灭，但人体被火烧伤时一定不能用水浇，以防感染。

(2)用毛巾、手帕捂鼻护嘴。因火场烟气具有温度高、毒性大、氧气少、一氧化碳多的特点，人吸入后容易引起呼吸系统烫伤或神经中枢中毒，因此在疏散过程中应采用湿毛巾或手帕捂住嘴和鼻(但毛巾与手帕不要超过六层厚)。注意：不要顺风疏散，应迅速逃到上风处躲避烟火的侵害。由于着火时烟气大多聚集在上部空间，具有向上蔓延快、横向蔓延慢的特点，因此在逃生时不要直立行走，应弯腰或匍匐前进，但石油液化气或城市煤气火灾时不应采用匍匐前进方式。

(3)遮盖护身。将浸湿的棉大衣、棉被、门帘子、毛毯、麻袋等遮盖在身上，确定逃生路线后，以最快的速度直接冲出火场，到达安全地点，但注意捂鼻护口，防止一氧化碳中毒。

(4)寻找避难处所。如果走廊或对门、隔壁的火势比较大，无法疏散，可退入一间房

内(如卫生间)，将门缝用毛巾、毛毯、棉被、褥子或其他织物封死(为防止受热，可不断往上浇水进行冷却)，防止外部火焰及烟气侵入，从而达到抑制火势蔓延速度、延长时间的目的。在无路可逃的情况下应积极寻找避难处所，如到室外阳台、楼房平顶等待救援。

(5)多层楼着火逃生。如果多层楼着火，因楼梯的烟气火势特别猛烈时，可利用房屋的阳台、雨水管、雨篷逃生，也可采用绳索、消防水带，也可用床单撕成条连接代替，但一端应紧拴在牢固的采暖系统管道或散热气片的钩子上(暖气片的钩子)及门窗或其他重物上，再顺着绳索滑下。

(6)被迫跳楼逃生。如无条件采取上述自救办法，而时间又十分紧迫，烟火威胁严重，低层楼可采用被迫跳楼的方法逃生。首先应向地面上抛下一些厚棉被、沙发垫子，以增加缓冲，然后手扶窗台往下滑，以缩小跳楼高度，并保证双脚首先落地。

(7)火场求救方法。当发生火灾时，可在窗口、阳台、阴台、房顶、屋顶或避难层处向外大声呼叫，或敲打金属物件、投掷细软物品，夜间可打手电筒、打火机，靠声响、光亮发出求救信号，引起救援人员的注意，为逃生争得时间。

(8)利用疏散通道逃生。商场等公共建筑都按规定设有室内楼梯、室外楼梯，有的还设有自动扶梯、消防电梯等，发生火灾后，尤其是在初起火灾阶段，这都是逃生的良好通道。在下楼梯时应抓住扶手，以免被人群撞倒。不要乘坐普通电梯逃生，因为发生火灾时停电也时有发生，无法保证电梯的工常运行。

三、火灾灭火、防火设施的维护和使用

(一)干粉灭火器

使用范围：碳酸氢钠干粉适用于易燃、可燃液体、气体及带电设备的初期火灾；磷酸铵盐类干粉除上述几类外，还可扑救固体类物质的初期火灾，但不能扑灭金属燃烧火灾。

操作：手提或肩扛，但不能颠倒、横卧。选择上风向，在距燃烧处5m放下后，拔去保险，一手提开启把，一手握喷枪对准火焰根部上下、左右扫射，均匀喷洒在燃烧物表面。

注意：扑灭液体火灾时，不能将喷嘴直接对准液面，以防止液体溅出。

维护：定期检验，专业校核。

(二)二氧化碳灭火器

使用范围：适用于扑灭油类、易燃液体、可燃气体、电器和机械设备的初期火灾。

操作：手提式采用手提或肩扛，不能颠倒、横卧。选择上风向，在距燃烧处5m放下后，拔去保险，一手提启闭压把，一手握喷射软喇叭的手柄对准燃烧处由近而远向火焰喷射。使用推车式应两人操作，在离燃烧物10m左右灭火。

注意：手不能抓喇叭口外壁或金属连续管，以防止手被冻伤。不能直接冲击可燃液面。灭火后应迅速撤离，以防窒息。

维护：定期检验，专业校核。

四、各类消防产品的技术特点和使用范围

(一)二氧化碳系列灭火器

适用于扑灭油类、易燃液体、可燃气体、电器和机械设备等的初起火灾，具有结构简

单、容量大、移动灵活、操作方便的特点。使用时它喷出的二氧化碳灭火剂能使燃烧物的温度迅速降低，并隔绝空气，使燃烧停止，灭火后不留污渍。

(二)泡沫灭火器

适用于扑灭A类(木材、棉麻等固体物质)和B类(石油、油脂等自然液体)的初起火灾，是目前国内外油类火灾基本的扑救方式。泡沫与着火的油面接触，在油的表面形成一层抑制油类蒸发与氧气隔绝的保护膜，泡沫与保护膜起到双重灭火作用，具有操作方便、灭火效率高、有效期长、抗复燃等优点。适用于油田、炼油厂、原油化工企业、车库、飞机场、港口和油库等场所。

(三)干粉灭火剂

适用于扑灭可燃固体(如木材、棉麻等)、可燃液体(如石油、油脂等)、可燃气体(如液化气、天然气等)以及带电设备的初起火灾。在一般场所作为机动灵活的消防设备。

五、爆管事故预案

事故案例：某台压缩机外输管线发生爆管事故，导致外输高压气大量泄出，并引起火灾。

事故发生后，首先应考虑切断气源，先停运除事故机组外的其他机组，防止高压气继续从爆管处继续泄出，扩大火势。

(一)要点

(1)疏散人员，抢救伤员。

(2)切断气源，控制火势。

(3)汇报领导，报警支援。

(4)临危不乱，防护得当。

(二)处理方案

(1)迅速组织无关人员及伤者疏散。

(2)牢记汇报制度。先向站领导及上级部门汇报，并报火警，组织抢险队伍及抢救伤员。

(3)反应要及时。现场先及时组织生产骨干，在尽可能安全的情况下，迅速执行预案，力争将损失降至最低。

(4)根据现场情况，切断还在运行的机组电源使其停运。

(5)关工艺气进站阀门。

(6)关外输汇管总阀。

其间迅速用消防水向火场喷水降温。

第三节　环境保护

机组运行过程中因为噪声、放空、更换机油等处理措施对环境造成破坏，应做到以下几点：

(1)压缩机厂房应采取合理措施进行降噪处理。

(2)工作人员在站内必须配戴耳塞，减少噪声污染。

(3)减少放空次数，避免对大气造成污染。

(4)防止油品渗漏，禁止掩埋试运行中渗漏油和油水混合液。禁止向河流、水库等地表水体倾倒含油垃圾。

(5)严格按照程序进行气体放空、污水排放和废弃油品、固体废弃物的处置。

(6)设置专门人员对环境保护进行监督。

噪声是生活中和工作中使人不舒适、厌烦以至难以忍受的声音，它通常是各种不同频率和不同强度的声音无规律的组合。生产环境中产生的生产性噪声又称工业噪声。工业噪声由于产生的动力和方式不同，可分为：①机械性噪声，是由机械的撞击、摩擦和转动而产生的，如织布机、球磨机、电锯、锻锤等产生的噪声；②空气动力性噪声，是由气体压力发生突变引起气流的扰动而产生的，如鼓风机、汽笛、喷射器等产生的噪声。工业噪声又可分为连续噪声和间断噪声；稳态噪声和脉冲噪声。工业噪声由于发生源的性质、分布和数量及防护措施的有无和防护效果等因素的不同，在各种作业环境中其强度和频谱特性有很大差异。

长期接触噪声会对人体产生危害，其危害程度主要取决于噪声强度(声压)的大小、频率的高低和接触时间的长短。一般认为强度越大、频率越高、接触时间越长则危害越大。此外，危害程度与噪声的特性(稳态噪声或脉冲噪声)、接触的方式(连续或间断接触)和个体敏感性有关，脉冲噪声比稳态噪声、连续接触比间断接触危害要大。

噪声对人体的影响是多方面的。50dB(A)以上开始影响睡眠和休息，特别是老年人和患病者对噪声更敏感；70dB(A)以上干扰交谈，妨碍听清信号，造成心烦意乱、注意力不集中，影响工作效率，甚至发生意外事故；长期接触90dB(A)以上的噪声，会造成听力损失和职业性耳聋，甚至影响其他系统的正常生理功能。听力损失在初期为高频段听力下降，语音频段无影响，尚不妨碍日常会话和交谈；如连续接触高噪声，病情将进一步发展，语言频段的听力开始下降，达到一定程度，即影响听清谈话。当出现了耳聋的现象时，已发生不可逆转的病理变化。

诊断噪声性耳聋的主要依据为：①有确切的接触噪声职业并排除了其他原因的耳聋病史；②听力检查，具有高频听力下降的特点；③除气道外，骨道也减退。噪声性耳聋根据听力下降程度分为：轻度、中度和重度三级。有些作业如爆破、武器试验等，由于防护不当或缺乏必要的防护措施，可因爆炸所产生的强烈噪声和冲击波造成听觉系统的严重损伤而丧失听力，称为爆震性耳聋。出现鼓膜破裂，中耳听骨错位，韧带撕裂，内耳螺旋器破损，甚至出现脑震荡。患者主诉耳鸣、耳痛、恶心、呕吐、眩晕。检查可发现听力严重障碍甚至全聋。如内耳未受严重损伤，听力可全部或部分恢复。

其他方面如神经系统出现神经衰弱综合征，脑电图异常，植物神经系统功能紊乱；心血管系统出现血压不稳(多数表现增高)，心率加快，心电图有改变(窦性心律不齐，缺血型改变)；消化系统出现胃液分泌减少，蠕动减慢，食欲下降；内分泌系统表现有甲状腺功能亢进，肾上腺皮质功能增强，性功能紊乱，月经失调等。

对噪声性耳聋目前还没有有效的治疗方法，故早期进行听力保护，加强预防措施，极为重要。

参考文献

[1]屈宗长．往复式压缩机原理．陕西：西安交通大学出版社，2019.
[2]杨丽萍．油气田常用压缩机．北京：石油工业出版社，2012.